曾繁仁学术文集

生态美学论集

第十一卷

山東大學中文專刊

人民出版社

2019年秋，在山东大学中心校区校园内

全国高校人文社科重点研究基地

山东大学文艺美学中心

六、20世纪的神学美学与巴尔塔萨

神学美学（theological Aesthetics），有广义与狭义两种区分。广义的神学美学则是自中世纪以来的宗教美学，人们探讨它是一种神学，从狭义的角度说是自1963年以来已形成，与巴尔塔萨影响之下发展的神学美学。其中既大是从神学思考，以神学为始点，到时而更，是把"神学化美学"；将美学神学化，其实质是一种神学。而巴尔塔萨则是通过美学认识神学、让神学利用美学为洞察美学神学的思……

作者手稿

地址：中国·济南市山大南路27号　　邮编：250100　电话/传真：(0531)8564252
Add：No. 27 Shandanan Road，Jinan，China　　PC：250100　　Tel/FAX：(0531)8564252

作者手稿

本卷编辑说明

本卷收录《生态美学论集》一部著作,系首次出版。

《生态美学论集》收录了作者从 2002 年至 2020 年撰写的有关生态美学、生态文明研究等方面的文章,这些文章是本文集前各卷中未曾收录的。

编者对本卷所有收录的文章都进行了认真校订,整合了相关论述,修正了一些错误,修正了引文和注释,对若干论述和原文段落做了调整。

目　录

第一编　生态美学探究

第二编　生态美学发展

第三编　生生美学建构

第四编　生态文明建设

第一编

生态美学探究

当前生态美学研究中的
几个重要问题①

我国从 1994 年提出生态美学论题,至 2000 年以来进入较为集中的研讨时期,迄今已举办大型学术研讨会四次,发表了一系列有影响的理论成果,逐渐成为理论热点之一。

我们为什么要研究生态美学以及生态美学能否成立,仍是引起关注的首要问题。我想,从目前看,我们之所以要研究生态美学,至少有这样两个方面的重要意义。一是生态美学已经成为我国乃至世界经济社会发展中具有重要作用的环境文化这一新文化运动的重要组成部分,是反映社会前进方向的先进文化之一。2003 年,我国提出协调发展的指导方针,包括"经济社会协调发展、城乡协调发展、人与自然和谐发展"。2003 年 10 月 29 日,《光明日报》发表《环境文化与民族复兴》一文指出:"环境文化是人类的新文化运动,是人类思想观念领域的深刻变革,是对传统工业文明的反思和超越,是在更高层次上对自然法则的尊重。"又说:"生态危机产生环境文化,环境文化的核心是生态文明。环境文化即是今天的先进文化。"毫无疑问,生态美学是环境文化这一人类新文化运动的必不可少的组成部分,因而,其代表先进文化

---

① 原载《江苏社会科学》2004 年第 2 期。

的意义自是十分明显。二是生态美学是当前伴随着哲学领域从19世纪中叶以来即已开始的理论转型而产生的当代美学革命的新方向。这就是突破近代哲学、特别是德国古典哲学以"主客二分"为特点的认识论思维模式走向新的当代存在论哲学。20世纪以来,由尼采发轫,提出"上帝已死"即理性终结的重要命题,而至20世纪中期,福柯又在《词与物》中提出"人的终结"即"人类中心主义"结束的重要结论,标志着当代哲学领域的重大突破,也为深层生态学和生态美学提供了强有力的哲学根据。诚如著名的《绿色和平哲学》所说,"生态中心"的理论"与哥白尼天体革命一样具有重大的突破意义。哥白尼告诉我们,地球并非宇宙中心;生态学同样告诉我们,人类也并非这一星球的中心"。因此,生态美学的提出就必然意味着一场新的美学革命已经开始。

对于生态美学的内涵,有狭义地将其界定为人与自然处于生态平衡的审美状态之说,而我更主张从广义的角度将其界定为包含人与自然、社会和人自身均处于和谐协调的审美状态的生态存在论美学观。其典范表述,即为海德格尔于1959年6月6日库维利斯首府剧院荷尔德林协会的演讲中提出的"天地神人四方游戏说"①。此时,海德格尔突破了早年提出的"世界与大地的争执"这样的包含着世界统率大地的"人类中心"的美学原则,将人的"诗意地栖居"奠定在人与自然和谐协调的坚实的"生态平等"的基础之上,成为极具代表性的生态存在论美学观。

目前,生态美学能否成立的核心问题是其最重要的哲学—美

---

①[德]海德格尔:《荷尔德林诗的阐释》,孙周兴译,商务印书馆2000年版,第210页。

学原则"生态中心"原则能否成立。无疑，这一原则是对传统的"人类中心"原则的突破。但分歧很大，争论颇多。对于"生态中心"原则的批评，集中在这一原则是否具有"反人类"的理论倾向。美国前副总统阿尔·戈尔在《濒临失衡的地球》一书中指出："深层生态主义者把我们人类说成是一种全球癌症。"他认为，这是一种"反人类"的有害倾向。到底如何理解"生态中心"原则呢？它是不是真的"反人类"？这就牵涉到对"生态中心"原则所包含的最重要的"生态平等"的理解。如果"生态中心"原则中的"生态平等"是绝对平等，也就是说人与万物绝对平等，人不能触动万物。那就在实际上否定了人的吃穿住行的生存权利，这就是一种反人类的理论。但是，"生态中心"原则中的"生态平等"是一种相对的平等，是万物所具有的在"生物环链"之中的平等以及在"生物环链"中所应享的生存发展的权利。同样，人类也享有自己在"生物环链"之中的吃穿住行等生存发展的平等权利。所以，当代生态理论家大卫·雷·格里芬指出，人类"必须轻轻地走过这个世界，仅仅使用我们必须使用的东西，为我们的邻居和后代保持生态平衡"。从这种"生态环链"之中的相对的"生态平等"出发，"生态中心"原则主张"普遍共生"与"生态自我"的原则，主张人类与自然休戚与共，将人类的"自我"扩大到自然万物，成为人与自然是主体间平等对话的关系，即"主体间性"关系。因此，在"生态中心"理论之中，人类不仅不以自然为敌，而且成为自然之友，自然也在广义上成为人类生存发展的有机组成部分。由此可见，这种"生物环链"之中的平等，不仅不是反人类的，而且是对人类生存权利的尊重。当然，也是对自然万物生存权利的尊重。反之，则不仅是反人类的，而且是反生态的。而且，我们提出生态存在论美学观，其出发点就是从人的"诗意地栖居"，即"美好的生存"出发，最后落脚于建设人类更加美好的"物质家园"和"精神家园"。因此，生态存在论哲学—美学之中有关"生物环链"中相对平等的观点，是具有理论的和实践的合理性的。

再就是，关于自然的部分的"复魅"，这也是当前生态美学研究中的一个重要问题。所谓"魅"，即远古时代科技不发达之时，人们将自然现象看作"神灵的凭附"，主张"万物有灵"。远古的神话就同这种"魅"紧密相关。随着科技的发展，人们对自然现象有了更多的了解，不再有神秘之感，这就是"自然的祛魅"。20世纪后期，人们又提出"自然的复魅"问题。它是深层生态学和生态美学的有机组成部分。所谓"自然的复魅"，不是回到远古落后的神话时代，而是对主客二分思维模式统治下迷信于人的理性能力无往而不胜的一种突破。主要针对科技时代工具理性对人的认识能力的过度夸张，对大自然的伟大神奇魅力的完全抹杀，从而主张一定程度地恢复大自然的神奇性、神圣性和潜在的审美性。所谓"大自然的神奇性"，即指大自然对人类永远有一种神奇之感，科技的发展无法穷尽其秘密。所谓"大自然的神圣性"，即指大自然是人类生命之源，地球是人类的母亲。因此，人类应该恢复对大自然的神圣的敬意。所谓"大自然潜在的审美性"，即指大自然所特具的蓬勃的生命力、斑斓的色彩与对称比例，成为人的审美活动的极其重要的潜在条件，必须给予充分重视。

生态存在论是一种以"生态中心"为指导原则，以现象学为基本方法的崭新的哲学观。这种哲学观所运用的通过"悬搁"进行"现象学还原"的方法，与美学作为"感性学"的学科性质即审美过程中主体超越对象的实体的非功利"静观"态度特别契合。所以，胡塞尔指出："现象学的直观与'纯粹'艺术中的美学直观是相近的。"①海德格尔进一步指出:"美乃是以希腊方式被经验的真理,就是对从自身而来的在场者的解蔽,即对'自然、涌现',对希腊人于其中并且由之而得以生活的那种自然的解蔽。"②这里的"解蔽"具有"悬搁"与"超越"之意,即将外在芜杂的现实和内在错误的概念加以"悬搁",从而显露出事物本真的面貌;同时,也是对功利主义和物质主义的一种"超越",进入思想的澄明之境,从而把握生活的真谛。在这里,生活的显现过程,真理的敞开过程,与审美生存的形成过程都是统一的。正在这样的意义上,我们说生态存在论哲学观,也就是生态存在论美学观。这种生态存在论美学观,成为后工业时代具有主导地位的世界观。

　　将这种生态存在论美学观运用于文学艺术的批评实践即著名的生态批评。生态批评所遵循的美学原则,是生态存在论的美学原则。这就是一种超越工具理性与功利目的的人的"诗意地栖居"的原则。在此前提下,还要遵循一系列"绿色原则"。美国的杰·帕理尼将其概括为:行为主义和社会责任的回归,唯我主义倾向的放弃,与写实主义的重新修好,以及与掩藏在符号海洋之中的岩石、树木和江河及其真实宇宙的重新修好等五项原则③,一定程度上反映了当代美国生态批评的现实。但从理论上来说,具有相当的片面性。特别是对抹杀人与动物区别的行为主义心理学的全盘肯定和对传统现实主义的无条件弘扬,以及对现代派艺术夸张变形技巧的全盘抹杀,等等,都具有相当的片面性。因

①《胡塞尔选集》,倪梁康选编,上海三联书店1997年版,第1203页。

②[德]海德格尔:《荷尔德林诗的阐释》,孙周兴译,商务印书馆2000年版,第197页。

③王宁编:《新文学史Ⅰ》,清华大学出版社2001年版,第289页。

此,我们认为,生态批评的原则应该着眼于宏观,从文化批评的角度和生态中心与生态审美观的基本理论出发,加以确定。由此,可概括为尊重自然、生态自我、生态平等与生态同情四项原则。所谓"尊重自然"应该是生态美学和生态批评的首要原则,针对长期以来人类对自然的轻视和掠取,从自然是人类生命与生存之源的角度,人类都应该对自然持有十分尊重的态度。所谓"生态自我",即将"自我"从局限于人类的"本我"扩大到整个生态系统的"大我",说明其他生物与人类一样具有实现自我的权利。所谓"生态平等",即前已说到的包括人类在内的所有生物均享有在"生物环链"之中所应有的平等权利,是一种人与自然的"普遍共生"。所谓"生态同情",即是生态美学所包含的对万物生命所怀抱的仁爱精神,是一种终极关怀的情怀和悲悯同情的博爱。

　　生态美学的建设必须借助于中国古代的生态智慧资源。但在对中国传统文化中生态智慧的评价,目前也有分歧。蒙培元同志在《新视野》发表了一篇文章《为什么说中国哲学是深层生态学》,对中国传统文化中的生态智慧给予了全面的肯定。我是在总体上同意这篇文章的观点的。我认为,中国传统文化、特别是道家文化就是极富深刻内涵的深层生态学,成为当代深层生态学和生态美学的重要源头之一,并将成为其丰厚的理论宝库。我们可以粗略地看一下老庄道家六个有关生态问题的重要观点。一是"道法自然",即从宇宙万物诞育生存总根源上揭示人与自然普遍共生、无为不争的普遍规律;二是"道为天下母",从人与万物都根源于"道",阐述"非人类中心主义"的重要思想;三是"万物齐一",从"道"的"自然无为"本性阐述万物无贵贱高下之分均具有其"内在价值"的道理;四是"天倪"论,揭示了万物"不形相禅始卒若环"的生物环链思想;五是"心斋"与"坐忘",解释了通过"堕肢体,黜聪明,离形去知,同于大通"(《庄子·人间世》)超然物外的修养达到生态存在论审美境界的过程;六是"至德之世"的理想生态社会,不仅揭示了破坏人与自然的和谐,必然产生"天难"的严重生态危机,而且表述了建立"同与禽兽居,族与万物并"(《庄子·马蹄》)的生态社会的理想。由以上介绍可知,中国古代老庄道家生态理论已达到非常高的深层生态学的理论水平。

生态美学的建设必须奠定在马克思的实践观的基础上。马克思的实践观是对费尔巴哈与黑格尔主客二分哲学的重要突破,将其机械的物质实体和精神实体加以抛弃而代之以主观能动的社会实践。它同时又同西方当代哲学—美学强烈的唯我主义意识性形成明显的反差,因而更显示其强烈的当代指导意义。但我们长期以来却以主观与客观、唯物与唯心的传统主客二分认识论对其解读,实际上是一种误读。马克思的实践观不是通常意义上的认识论,其中包含着浓厚的存在论内涵,无论是他对人类历史第一前提的阐述,对"异化"的批判,以及对人的社会性的论述,都没有离开当代存在论的视角。所以,我们认为,马克思的实践观的重要内涵是实践存在论。而且,马克思的实践存在论中本就包含着丰富的生态理论内涵。例如,他对"彻底自然主义"的强调,就包含着人类在社会实践中必须尊重自然,自然是人类社会实践重要因素的生态意识。在论述"美的规律"时,涉及"任何一个种的尺度"包含着动物的"直接的肉体需要",就说明在一定的程度上承认了自然的内在价值。他对"异化"的论述,则包含着对资本主义生产中"自然与人的异化"的批判。以上观点都说明,马克思的实践存在论包含着浓烈的生态意识。而且,由于《1844年经济学哲学手稿》与1845年写就的《关于费尔巴哈的提纲》是相继写作的,具有必然的紧密联系性。因此,我认为,应该将两者结合起来领会,更能全面地理解马克思的实践观。这样,就可把马克思的实践观表述为:哲学家只是用不同的方式解释世界,而问题在于改变世界,按照美的规律建造。这样完整地表述的唯物实践观,必然地包含了浓郁的生态审美意识,成为实践存在论生态审美观。

生态美学研究的难点和
当下的探索①

生态美学从 1994 年由中国学者首次提出,2001 年以来,生态美学呈蓬勃发展之势。目前已有许多论著出版和发表,召开全国性会议 6 次,有多名硕士生和博士生的论文选择与此有关的论题。生态美学已引起美学界和文艺理论界的广泛关注。但生态美学的确是一种极具前沿性的新兴的正在发展中的美学理论形态,在其研究过程中不可避免地遇到一系列难点。十年来,特别是近四年来,对于这些难点,美学界同仁进行了艰苦的探索。我想结合这一段时间的研究状况对于这些难点谈一些自己的看法,提供给各位关注生态美学的学界同仁以参考和批评。

生态美学提出背景

为什么要提出生态美学?有没有必要提出生态美学?这是人们首先关心的问题。有的学者认为,已经提出过的技术美学、生活美学、科学美学等,但却没有很大的普适性,生态美学是否也

---

①原载《深圳大学学报》2005 年第 1 期。

会有类似的情况？我们认为,生态美学与以上各种美学理论观念有很大差别,它应时代的需要而产生,具有很大的普适性与发展前景。目前的研究告诉我们,生态美学的提出完全是一种为了适应时代社会转型而发生的美学和文艺理论的转型。

众所周知,迄今为止,人类社会已经经历了原始文明、农业文明和工业文明三种文明形态。目前正处于由工业文明向后工业文明,即生态文明转型的过程之中。《光明日报》2004 年 4 月 30 日发表《论生态文明》一文指出:"目前,人类文明正处于从工业文明向生态文明过渡的阶段。""生态文明是人类文明发展的一个新的阶段,即工业文明之后的人类文明形态。"生态文明与工业文明的最大区别在于:工业文明只以人类的需要为经济和社会发展的唯一维度;而生态文明则不仅继续坚持人类需要的维度,同时也将自然和生态的维度包括在经济和社会的发展之中。我们"将以自然法则为依据来改革人类的生产和生活方式"[1]。胡锦涛同志提出科学发展观,并指出,应"坚持走生产发展、生活富裕、生态良好的文明发展道路"。他还明确提出:"良好的生态环境是社会生产力持续发展和人们生存质量不断提高的重要基础。"[2]将自然法则和生态环境作为人类发展生产和提高生存质量的依据和基础是完全崭新的理念,恰是生态文明时代的基本理论与思想观念。这种时代社会转型及其观念的重大转变,必然要求美学和文艺理论与之相适应。这就是生态美学提出的社会时代背景。

---

[1]潘岳:《环境文化与民族复兴》,《光明日报》2003 年 10 月 29 日。

[2]胡锦涛:《在中央人口资源环境工作座谈会上的讲话》,《光明日报》2004 年 4 月 5 日。

从世界范围来看,1972年国际环境会议的召开即已标志着国际上已经开始承认生态文明时代的开始。与之相应,国际美学界和文艺理论界也开始探讨与生态文明相关的美学和文艺理论观念的变革。1984年,日本美学家今道友信在东京邀请法国美学家杜夫海纳和澳大利亚哲学家帕斯默探讨新时代的生态伦理学和美学问题。20世纪90年代格林·杜夫在《重新评价自然》一文中提出了"建立包括人类和自然在内的新伦理学和美学"①问题。与此同时,从20世纪70年代以来,生态批评也成为西方文学批评的重要方式之一,甚至逐渐成为"显学"。由此可见,生态美学的提出,也是我国美学工作者对国际美学与文艺理论领域生态理论的一种回应,力图建立既具学术前沿又具中国特色的生态美学理论,积极参与到有关生态美学、生态文艺学和生平批评的国际学术交流对话之中。

生态美学与马克思主义的关系

生态美学与马克思主义有什么关系?马克思主义作为产生于19世纪中期的理论形态,对于产生于20世纪后期的生态美学有没有指导意义?这是人们关心的另一个重要问题。众所周知,西方环境美学、生态文艺学和生态批评的哲学基础是挪威哲学家阿伦·奈斯于1973年提出的"深层生态学"。它包括"生态自我""生态平等"与"生态共生"等重要内涵,具有重要的理论价值,但却笼罩着浓厚的唯心主义和神秘主义色彩。我们认为,一方面应

---

① [美]彻丽尔·格罗费尔蒂、哈罗德·弗罗姆编:《生态批评读本:文学生态学的里程碑》,乔治亚大学出版社1996年版,第239页。

该吸收"深层生态学"的有益内涵，但却应将生态美学奠定在马克思唯物实践论的哲学基础之上，从而有效地克服西方生态理论的唯心主义和神秘主义，使之具有更强的科学性。

马克思的唯物实践论尽管产生于 19 世纪中期，但却正值西方哲学—美学由古典到现代的转型时期，它全面地概括总结了这种转型的深刻内涵，因而具有极大的理论深度和前瞻性。因而，它即便在 100 多年后的今天，仍然具有极大的指导意义。它强调"生活决定意识"和人的主观能动作用，不仅有力地批判了唯心主义，而且有力地突破了"主客二分"的传统思维模式。如果将《关于费尔巴哈的提纲》与其同时期的《1844 年经济学哲学手稿》结合起来理解，马克思的唯物实践理论应包含这样的内容：哲学家们只是用不同的方式解释世界，而问题在于改变世界，按照美的规律来建造。这样，马克思唯物实践论之中就必然地包含着审美意识。

马克思《手稿》中也包含明显的生态意识，特别是其有关"美的规律"的论述，对于"两个尺度"中"种的尺度"具有物种基本需要的阐释，都说明其包含明显的生态意识。由此足见马克思唯物实践论的重要价值。当然，马克思的理论毕竟诞生在 19 世纪中期前后，因而不可避免地有着某种时代的局限。例如，他的哲学观中还没有将生态维度放到应有的高度，价值观中对生态价值的相对忽视等。但其科学性和现代价值却是十分明显的，如果对其持与时俱进的态度吸收当代生态理论成果，将会更加彰显其现代价值。

生态美学与实践美学的关系

实践美学是我国 20 世纪五六十年代和七八十年代两次美学大讨论的重要成果，标志着那个时期我国美学的发展水平，即便在当前仍有其价值。但它也不可避免地带有机械唯物论和传统认识论的时代局限。当前许多美学工作者对其进行超越,是完全必要的,但也应该对其有所继承。生态美学从坚持马克思唯物实践观的多重角度继承了实践美学,也超越了实践美学。其超越之处是:(1)由美的实体性到关系性的超越。实践美学力主美的客观性,而生态美学却将美看作人与自然社会之间的一种生态审美关系,从而将其带入有机整体的新的境界。(2)由主体性到主体间性的超越。实践美学特别张扬人的主体力量,将美看作"人的主体性的最终成果",而生态美学却将主体性发展到主体间性,强调人与自然的"平等共生"。(3)在自然美的理解上,由"人化自然"和"自然的祛魅"到人和自然的亲和与自然的部分"复魅"的超越。实践美学完全将自然美归结为社会实践中自然的"人化"和"祛魅",而生态美学却承认自然美中自然的应有价值,进行部分的"复魅",主要是恢复自然的神圣性、部分的神秘性和潜在的审美性。(4)由美的单纯认识论考察到存在论考察的超越。实践美学过分强调审美的认识论和社会性层面,而生态美学却将审美从单纯的认识论领域带入崭新的存在论领域。

生态美学所包含的
"生态平等"内涵

　　生态美学是以当代生态哲学和生态伦理学中"生态平等"理念作为其重要理论支撑的。但恰是这种"生态平等"理念遭至极为广泛的批评。最主要的批评就是,认为"生态平等"必然导致"反人类"的严重后果。因为,如果人与万物绝对平等,那就意味着人类无法生存发展。例如,美国前副总统阿尔·戈尔就持激烈

的批评态度。他认为,这种人与万物绝对平等的观念是一种认为
人类"威胁着地球基本的生命机能"的反人类的理论。这肯定是
一种误解和偏见。因为,包括生态美学在内的当代生态理论所力
主的"生态平等"不是人与万物的绝对平等,而是人与万物的相对
平等。这种相对平等,也就是人与万物是一种"生物环链"中的平
等。诚如阿伦·奈斯所说,这种相对平等是"生物圈中所有事物
都拥有的生存和繁荣的平等权利"①。著名当代生态理论家大
卫·雷·格里芬指出:"我们必须轻轻地走过这个世界。仅仅使
用我们必须使用的东西,为我们的邻居和后代保持生态的平衡,
这些意识将成为常识。"②

生态美学与人类
中心主义的关系

　　这是生态美学研究中引起争论最多的问题。当代生态美学
和其他生态理论的产生就是批判"人类中心主义"的结果。但批
判"人类中心主义"是否就是批判人文主义精神和"以人为本"呢?
如果否弃人文主义精神和"以人为本"观念,那么生态美学的合理
性和合法性就是值得怀疑的。我们肯定的回答是,生态美学批判
"人类中心主义",但却并不否弃人文精神和"以人为本"观念。因
此,当前生态美学研究中简单地对"人学"予以否定是不妥当的。

　　我们认为,目前对于包括生态美学在内的当代生态理论反

---

① 雷毅:《深层生态学思想研究》,清华大学出版社 2001 年版,第 50 页。
② [美]大卫·雷·格里芬编:《后现代精神》,王成兵译,中央编译出版社
　1998 年版,第 227 页。

"人类中心主义"是否正确的讨论,应该跳出对于"人类中心主义"抽象的、非历史主义的理解,应将其放到具体的历史的语境中理解。因为,"人类中心主义"是一个特定的历史的概念。它产生于17世纪的启蒙主义时代,由于科技的极大发展导致对于人的理性的极度崇拜,也由于资本主义的"资本"的极度贪欲本性从而导致对于自然的无尽掠夺。培根提出"新工具论",坚持人类是"自然的主人和所有者";笛卡尔提出著名的"我思故我在"的命题,以人的理性作为人与万物的存在的根源;康德力主"人为自然立法",极力张扬人对自然的优势地位等。可以肯定地说,这种"人类中心主义"对自然所持的是一种极其错误的理念,在这种理论指导下产生的近代认识论美学对自然也是采取一种错误的态度。这种"人类中心主义"理论从20世纪中期开始即在人类由工业文明逐步过渡到生态文明的形势下受到批判和淘汰。1966年,福柯提出"人的终结"即"人类中心主义"的终结;1967年,德里达提出"去中心"的重要理念,实际上是一种对于"人类中心主义"的解构;20世纪90年代后期,美国环境哲学家科利考特提出"有机世界观、生态世界观、系统世界观"这种新的生态整体主义世界观,以代替机械论的"人类中心主义"世界观。

这种新的生态整体主义世界观不是对于人文精神和"以人为本"的否定,而是包含着一种新的人文精神。众所周知,人文精神是一种对人类自身的尊重、关爱和关怀精神,是人类得以生生不息前进发展的精神力量。它是历史的,不断发展的。古代,有着古典的人文主义精神;文艺复兴时代,有着特定的以人性反对神性的人文主义精神;启蒙主义时代有着以"自由、民主、博爱"为内容的人文主义精神。我国古代,有着特殊的以"仁爱""民本"为其内涵的古典人文精神;我国现代以来曾经提出"革命人道主义"和

"社会主义人道主义"。生态美学所包含的生态整体主义是生态
文明时代的新人文精神。其具体内含为:(1)突破"人类中心主
义",从可持续发展的崭新角度对人类的前途命运进行终结关怀;
(2)从非本质主义的"现世性"和人与自然的联系性的新角度界定
"人是生态的人"的本性,是人的现实生态本性的一种回归;(3)是
对人人有权在良好的环境中过一种愉快而有尊严生活的"环境
权"这一基本人权的尊重;(4)倡导一种人类对其他物种关爱与保
护的仁爱精神;(5)力主人与万物在"生态环链"之中的一种相对
平等,包含着科学的精神;(6)作为当代生态存在论美学,追求一
种人的"诗意地栖居",是人学、美学和哲学的高度统一。

生态美学与现代化、工业化的关系

　　生态美学是后工业时代的产物,是人类对工业文明反思和超
越的结果。因而,生态美学研究中就不可避免地涉及对现代化、
工业化和科学技术的评价问题。由于现代化同资本主义制度紧
密相联,而且以"人类中心主义"和工具理性为其重要哲学理念,
因而必然导致掠夺自然、破坏生态、环境污染的严重后果。正因
此,才有包括生态美学在内的各种当代生态理论的诞生。但决不
能因此对现代化、工业化和科学技术采取全盘否定的态度,而应
采取历史主义的、实事求是的态度。
　　众所周知,现代化是历史的事件,人类文明的成果,在人类社
会发展中起到巨大的作用。马克思与恩格斯在著名的《共产党宣
言》中指出,资本主义现代化过程中,"资产阶级在它的不到一百
年的阶级统治中所创造的生产力,比过去一切世代创造的全部生

产力还要多,还要大"。① 因此,我们历来认为,从历史主义的角度出发,对于资本主义现代化和工业化不应全盘否定,而应给予客观的评价。我常用美化与非美化的二律背反来评价现代化。至于科学技术,它们作为第一生产力在社会经济发展中的作用从来都是至关重要的,今后环境污染的改善,在文化态度问题解决之后仍然要依靠科学技术。只是,人们对于科技的盲目崇拜以及由此产生的工具理性,则是应该否弃的。

生态美学与基督教神学的关系

当代生态美学研究与基督教神学关系密切,其原因是当代许多生态理论家本身是神学家,而且在生态学之中灌注了某些神学内容,产生一系列生态神学理论,生态美学研究也深受这些理论影响。对此,我们认为一方面要积极吸收基督教神学,特别是当代生态神学的有价值资源,以丰富生态美学内涵。同时,也应从文化研究的视角来探索基督教神学和生态美学的关系,同以神学信仰为其旨归的基督教神学保持适当的距离。主要还是从文化资源吸收的角度着眼。事实证明,基督教神学是一种"上帝中心"的古典存在论哲学—美学理论,从人与万物因道同造、同在、同有其价值的角度来看,人与万物是平等的。基督教文化特有的超越精神、悲剧精神和终极关怀精神,对于当代生态美学的建设也有其重要意义。

另外,十分重要的是,当代有些理论家对于基督教在生态方面的作用发表了一些比较尖锐的批评意见。1967年,美国史学家林恩·怀特在《我们的生态危机的历史根源》一文中指出,基督教

---

① 《马克思恩格斯选集》第 1 卷,人民出版社 1972 年版,第 256 页。

的人类中心主义是"生态危机的思想文化根源"①,由此引发了宗教界和学术界有关基督教同生态危机关系的论争。我们认为,怀特的观点尽管同基督教"上帝中心"的原意不尽相符,但基督教在其发展到启蒙运动之时也的确存在对其进行"人类中心"阐释的情形。正因此,当代许多宗教家试图对新的生态理论进一步阐释,并补充基督教文化的有关内涵,甚至有的神学家提出应该增加有关环境保护的第十一诫等。

生态美学的内涵

生态美学的内涵到底是什么? 生态学和美学之间有什么必然联系? 目前,对于生态美学有狭义与广义两种理解。狭义的理解将其局限于人与自然的生态审美关系,强调生态美学是一种人与自然和谐协调的自然美;广义的理解则以人与自然的生态审美关系为出发点,包含人与自然、社会以及人自身的生态审美关系,是一种符合生态规律的当代存在论审美观。我们倾向于广义的理解,认为它是一种以生态整体主义为哲学基础,包含主体间性的存在论美学,由遮蔽之解蔽走向澄明之境,追寻人的"诗意地栖居"。其典范表述,即为海德格尔的"天地神人四方游戏说"。它突破"人类中心主义",走向天地神人四者的"相互面对",无限自由的协调和谐,其实质是突破技术的生存方式达到审美的生存方式,实现人的诗意地栖居。

由此可见,如果从认识论的角度,倒真的很难将生态学和美学相结合。只有从存在论的角度,生态学与美学才有了必然的联

---

① 王诺:《欧美生态文学》,北京大学出版社 2003 年版,第 61 页。

系。因为，在生态存在论美学之中，人与自然的和谐协调过程、现象的显现过程、真理的敞开过程、主体的阐释过程与审美存在的形成过程都是一致的。存在论哲学对于"诗意地栖居"的追寻，说明它也就是一种本体论意义的美学。当然，生态美学本身包含的人对自然的亲和性也使其具有浓浓的美学意味。

中国传统生态智慧在生态美学
建设中的价值

我国古代有着十分丰富的生态智慧，对于建设包括生态美学在内的当代生态理论具有重要的价值。我国古代儒家有着"天人合一""和而不同""民胞物与"等重要生态思想。最重要的，是道家的古典生态智慧。其内涵非常丰富，我们将其概括为六个方面：(1)"道法自然"的宇宙万物运行规律理论；(2)"道为天下母"的宇宙万物诞育根源理论；(3)"万物齐一"的人与自然万物平等关系理论；(4)"以不形相禅，始卒若环"的"天倪"论"生物环链"思想；(5)"心斋坐忘"所包含的"离形去知，同与大通"之古典现象学思想；(6)"至德之世"所包含的"同与禽兽居，族与万物并"之古典生态社会理想。

这些古典生态智慧达到很高水平，得到国际学术界的高度肯定，并给予西方当代生态理论的产生发展以重要影响。特别是道家生态智慧，给德国哲学家海德格尔以重大影响。据可靠资料记载，1946年海氏请中国学者萧师毅帮助其翻译《老子》，使其真正接受中国道家思想，并受其极大影响，从而促使其由"人类中心主义"转向生态整体主义。

道家对海氏的影响主要表现在以下四个方面：(1)吸收道家

"域中有四大,人为其一"的思想,从"大地与世界的争执"之"人类中心主义"发展到"天地神人四方游戏"之生态整体主义;(2)运用道家"知其白,守其黑"的论述,阐释其由遮蔽走向澄明之理论;(3)运用庄子《秋水篇》有关"鱼之乐"的寓言阐释其存在论思想;(4)运用老子"道可道,非常道"之哲理论述其"道说"不同于"说"之语言论哲学—美学思想。

当然,中国道家对于海氏还有多方面的影响,此不赘述。但上述资料已足以说明,中国古代生态智慧在当代包括生态美学在内的生态理论建设中所具有的重要作用。

关于生态美学学科建设问题

目前,关于生态美学是否构成一个严格意义上的学科,争论激烈。有的学者认为,生态美学已经成为一个新兴的美学学科;有的学者则认为,生态美学根本不能成立。两种意见争锋相对。我个人一直取积极而低调的态度。我始终认为,生态美学是不是严格意义上的学科是一个客观存在的事实,不是通过争论可以解决的问题,目前更加需要的不是在是否成为学科问题上的争论,而是生态美学学科本身的建设。众所周知,作为一个独立的学科,需要具有相对稳定的理论体系、研究方法和学者群体三个方面的基本条件。很明显,生态美学在这三个方面目前还不完全具备。

因此,我们认为,生态美学是一个十分重要的极具前沿性的美学理论问题。我们将其称作生态存在论审美观。但如前所述,这个生态存在论审美观从其包含前所未有的生态维度的角度来说,是具有十分崭新的理论内涵和极其重要的学术价值的。

它的发展,随着人们对于生态文明时代认识和体验的加深,也必然会逐步取得更大的推进。而且,它会对美的本体意义问题、自然美问题、艺术美问题、中西美学交流问题和审美的批评问题都有重要的影响。我们也相信,它的发展还将使美学从未有过的贴近现实,并影响到人们的生活方式。当然,这只是我们作为一名美学工作者的良好期望,需要众多学者历经多年的艰苦努力。

试论生态美学的研究对象①

一

长期以来,我们都将艺术作为美学的研究对象。这当然是受到黑格尔的影响。黑格尔在其《美学》中将美学称作是"艺术哲学",他的关于"美是理念的感性显现"的定义就是针对着艺术说的,而"自然",特别是大地与山河等无机界是不能有什么"理念"的。黑格尔认为,自然美是不完满的美,"自然万物之所以美,既不是为它本身,也不是由它本身为着要显现美而创造出来的。自然美只是为其他对象而美,这就是说,为我们,为审美意识而美"。② 也就是说,黑格尔认为,自然不存在独立的美,只有在它朦胧地暗示着某种人的意识时才成为美。这一观点一直持续到现在,许多论著和教科书仍将美学称作"艺术哲学"。但这显然是不全面的,甚至是不正确的。从美学学科建设的意义上说,生态美学就是对这种将美学局限于"艺术哲学"的片面倾向的一种纠正。但我们是否可以说生态美学是以"自然"作为自

---

① 原载《跨文化对话》第 26 辑,乐黛云、钱林森主编,生活·读书·新知三联书店 2010 年版。

② [德]黑格尔:《美学》第 1 卷,朱光潜译,商务印书馆 1979 年版,第 160 页。

己的研究对象呢？我们认为，也不能这么说。因为，站在生态存在论审美观的立场之上，人与自然不是主客二分、相互对立的，而是与自然万物构成一个统一的整体、一个世界，自然也不具有实体性的属性，不存在一种独立于人的"自然美"。所谓"美"，都是存在于人与自然万物的统一整体中，存在于人类活动的时间长河中，存在于存在与真理逐步显现与敞开的过程中。所以，我们不是简单地将生态美学的研究对象看作是"自然"，而是将其看作既包括自然万物，同时也包括人的"生态系统"。

　　德国的达尔文主义者恩斯特·海克尔于 1866 年首创了"ecologie"一词。生态学（ecology）的现代拼写形式是在 19 世纪90 年代随着欧洲植物学家们的第一批专业生态学文献的出版而出现的。那时，生态学指的是研究任何一种有机体彼此之间，以及与其整体环境之间是如何相互影响的学问。从一开始，生态学关注的即是共同体、生态系统和整体。① 1973 年，挪威哲学家阿伦·奈斯（Arne Naess）将生态理论运用于人类社会与伦理的领域，提出"深生态学"。诚如奈斯所说："作为科学的生态学，并不考虑何种社会能最好地维持一个特定的生态系统，这是一类价值理论、政治、伦理问题。……但是从深层生态学的观点来看，我们对当今社会能否满足诸如爱、安全和接近自然的权利这样一些人类的基本需要提出疑问，在提出疑问的时候，我们也就对社会的基本职能提出了质疑。我们寻求一种在整体上对地球上一切生命都有益的社会、教育和宗教，因而我们也在进一步探索实现必

---

① [美]罗德里克·弗雷泽·纳什：《大自然的权力》，杨通进译，青岛出版社1999 年版，第 64 页。

要的转变我们必需做的工作。"①"生态"作为一种现象,从阿伦·奈斯开始由自然科学领域进入社会与情感价值判断的社会领域,这就使生态哲学、生态伦理学与生态美学应运而生。"生态"也在"整体性""系统性"的内涵之上,又加上了"价值""平等""公正"与"美丑"等的内涵。生态美学的研究对象就是生态系统的美学内涵。这种美学内涵就是在"天地神人四方游戏"中,存在的显现、真理的敞开。

　　许多生态理论家都曾论证过生态系统这个极为重要的观念,给我们更大启发的则是美国的利奥波德在《沙乡年鉴》中提出的著名的"土地伦理",以及与之有关的"生态共同体"的观念。他从生命环链的角度认为,土壤—植物—动物—人构成了一个食物的金字塔与生命的系统。他说:"每一个接续的层次都以它下面的一层为食,而且这下面的一层还提供着其他用途;反之,每一层次又为比它高的一层提供着食物和其他用途。这样不断地向上地推进着,每一个接替的层次在数量上都在大大地减少着。……这个系统的金字塔形式反映了从最高层到最底部的数量上的增长。"②他认为:"土地伦理是要把人类在共同体中以征服者的面目出现的角色,变成这个共同体中的平等的一员和公民。它暗含着对每个成员的尊敬,也包括对这个共同体本身的尊敬。"③为此,他提出了著名的以这个生态系统或共同体为出发点的包含着

---

①转引自雷毅:《深层生态学思想研究》,清华大学出版社 2001 年版,第25 页。

②[美]奥尔多·利奥波德:《沙乡年鉴》,侯文蕙译,吉林人民出版社 1997 年版,第 204 页。

③[美]奥尔多·利奥波德:《沙乡年鉴》,侯文蕙译,吉林人民出版社 1997 年版,第 194 页。

生态伦理观的生态美学观:"当一个事物有助于保护生物共同体的和谐、稳定和美丽的时候,它就是正确的,当它走向反面时,就是错误的。"①

二

生态系统的美与传统理性美学的重要区别就是它包含着自然的因素,承认自然所特具的审美价值。著名的生态伦理学家罗尔斯顿在其名著《哲学走向荒野》中明确地指出了自然所特具的审美价值。他说:"每个赞美提顿山脉或是耧斗菜的人都会承认自然有价值,而《奥都邦》和《国家野生动物杂志》(*National Wildlife*)上刊登的照片都很好地呈示了自然的这种审美价值。"②这就是说,在生态美学之中自然的审美价值是不言自明的。但是,自然又不能独自成为审美对象,而必须依靠着人的参与。生态审美是关系中的美,是生态系统中的美。因为,生态美学凭借着生态系统的美这一特殊的审美对象,将自己与生态中心主义的"自然全美论"划清了界限。

与我们将生态美学的研究对象定位于"生态系统的美学内涵"相对,"生态中心主义"者提出了以自然而且是全部自然作为美学的研究对象的观点。这同时也是在当前环境美学家中十分流行的一种观点。首先是环境美学的重要开启者赫伯恩(Ronald

---

① [美]奥尔多·利奥波德:《沙乡年鉴》,侯文蕙译,吉林人民出版社 1997 年版,第 213 页。
② [美]霍尔姆斯·罗尔斯顿:《哲学走向荒野》,刘耳、叶平译,吉林人民出版社 2000 年版,第 132—133 页。

W. Hepburn)在 1966 年发表的那篇具有开启性的论文《当代美学及对自然美的忽视》之中,一方面抨击了分析美学对于自然审美的忽视,开启了当代自然环境美学研究的先河;但同时,他也在这篇文章中提出了"自然美"(Nature Beauty)的概念。这说明,在他的心中,自然作为实体是可以成为单独的审美对象的。当然,他也在文中提出了主体的参与问题。但主体的参与只是指不同于传统静观美学的人的感官全方位的参与,仍然没有避免主客二分的弊端。我们所主张的生态美学的研究对象生态系统之美,是消解主客二分的,是不承认存在独立的自然美的。当代西方环境美学的开创者之一加拿大美学家卡尔松提出了著名的"自然全美"理论。他说:"全部自然界是美的。按照这种观点,自然环境在不被人类所触及的范围之内具有重要的肯定美学特征:比如它是优美的,精巧的,紧凑的,统一的和整齐的,而不是丑陋的,粗鄙的,松散的,分裂的和凌乱的。简而言之,所有原始自然本质上在审美上是有价值的。自然界恰当的或正确的审美鉴赏基本上是肯定的,同时否定的审美判断很少或没有位置。"①这就是以卡尔松为代表的当代环境美学的著名的"肯定美学"论。其理由如下:其一,独立的自然本来就是美的,而只有人类才是自然美的破坏者;其二,任何自然事物都是有价值的,包括美学价值;其三,原始的自然,例如荒野有着一种原始的整体美;其四,尽管并非所有的自然物都有美的价值,但从整体和联系角度看自然是全美的,例如,焚烧过的森林再现了一个被删节的生态系统;其五,人们在对自然与艺术的审美中持有不同的态度,前者是肯定的,后

①［加］艾伦·卡尔松:《环境美学——自然、艺术与建筑的鉴赏》,杨平译,四川人民出版社 2006 年版,第 109 页。

者是批评的。总之,这是一种比较自觉的"生态中心主义"的立场。

　　我国的一位当代美学家从另一个角度论述了"自然全美",即从审美都具有独特性的角度对"自然全美"进行了论证。他说:"自然物之所以是全美的,并不是因为所有自然物都符合同一种形式美,而是因为所有自然物都是同样的不一样的美。就自然物是完全与自身同一的角度来说,它们的美是不可比较、不可分级、完全平等的。"①如果要说到"自然全美"的理论来源,我们认为,应该追溯到著名生物学家达尔文(Charies Robert Darwin)于1859年出版的《物种起源》。他在《物种起源》第四章"自然选择——即适者生存"有关"性的选择"一节中写到了自然的本有之美的问题。他在描述雄性斑纹孔雀以其最好的姿态、艳丽的羽毛以及滑稽的表现来吸引雌孔雀时写道:"这里我虽不能作必要的详细讨论,但是如果人类能依照他的审美标准,使班塔姆矮鸡在短时期内获得美丽的颜色和优雅的姿态,我们就没有充足的理由来怀疑那些雌鸟所依据它们的美的标准,在成千的进化过程中,选择鸣声最佳、颜色最美的雄性,而产生显著的效果。"②在我国,被认为与这种"自然全美"理论最为接近的则是由老一辈著名美学家蔡仪提出的"典型即美"的理论。蔡仪在其《新艺术论》中论述"美的本质"时指出:"我们认为美是客观的,不是主观的,美的事物之所以美,是在于这事物本身,不在于我们的意识作用。"又说:"我们认为美的东西就是典型的东西,就是个别之中显现着一

---

① 彭锋:《完美的自然——当代环境美学的哲学基础》,北京大学出版社 2004 年版,"前言"第 5 页。

② [法]达尔文:《物种起源》,焦文刚译,新世界出版社 2007 年版,第 71 页。

般的东西；美的事物就是事物的典型性，就是个别之中显现着种类的一般。"①

既然"自然全美"论来源自达尔文的《物种起源》，那么，我们据此就可预知到这种理论的利弊所在。所谓"利"，就是这种理论充分肯定了自然具有某种包括审美在内的价值属性，批判了自然审美完全是"人化自然"的观点。但这种"自然全美"理论的弊端也是十分突出的。最主要的是，它表现出完全的"生态中心主义"倾向，将自然的包括审美在内的价值绝对化，离开了自然与人紧密相联的"生态系统"来谈论"自然之美"，从而走上了将生态性与人文性相对立的错误轨道。

由于我们坚持着"生态存在论"的哲学与美学立场，因此，必然要从"此在与世界"的在世关系中来理解和阐释自然的审美价值。事实证明，美与真、善一样，不是一种实体，而是一种关系性存在，是在"此在与世界"的在世结构中，在人与自然的"生态系统"中，存在得以展开、真理得以显现。如果离开了人的参与，离开了"此在与世界"的在世结构，离开了人与自然紧密相联的"生态系统"，自然审美的价值属性将不复存在。即便是自然的独特性，也不会闪现出美的光芒。即使是康德，尽管承认了美的形式的个别性，但也只是将美的这种独特的个别性与其共通性相联，而且其美学就是自然向人生成的一座桥梁，最后导向"美是道德的象征"，"自然全美"在康德美学中是没有位置的。

总之，美是在"此在与世界"的在世结构中，在人与自然万物紧密相联的"生态系统"中逐步生成与呈现的，不是"生态中心主义"的"自然全美"所能阐释穷尽。

①蔡仪：《蔡仪文集》，中国文联出版社2002年版，第235页。

三

　　生态美学的生态系统的美包含着人的因素,这是由生态美学所遵循的"生态现象学方法"所决定的。生态现象学特别强调审美过程中人的主体构成作用,强调审美过程之中"此在"的阐释性与能动性。诚如罗尔斯顿所说:"有两种审美品质:审美能力,仅仅存在于欣赏者的经验中;审美特性,它客观地存在于自然物体内。"又说:"当人类到来时就有了审美的火种,随着主体创造者的出现审美也随之产生了。"①但生态系统美又不同于过分强调人的作用的从而走到"人类中心主义"的"移情论""人化的自然论"与"如画风景论"。

　　"移情论"是德国美学家立普斯(Theodor Lipps,1851—1914)于 19 世纪末和 20 世纪初提出来的。他从心理学的角度认为,所有的审美活动都是人将自己的情感与意志移置到对象之上的结果。他说,审美"都因为我们把亲身经历的东西,我们的力量感觉,我们的努力,起意志,主动或被动的感觉,移置到外在于我们的事物里面去,移置到在这种事物身上发生的或和它一起发生的事件里去"②。康德在论述崇高时也运用了"移情"的观点,认为崇高是主体将自己的"崇高感""偷换"到对象之上的结果。事实证明,这种"移情说"完全否定了审美过程中自然自有的审美属性,是不符合事实的,是一种"人类中心主义"也是"唯心主

---

①参见阿诺德·伯林特主编《环境与艺术:环境美学的多维视角》,刘悦笛等译,重庆出版社 2007 年版,第 156、158 页。
②转引自李醒尘《西方美学教程》,北京大学出版社 1994 年版,第 476 页。

义"的表现。

20 世纪 60 年代与 80 年代发生在我国的美学大讨论中,"自然美"问题曾经成为讨论的热点之一。当时,李泽厚提出了一个非常著名的自然美是"人化的自然"的观点。他说:"自然对象只有成为'人化的自然',只有在自然对象上'客观地揭开了人的本质的丰富性'的时候,它才成为美。"甚至在讨论太阳的美时,他也认为,太阳的美不在其自然属性,而在其社会属性。他说:"显然,太阳作为光明的美感对象,它正在于本身的这种客观社会性,它与人类生活的这种客观社会关系、客观社会作用、地位。正是这些才造成人们对太阳的强烈的美感喜爱。太阳的这种客观社会属性是构成它的美的主要条件,其发热发光的自然属性虽是必须的但还是次要条件。"①在这里,李泽厚运用了马克思在著名的《1844 年经济学哲学手稿》中的有关人的劳动是"人化的自然"的观点。但马克思明显地讲的是生产劳动,而不是讲的审美。马克思在同一著作中有关审美的"物种的尺度"与"内在尺度"相结合的观点已经明确告诉我们,马克思认为,审美不仅包含人的"内在尺度"而且包含自然的"物种的尺度"。马克思是反对人类中心主义的,"人的本质力量的对象化"不能真实地反映马克思对审美的看法,"人化自然"也不能真实地反映马克思对自然审美的看法。

20 世纪 60—70 年代,在西方文化背景中,在西方现代环境美学产生的过程中出现了一种阐释自然环境之美的"如画风景论"。所谓"如画风景论",是以艺术的眼光来审视自然,将自然看作是一幅幅如画的风景。这就是卡尔松和瑟帕玛所说的"环

①李泽厚:《美学论集》,上海文艺出版社 1980 年版,第 25、88 页。

境美学"的景观或风景模式。瑟帕玛指出："这里的出发点是风景画或摄影:我们看到的风景就像一幅画那样有边框。选择和框定造就了风景。"①瑟帕玛指出,很多供人观赏的名胜风景都是以艺术的方式被管理的,包括游览路线、小径道路、休息场所、路标指示牌、导游手册、观光塔等都是事先安排妥帖。瑟帕玛并不赞成这种"如画风景"的理论以及与之有关的管理模式,认为其根本缺陷在于"自然不是被视为一个整体"。② 在他看来,环境与艺术品之间有五大区别:艺术品是一件人工制品,而环境是给定的;艺术是在习俗的框架内被接受,而环境则不是;艺术品为审美愉悦而创作,环境的审美品质则是副产品;艺术品是虚构的,环境则是真实的;艺术品是省略的,环境则是它自身。因此,他对于"如画风景论"是不赞成的。因为"如画风景论"仍然没有摆脱传统的美学是艺术哲学这一传统理论的束缚,更是对自然的审美品质与传统给予了全面的否定,表现出明显的"人类中心主义"的倾向。我们当然也不赞成这种"如画风景论",主要是这种理论仍然是从"人类中心"的眼光来审视自然生态,并将其作为一幅幅呈现于人面前的风景画来加以欣赏,这其实是对生态美学的研究对象是"生态系统"的这一美学内涵的背离。

　　以上,我们通过将生态系统的美学内涵与"自然全美论""移情论""人化的自然论"以及"如画风景论"的比较中,充分地看到

---

① [芬]约·瑟帕玛:《环境之美》,武小西、张宜译,湖南科学技术出版社 2006年版,第 61 页。

② [芬]约·瑟帕玛:《环境之美》,武小西、张宜译,湖南科学技术出版社 2006年版,第 62 页。

其既区别于传统的"人类中心主义"又区别于"生态中心主义"的特殊的内涵,从而彰显出生态美学研究对象的特殊意义与价值。由此可知,所谓生态系统的美,既非纯自然的美,也非人的"移情"的美和"人化"的美,而是人与自然须臾难离的生态系统与生态整体的美。

关于生态美学的几个问题^①

　　首先我想讲一下什么是美学，我简单地介绍一下。美学这个词，是 18 世纪中期德国哲学家鲍姆加通创立的一个词，同时也是一个学科，英语里面叫 Aesthetica。这个词本义是感性的完善，中国历史上没有这个词，后来这个 Aesthetica 经过日文转译成中文变成了"美学"，所以，这里面有点别扭。"美学"的这个"美"，这里面含有漂亮的意思，就是 Beautiful。但实际上，广义的美学不单纯是指漂亮，广义的美学是研究人和对象的审美关系的这样一门学问。我们和对象会发生很多关系，比如，我们和嵩山有很多关系，我们人和人之间也有很多关系，有工作的关系、有经济的关系、有贸易的关系等等，其中还有一个审美的关系。

　　什么叫审美的关系呢？就是这个对象能够使你产生一种肯定性的情感评价，就是你看了一个东西你喜欢不喜欢，高兴不高兴，就是给你产生一个喜欢高兴的肯定性的情感评价，但是恶心、反感就不是美。这叫做人与对象的审美关系，美学是研究审美关系的学问。长期以来，在美学这个领域里面，大自然是被边缘化的，基本上不在美学的范围之内。大家都知道，有一个德国的大哲学家叫黑格尔，马克思和恩格斯他们的哲学就继承了黑格尔的

---

①原载释永信主编《在少林寺听讲座》下，上海交通大学出版社 2010 年版。

哲学，改造之后加以发扬。那么，黑格尔有一本很著名的书，我们把它翻译成《美学》。他说美学的定义是什么呢？"美学就是艺术哲学"，是研究艺术的美学。自然在什么情况下才美呢？自然只有在像艺术一样反映出人的时候才美。也就是说，是有人对其"移情"才美。我们现在到了 20 世纪后半期，特别是 21 世纪，我们认为这个观点是有问题的，生态和自然应该进入美学领域，所以提出一个生态美学的问题。这是一个新的学科，新的领域。那么，它和我们的传统文化，和我们的生活有密切的关系。

我今天就讲生态美学的几个问题。一共是四个问题：第一个是生态美学的产生和发展。第二个是我们为什么要提出生态美学。既然原本有美学，我们为什么还要提生态美学。第三个是什么是生态审美观。第四个是中国传统文化所包含的一些生态智慧与生态审美智慧。

第一个问题，生态美学的
产生与发展

生态美学是在后现代经济哲学与文化的历史背景之下产生的。这里面出现一个名词叫做"后现代"，什么叫"后现代"呢？我们当下就应该是"后现代"。所谓"后"就是对现代的一个反思和超越。什么是"现代"呢？现代就是工业革命。我们今天吃饭的时候还在那儿说，我们一刻也离不开现代。比如说"电"，如果没有了电，生活就不可想象。如果没有了电，我们今天下午的报告就很难进行，我们不能照明，不能取暖，我们的工作、学习、生活都会出现问题。总之，现代化给世界带来了巨大的变化。但是现代化也有现代的弊端，环境污染、生态恶化就是弊端之一。所以，生态美学、生态理论是后现代哲学文化背景下出现的一个新的美学观念，它经过了一个漫长的发展过程。

首先是 1950 年 6 月 6 日，德国一个哲学家叫海德格尔。近现代西方有几个大的哲学家，一个是马克思，还有一个是弗洛伊德，就是讲潜意识的那个精神心理和精神分析的哲学家和心理学家。另外一个就是海德格尔。海德格尔 1950 年写了一篇文章叫《物》，就是"物体"的"物"。在文章里面，他提出了一个非常重要的观点，叫做"天地神人四方游戏"。和神学有一点关系。"天地神人四方游戏"，说白了就是我们中国的"天人合一"。他把它概括为"天地神人四方游戏"。"天地神人四方游戏"是海德格尔对自己早期的另外一个观点"世界与大地的争执"的一个突破。早期，1927 年，海德格尔有一本书叫做《存在与时间》。他提出一个命题，就是人们如何了解世界，人们如何生存？当时他认为，在世界和大地的争论当中人才能生存，在天人之争当中才能生存。他的"天地神人四方游戏"是对这个观点的一个突破。

第二是 1962 年美国生态美学家蕾切尔·卡逊写了一部非常重要的有名的书叫做《寂静的春天》，这本书成为生态审美观实践形态生态批评的里程碑。蕾切尔·卡逊是一个女性，美国的著名生态理论家，也是国际上著名的生态理论家，是一个海洋生物学家。蕾切尔·卡逊终生未婚，她把自己的一生都献给了生态事业。她这本书针对一个什么问题呢？就是针对当时工业化的开始，在农业当中使用一种农药叫做 DDT。现在不大使用这个东西了，我们小的时候还使用过这个东西 DDT，现在打蚊子的时候还使用 DDT。当时，大规模地使用农药，使用 DDT 来杀灭害虫。由于过量地使用 DDT，造成了对庄稼的伤害，也造成了对人的伤害。所以，她虚拟了一个美国中部的乡村。大家都知道美国的面积比我们中国略小，但是人口只有两个多亿，它的生态资源应该是比较丰富了。美国中部的一个乡村，这个乡村本来是繁花似锦，植物繁茂，人丁兴旺，但是由于使用了 DDT，所以造成了喧闹的春天变成了寂静的春天的情形，庄稼枯萎了，人也生了各种怪病，各种鸟类也灭绝了。这本书在 1962 年出版以后，引起了巨大的反响。它的反响之一，是这本书的出版使得化学农药的这个行业受到了致命性的摧毁，人们不买 DDT 了，不买农药了。化学农药这个行业里面的有些商人、资本家，包括它背后的官员，甚至那些科学家，都联合起来攻击蕾切尔·卡逊。这时《纽约时报》有一个通栏的标题，叫做《寂静的春天变成了喧闹的夏天》。因为这本书 6 月份出版，正好是夏天。他们还对蕾切尔·卡逊进行人身攻击。蕾切尔·卡逊正在这个时候又患了癌症，是乳腺癌。但是，蕾切尔·卡逊非常坚强，她顶住了，还因这本书导致美国出台了限制农药使用的环境保护法。这是第二个事情。

　　第三个就是环境美学的出现。环境美学是 1966 年开始出现的，但是有代表性的著作是 1992 年美国著名美学家阿诺德·伯林特出版《环境美学》的这本书。在环境美学产生之前，在 1978 年，美国还有一个文学家鲁克尔特，发表了《文学与生态学》一文，首次提出"生态批评"这个概念与"生态诗学"这个概念。他第一次提出这个概念，使生态批评逐步成为显学。我是做美学的，在我们文学领域，有社会的批评，有审美的批评，有精神分析的批评，有原形的批评，现在又增加了一个生态批评。

　　生态美学在我国的发展历程是这样的。大概是 1994 年，我国学者李欣复教授首次提出生态美学。李欣复教授是曲阜师范大学的教授，他发表了第一篇论生态美学的文章，是在《南京社会科学》发表的,提出了生态美学的概念。但是生态美学的真正发展,是2001年秋全国首届生态美学学术研讨会在西安的召开,我是从2001年开始介入生态美学这个事业,一直坚持到了现在。一开始的时候形势很不好,我们到外面讲这个生态美学,基本上受到的都是批评和质疑,现在的形势好多了。目前,我国已经出版专著10多部,大约有10名左右博士生选择生态审美观或生态批评为博士论文题目;另外,大概有将近7—8个国家社科项目是生态美学、生态文学和生态批评,说明它已逐步被学术界和大家所认可。这是我国生态美学的提出和发展的历程。2007年党的十七大以后,提出生态文明建设,生态美学建设得到了更好的支持,有了更好的理论上的支撑,形势会愈来愈好。

第二个问题,为什么提出生态美学

原来已经有一种美学理论了,我们为什么要提出生态美学,为什么这样做呢? 如果我们把为什么这样做用一句话来概括的话,我们可以把它概括成为了适应现实的需要。任何时候,科学与社会科学的产生与发展,都必须要适应现实的需要。恩格斯有一句名言:社会和现实的需要比十所大学对学科的推进作用都要大。所以,生态美学的发展是为了适应社会的现实需要。

应该讲,我们国家现代化取得了巨大的进步,但是我们的生态问题也已经非常紧迫地摆在我们每一个人的面前。很多学者认为,在日益严峻的生态问题面前,我们每一个人,特别是每一个学者都有一种责任,就是生态责任。我们每个人、每一个学者都不应该缺席。这是我们所有的学者,也是我们所有的公民所应该有的态度。一共四个方面的需要:

（1）是为了适应当代社会由工业文明到生态文明转型的需要。我们这个社会形态正在由工业文明向生态文明转型。人类发展的社会形态经过了四个阶段：第一个阶段是人类对自然无限膜拜崇拜的这样一个原始文明时代。那个时候刀耕火种，自然神论，万物有神，这样一个阶段。第二个阶段是人和自然很初级的统一的和谐的农业文明时代。农业文明时代是很初级的、很初步的一种和谐。人们对农业文明的通俗表述，就是"三十亩地一头牛，老婆孩子热炕头"，过得很舒服，烧个柴火，喝个糊糊，日出而作，日落而息。第三个阶段是蒸汽机发明的时代，工业文明时代。这个时候，人类的科学技术空前的发展，人类要开始自觉地改造自然，大规模地改变自然、战胜自然。这时，人类就和自然产生了尖锐的矛盾，叫工业文明时代。工业文明大概经过了 200 多年的时间，我们发现这一条路并不是一条很通畅的路，于是要走一条既要尊重科学技术的路，同时又要尊重自然的路。第四阶段是生态文明时代，进入了一个新的时代。生态文明的标志是 1972 年联合国发表《人类环境宣言》，将环境问题作为全人类所面临的最紧迫的共同课题提到我们全世界所有的人面前。我们国家是 20世纪 90 年代开始提出可持续发展的方针，开始关注这个问题。我们属于工业化和现代化的后发展的国家。

2004 年 4 月 30 日，我国学者更加明确提出"人类文明正处于由工业文明向生态文明的过渡"。这个生态文明的建设对我国显得特别重要。我国是一个资源紧缺型的国家，是一个环境压力大的国家。过去我们上小学的时候，说我国是地大物博，现在我们看，地也不大，物也不博。我曾经在加拿大维多利亚大学待了几个月，加拿大是 1000 多万平方公里，3000 多万人口，我们中国是 960 多万平方公里土地，比加拿大要小一点，13 亿人口，这个意味着什么问题呢？就是说加拿大是 13 平方公里养一个人,我们国家是一平方公里有 13 个人在那儿生活。而且,这个每一平方公里含的物质财富还不一样。我们的国家是以世界 9％的土地,养活占世界 22％的人口。我国的森林覆盖率不到整个国土的14％,国际上人均的覆盖率是 30％,是国际水平的一半。我们的淡水资源是世界人均的四分之一。所以,我们国家是一个资源紧缺的国家。我觉得河南的压力很大,河南是人口大省。同样,山东也是人口大省。山东和河南挨着的,我们都是人口大省,资源紧缺。我们环境污染的严重性也是空前的。温家宝同志 2006 年有一句话说:"发达国家上百年工业化过程中分阶段出现的问题,在我国已经集中出现。"发达国家 200—300 年工业化过程中逐步出现的环境污染的问题,大家都很熟悉的。像日本的水俣病,日本的水俣这个县由于工业化过度,河水里面沉淀了很多的水银,人们吃了河里面的鱼以后,把这个水银吃到肚子里以后,得了一种奇怪的病,后来查出这个病叫做水俣病。还有一个伦敦雾,伦敦雾不是白色的,是紫色的。为什么伦敦雾是紫颜色的? 因为伦敦是一个工业化的城市,它的烟尘使它薄薄的雾呈现出紫颜色。但经过几十年的治理,这些问题得到了解决和缓解,说明发达国家的环境污染得到很大的遏止。我们国家呢?我国的现代化是 1978 年以后开始的,在 30 年的时间里面,我们走过西方国家 200 年已经走过的历程,取得巨大成就。但同时,在这 30 年的时间当中,环境污染问题也在我国集中发生。我们现在的环境污染对国民生产总值的冲击,据权威经济学家分析,已经占了国民生产总值很大比例,很惊人的。这样一减的话,这就叫生态欠债,这个债是需要逐步偿还的。我们太湖的蓝藻,松花江污染,陕北的重铅污染,都是非常严重的问题。所以,在这样的情况下,我们必须要改变我们的发展模式和文化态度,走环境友好型之路,用审美的态度来对待我们的自然。这是第一个需要。

(2)是为了适应 20 世纪以来哲学领域从主客二分到主体间性,以及由人类中心到生态整体转型的需要。大家都知道,对于哲学领域的转型,我们学术界一般把它放到 1831 年。因为,1831 年有一个非常重要的人物去世了,黑格尔去世了。黑格尔是一个理性主义哲学家,他是侧重人类中心的,走主体性与理性主义之路。他的去世导致了哲学的转型,由原来的主客二分的理性主义的哲学过渡到人和自然的和谐统一的主体间性的哲学。什么叫间性呢? 原来人们认为人高于自然,人改造自然。这个间性是主张人和自然是朋友,他们之间是两个主体之间的间性的关系,这是一个转型。这个转型经过了漫长的过程,首先是德国的尼采于 1872 年发表的《悲剧的诞生》,里面提出重要的"酒神精神",这个"酒神精神"是不同于传统的理性精神的。"酒神"是古希腊的一个神,这个神是非理性的,喝得醉醺醺的,但是有蓬勃的创造力,有艺术的创造能力。尼采用这样的精神代替了黑格尔的理性精神。同时,还有胡塞尔与海德格尔的现代现象学与存在论哲学。其后,又有法国哲学家德里达的"去中心"、福柯的"人的终结"、阿伦·奈斯的"深生态学"等等,都反映了这样的转型。这是第二个需要。

(3)是为了适应美学与文学自身从 20 世纪 60 年代以来逐步发生的由无视生态维度到十分重视生态维度的转型的需要。我刚才讲了,美学和文学领域本来对自然生态是无视的,我讲的是西方,中国历史上大概不存在这个问题。但是,我们现在同样是无视生态维度,由无视生态维度,不重视生态维度,到逐步地重视生态维度这样一个转型。20世纪60年代以来，生态批评、生态文学、生态诗学与环境文学在国际学术界逐步成为显学。这里面有几件事，一件是1966年，有一个美国的美学家叫做赫伯恩，他写了一篇文章。这个文章是专门批判黑格尔的，他就认为，黑格尔把美学规定为艺术哲学，对自然的忽视和否定是错误的，应该恢复自然在美学和文学里面的地位。这是第一个向"美学是艺术哲学"发难的学者。第二件是1984年日本有一个美学家叫做今道友信。今道先生是东京大学的教授，他学问做得非常好。日本有两个非常著名的美学家，一个叫佐佐木，一个叫今道友信。今道在东京大学退休以后到一个私立的大学去当总长去了，美学不做了，我们觉得非常的可惜。今道友信邀请了两个人，一个是法国的杜夫海纳，另一位是澳大利亚的帕斯默，三位著名哲学家聚会东京研究一个问题，研究生态伦理学不断发展以后，美学应该怎么办，就是要把生态伦理学引到美学当中。在文学上，我刚才讲到，就美国的文学家、文学批评家鲁克尔特，他在1978年写了一篇论述生态文学和生态批评的文章，这一篇文章发表在《衣阿华学报》的冬季版，第一次提出"生态批评"这样一个概念。这是第三个需要。

（4）是为了适应新的经济全球化背景下振兴我们中国优秀传统文化的需要。这个和我们的"禅宗中国"课题有紧密的关系。大家都知道，我们当前是经济全球化，我们国家的经济与世界上所有的国家的经济都是一体的，经济危机、金融危机影响到所有的国家，包括我们国家也概莫能外。在这样一个背景下，西方的强势文化对我们的压力日益增强。大体上，我们核算了一下，我们中国文化和西方文化的交流，在输入和输出上的比例是9：1。大概我们输入是9，输出是1。9：1，这是一种文化上的

"入超"。众所周知,我们的现代化不仅需要经济与工业的现代化,而且需要在文化上实现新的伟大复兴,我们的现代化需要中华文化的伟大复兴。所以,我国人民在现代化的过程当中,也需要从优秀传统文化当中找到自己的精神家园。在这种情况下,优秀的中华传统文化的振兴成为历史的需要。那么,在我们中国的优秀传统文化当中,生态智慧是非常宝贵的思想财富,这是国际公认的。我们的古典生态智慧是非常宝贵的思想财富和资源,传统儒家的"天人合一",道家的"道法自然"观念,儒家张载提出来的"民胞物与",即人民是我的同胞,大自然万物是我的朋友,这样的思想。还有佛教,佛家的善待众生,众生平等这些思想等,都有它重要的价值,为国际学术界所看重,成为开展国际学术交流非常好的领域。所以,罗马俱乐部非常重视我国古代生态智慧。大家都知道有一个罗马俱乐部,是1967年罗马重要的社会活动家贝切伊组成的一个文化俱乐部,把国际上重要的科学家和思想家都聚集在一起,讨论国际上的重大问题,其中一个重要问题就是生态环境问题。有一本大家非常熟悉的书,已经改了第三稿,叫《增长的极限》,是美国麻省理工学院受罗马俱乐部的委托写的。它就认为,我们的经济增长是有一个极限的,经济增长和物质的基础之间有一条函数线,这两条线如果相交了就会发生灾难了。罗马俱乐部有一个中国分部,讲了一句话:老子几千年前提出的"无欲"与"天人合一",这正是人间"正道"的基本前提。老子的思想提供的价值观念真正切中了以西方文化为主体的现代文明异化的种种问题与要害,是抑制现代文明病的良方。这个无欲和佛学关系很大,所谓"清净无为无欲"。

第三个问题，什么是生态审美观

1. 什么是生态审美观？

生态审美观是一种当代生态存在的论审美观。就是说，所有的美学观点，在很长一段时间里都是认识论的，就是认为审美是对人和世界的一种认识。但是，生态美学是存在论的，审美不是为了认识某个东西，我们审美是为了人类，为了个体，为了使其生存状态越来越好。这是一个非常大的差异。我刚才也讲了，我们生态美学观是 1994 年首次提出来的，这种观念有广义和狭义的两种理解。狭义的理解就仅仅局限在人与自然的审美关系，人和自然要达到亲和和谐；广义的理解，指建立人与自然生态的审美关系，并延伸到人与社会、人与人之间的审美关系。首先包括人和自然的审美关系，所以，广义的生态美学是一种符合生态规律的当代存在论的生态美学。

2. 生态审美观在一些重要的理论问题新的发展

这个发展我们把它归结为四个方面：

(1) 从美学学科的哲学基础方面来看，它标志着我国美学学科的哲学基础将由认识论过渡到当代存在论，并从由人类中心过渡到生态整体。长期以来，我们的美学是认识论的美学，我国 20 世纪 60 年代和 80 年代有两次大的美学讨论，这两次大的美学讨论产生了四个观点：第一个观点，就是美的客观说，这是中国社科院文学所的蔡仪先生主张的。什么是美的，典型就是美的。就是说，如果说你这个对象是比例适中的，是典型的，它就是美的。所以，反对者与蔡老争论的时候，讽刺的说法就是：难道一个典型的毛毛虫也是美的吗？这是蔡仪先生有关美的客观性的观念。第二个观点，就是美是主观的，这是高尔泰先生提出的。他用了一个通俗的话，叫"情人眼里出西施"，就是你喜欢的人你怎么看都好，这就是美是主观的。第三种观点认为，美是主客观统一的。这是朱光潜先生提出的。第四种观点认为，美是客观性与社会性的统一，是李泽厚先生提出的。这四家里面，有三家是从认识论的角度来审视美的问题，或者认为美是一个实体，美是一个可以看得见的，客观存在的东西；或是认为美是主观的；或是认为美是客观性和社会性统一的。只有朱光潜先生没有把美看作一个实体。我们认为，审美不是一个实体，审美是一个过程，是一个经验。所以，审美和人的生存存在紧密相关。而且，只有从存在的立场，我们才能理解人与自然的一致，从传统认识论的立场无法理解这种一致性。如果从认识论的立场，对这个对象就要改造它、认识它，它和人是对立的。只有这个对象变成我们人类的生存的必要条件，才能够使主体和对象真正统一。

　　大家都知道，人生在世有两种模式，一种是认识论的模式，认识论的模式就是主体和客观二分对立的模式。我要认识这个手表，我就要把这个表打开，看看这个表的结构怎么样，这里面有指针有铁皮，还有一个电池，等等，这是我认识到的；另外一种人生在世的模式就是"此在与世界"的这种"在世"模式，"此在"就是一个在具体时空中的人，这个人不是一个静止的不变事物，这个"此在"是在发展当中的，是一个过程，有时间有空间；所谓"世界"就是人生活的世界，世界离不开人，人离不开世界。世界和人是什么关系呢？用佛学的话来讲，就是一种机缘性的关系，是一种缘分。今天我在这里讲课和在座的各位相聚是一种缘分，我今天到少林寺来也是一种缘分，是一种机缘性的关系。在这种"此在"的在世模式下，人和自然才能统一，才能产生一种新的包括自然的人文主义,叫生态人文主义。人文主义是对人的关怀,但是我们这种"此在与世界"的这种在世模式告诉我们,对人的关怀不能离开对自然的关怀,我们坐在这儿,如果外面发生地震了,我们能安稳地坐在这儿吗? 如果外面的空气是浑浊的,我们能舒服地坐在这儿吗?

(2)从美学理论本身来看,生态美学的出现标志着我国美学理论将由无视生态维度、过分强调"人化的自然"过渡到重视并包含生态维度。我们的美学理论长期以来不重视自然,我刚才已经讲了,传统的观点是"美学是艺术哲学",同时讲什么是美呢? 就是"人化的自然",就是人改造了对象,在对象之上打上主观的印记,然后在被改造的这个对象身上自我欣赏,这就叫美。这是把美、"人化的自然"和对象的改造完全结合在一起。但生态美学的出现就改变了这种状况,从传统的不包含生态维度的美学到把生态维度放在一个重要的位置。

(3)从人与自然的审美关系来看,将从自然的完全"祛魅"过渡到自然的部分"复魅"。这个里面出现一个新的概念,叫做"魅"。"魅",就是魅力、神秘等等。在远古时代,由于自然科学的不发达,人们把万事万物都看成神秘的,不可解的,是一种"魅"。科技发展以后,工业革命以后,人类以为自己什么自然现象都可以掌握,都可以改造,叫"祛魅"。这时有一个德国的理论家叫马克斯·韦伯。这个马克斯·韦伯提出了"祛魅"这样一个概念,就是工业革命和科技的发展,人类对自然的所有的"魅"都去掉了,出现"祛魅"这样一个概念。生态美学和生态哲学的产生提出了部分的"复魅",这个里面就有科学和宗教的关系。这个维度也包含在里面了,"魅"就是神秘性,就包含在这里面了。"复魅",复什么"魅"呢? 我们不是回到远古时代,万物有灵那样的时代,而是部分的复魅。恢复什么样的"魅"呢？三个内容，第一是自然的神圣性。大自然是神圣的，我们人是自然的儿子，大自然是人类的母亲。每一个人的个体在大自然母亲面前是渺小的，每一个人最后都要回归自然。今天社科学院的郑老师跟我说，嵩阳书院有一棵4500年的柏树。我们一个人活100岁都是不得了的了，但是一棵树活了4500年，所以，人和自然相比是渺小的，自然是神圣的。自然是不是神圣的，这个问题在我们国家到目前仍然有争论，那就是要不要敬畏自然，这个问题目前我们还在争论。有人对"敬畏自然"提出了批评，而且是一位重要的学者。我本人也在《人民政协报》发表了一篇《人类是否应该敬畏自然》的文章。第二是要部分地恢复自然的神秘性。对于自然，人们是可以认识的，但是自然的秘密人类却永远不可能穷尽，人类可以逐步地走进自然，但无法穷尽其秘密。恩格斯有一个非常有名的著作叫做《自然辩证法》，可能我们大家都知道，《自然辩证法》里面有一段谈到宇宙的生成，到底宇宙是从哪里来的？我想每一个宗教对宇宙从哪里来的都有回应。但是宇宙到底是如何产生的，到现在仍然是个谜。恩格斯对宇宙的产生，在两个地方连续写了"不知道"。宇宙是怎么产生的呢？星云说是由星云产生的，由什么宇宙中微型物体的聚合产生。而且，许多大自然的神秘性也无法解释，无法求证。第三是恢复大自然潜在的审美性。大自然富有潜在的审美性，你看我们的山，北方的山和南方的山形态不一样，南方的山雨雾蒙蒙的，北方的山连绵不绝，气势磅礴。大自然有一种潜在审美性，正是由于这种潜在的审美性，所以，人们用审美的目光欣赏的时候才能产生美感，所以美不纯粹是主观的。

（4）从审美研究的思维方式来看，从传统的认识论的主客二分的思维方式过渡到生态现象学的方式。现象学这个方法是德国哲学家胡塞尔提出来的,这个方法包含这样几个要点,一个是要回到原初,回到人的思维的开始。如何回到原初呢? 要悬搁,要把人的一些乱糟糟错误的观念,人的欲望加以悬搁。这又和佛家有关系。佛家是通过一种修炼加以悬搁。只有这样,人和自然才能达到平等共生。我们要悬搁什么呢? 一个就是要把过分的科技理性、工具理性悬搁起来,第二个要把我们过度的私欲悬搁起来,达到人与自然的"平等共生"。大家都知道,我国有许多非常美丽的滨海城市,有许多美丽的海湾。在这些城市修建沟通两岸的通道是必要的,但有的城市修了海底隧道还不过瘾,还要修跨海大桥,不仅破坏了海湾的环流,而且破坏了海湾的生态,后果很严重。还有,有些美丽的滨海城市将美丽的海岸线全部加以硬化,修成通衢大道,破坏了大量的沿岸植物,包括珊瑚礁等,极大地降低了海岸线抵御洪水的能力。这就是一种过度的开发,表现了人的过度的错误的欲望,应该加以限制。

3. 生态审美观的具体内涵

我从四个方面来介绍一下:

(1)生态美学的文化立场。生态美学,生态批评,是一种文化批评。生态美学之所以对传统美学是一种革命,首先是文学立场一个巨大的变化。有这么几个重要的文化立场。

第一个就是生态存在论的文化立场,由传统认识转变到生态存在论,这是由美国圣巴巴拉"后现代研究中心主任"和"过程研究中心执行主任"大卫·雷·格里芬首先提出来的。他针对认识论和人类中心主义提出"生态论的存在论"。格里芬是建设性的后现代理论的创始人之一。他有一句非常有意义的话,这句话对我们有帮助,格里芬说:人类应该轻轻地走过大地,只获取自己应该获取的东西,把充分的财富留给我们的后代与邻居。这句话写得像诗一样，人类当然要走过大地，每个人生下来以后都要走过。就拿本人来说，我出生在安徽，在上海念中学，在山东念大学，然后在山东工作至今。在这过程中，曾经走过好多的地方，现在又到了河南，等等。每个人的一生都要走过大地，都要获取自己生存所需要的物品，但要轻轻地走过，只获取自己应该获取的东西，把充分的财富留给我们的后代和邻居。邻居是谁？就是动物和植物，因为在地球的大家庭中，人类与动植物就是一种比邻而居的关系，大家都是大家庭中的成员。这就是格里芬说过的话，非常有诗意，带有终极关怀的内涵。

第二个就是"有机世界观"，这是美国环境哲学家科利考特提出来的，含有机整体的内涵，是对机械论的批判。机械论把地球想象成一个机械、一个钟表，什么都是预定好的。有机世界观说，这是不对的，万物特别是人类，特别是人和自然是一个有机整体，是有生命的。

第三个是"共生"理论，由挪威的哲学学会的会长阿伦·奈斯提出的。挪威的哲学学会的会长阿伦·奈斯写了一本书叫做《深生态学》。这个《深生态学》是针对浅生态学讲的，浅生态学是1866 年由德国生物学家海格尔提出的，他主要讲的是植物的生态现象。我们嵩山有嵩山的生态系统，武当山有武当山的生态系统，每个地方都有每个地方的生态系统。阿伦·奈斯认为，运用生态学观念解释人类社会就是深生态学，其实就是我们现在所说的"生态哲学"。他提出两个重要观念，一个是"生态自我"。什么叫"生态自我"呢？就是认为所有的生物都是有自我价值的，是有内在价值的。另一个就是"生态共生"，就是生态系统里面所有的物体都是息息相关的，必须要有动物和植物与地球万物才会有人类，没有了动物植物，没有了大地和水就没有人类，形成一种"共生"的关系，共生共荣的关系。

第四个"生态环链"理论。生态环链理论涉及的人比较多。英国历史学家汤因比，有一个非常著名的观点，就是我们人类犯了弑母之罪，因为地球是人类的母亲，人类破坏自然等于人类犯了杀害自己母亲的罪。人类犯了弑母之罪，这是汤因比讲的。另外，蕾切尔·卡逊讲了什么叫生态环链呢？她认为，所有的物体，在生态系统上都构成了一个环链，环环相扣，一环不可缺少。这个生态环链里面，据生态理论家研究说，呈金字塔形，人在金字塔的最顶端，下面是哺乳动物，再下面是一般的动物，再下面是鸟类昆虫，再下面是苔藓，再下面是大地。这个金字塔形，下面的这个部位可以离开上面的部位，植物可以脱离动物，大地可以脱离动植物和人。可是上面的部位呢？一刻也不能脱离下面的部位，人能离开动物、植物，能够离开大地和水吗？不能离开。所以，这个金字塔形的环链当中最脆弱的是人。

第五个是"盖亚定则"。这个是由英国科学家拉伍洛克提出的。拉伍洛克是火箭方面的工程师。他是英国科学家，但是在美国的火箭研究机构工作，他提出一个"盖亚定则"。也就是说，他把地球比喻为古希腊神话中的地母"盖亚"。有一个绘画，这个绘画就是古希腊神话的形象，盖亚的整个的身体和大地连在一起，但上身露出地面，用自己饱满的乳汁哺乳了、养育了地球上的子女。这里面就包含了"敬畏自然"和"自然是有生命的"这样一些理念。由此，他提出了一个非常重要的学科设想，就是地球生理学。地球是有生命的，有健康与不健康之别；地球是有生理的，是一个有生命的循环；地球从太阳接受能量，然后进行新陈代谢，吸收氧气，植物创造果实给人类营养，然后是一种循环，能量的循环，生命的循环。我们就把地球有生命的这种情形叫做地球生理学,这产生一个概念,就是地球健康不健康的概念,就是我们现在讲的:健康黄河,健康长江。我们的黄河现在不算健康,我们的长江也在生病,我们的污水,我们对环境的破坏,对江河的健康影响非常大。

第六个就是"复魅"。我刚才已经讲了是大卫·雷·格里芬提出来的。

(2)西方美学的生态美学的范畴。西方美学的生态美学范畴大概也有这么几个重要的观念。

一个叫做"诗意地栖居"。生态美学的范畴与我们过去的传统美学范畴有非常大的差异。我们传统的美学范畴,有美、丑、美感、悲剧、喜剧等等这样一些范畴,还有崇高等等。生态美学基本上摆脱了上面这些概念,是一个新的美学观念。第一个就是"诗意地栖居",就是把人的生存状态作为一个重要的指标,是海德格尔提出的。什么叫诗意地栖居呢?就是人审美的生存之意。这个诗意地栖居是与工业革命当中完全凭借技术地栖居相对立的,我们的工业革命完全靠技术来生存。各位不知道到过纽约的华尔街没有,到过香港的旺角没有,或者到过上海的南京路没有。没有到过那些地方的话,肯定到过郑州的繁华闹市,反正我觉得差不多,一个一个林立的高楼,人站在那里感觉特别的压抑。总之,中国的城市基本上一样,先向美国学,然后再向香港学,然后再向上海学,一样,很难说有什么"诗意地栖居"。

第二个是"家园意识"。也是海德格尔提出的,非常丰富,包括人要回归最本真的与自然和谐相处的精神与生活家园之意,表现了我们当代工业社会中人失去家园的茫然之感。我们有一种找不到家的感觉吗?我有时候就觉得找不到家,我觉得所有的地方都差不多,从外形上来讲差不多。我刚才讲了,我觉得自己好像忙忙碌碌的有一种找不到家的感觉。当代社会有一个非常重要的特征，就是大家都有一种茫然若失之感。所以，我们首先要找到自己物质的家园。现在的家都是一样的，所有的公寓房子都是一样的，敲错门找错地方的事常有。当然，最重要的是找不到自己的精神家园，精神的皈依在哪里？我们的优秀传统文化就是我们的精神家园。

第三个是"四方游戏"。也是海德格尔提出来的，什么叫游戏呢？就是自由。"天地神人四方游戏"，游戏就是自由，在游戏即玩的过程当中，人们是自由的平等的，是与人类中心相对立的。

第四个是"场所意识"。"场所意识"比家园意识要小一点，是我们具体生活的地点。我在少林寺的小禅房里面做学术讲演，周围的这些物体对我来讲，有在手不在手的问题，在不在我的手边的问题。旁边的东西再重要，不在我的手边，也与我没有关系。我用的麦克风和我的电脑是在手，在手还有上手不上手与称手不称手的问题，也就是我用着舒服不舒服的问题。比如，强烈的电灯照得我有点不舒服，就是不称手，其他的都很称手，这是环境。如果环境污染，现在有污浊的空气我们感觉不舒服，就是不称手。

第五个是"参与美学"。美国环境美学家阿诺德·伯林特在《环境美学》一书中提出的，这个"参与美学"非常重要，就是人们对自然环境的欣赏，全方位地参与。传统美学，即静观美学，是康德在《判断力批判》一书中提出的，认为审美中人和对象必须保持距离。康德认为，如果主体不与对象保持距离，就不是无功利的。一旦有功利，就不是审美的，就是实践的。譬如，一个苹果，你在欣赏它的时候，你对这个苹果就是审美的；如果你口渴，你产生一个吃的念头，你想吃它，那就离开了审美。如果你真的把它拿过来咬一口，那就更加离开了，就变成一种吃的实践了。正是因为审美是静观的、有距离的、非功利的,所以,康德认为,审美只有两个器官,就是眼睛和耳朵。因为只有眼睛和耳朵才能和对象保持距离,其他的鼻舌身以及嗅觉味觉触觉等不能参与审美。但是在我们的现实生活里面,在我们对自然的审美里面,我们所有的眼耳鼻舌身都是参与审美的。譬如,我们到少林寺来,我们喝的水如果不甘甜,我们会不愉快的。如果嵩山空气不好,我们也不会有美感。所以,参与美学是主张人类的眼耳鼻舌身全部参与美的构成。这是生态美学里面非常大的一个飞跃与突破。

(3)中国古代生态美学范畴。因为非常丰富,我只举几个例子。

第一个是"天人合一"的观念。"天人合一",很显然是中国很有价值的生态理论和生态智慧。这个问题有很多分歧,我们学术界有很多的讨论。但是我认为,总的来说应该是成立的。因为"天人合一"是中国传统文化中最带有标志性的概念、一个范畴,不能把这个东西丢掉,有一些讨论是很正常的。"天人合一"是中国古代具有总体性的一个范畴。大家都知道司马迁写《史记》,他说自己是"究天人之际,通古今之变",说明中国古代文化就是追求天人之际,研究古今之变。"天人合一"是非常核心的一个范畴,中国的传统文化就是主张人和自然统一。

第二个是《诗经》里面的风体诗。《诗经》有风雅颂赋比兴"六体",共305首。其中,风体诗包括国风160篇,大雅与小雅105篇。对于这105篇大雅和小雅,我的老师高亨先生考证,"雅者,夏也",说不是雅乐,实际上是夏地的夏。夏者,王畿也。什么是夏呢?夏这个地方是国王所在的地方。这样,160篇加105篇共265篇,《诗经》305篇中有265篇是风体诗,所以,《诗经》中绝大部分是风体诗。什么是风体诗呢?繁体字的"风"是怎么写的呢？中间有一个"虫"，"风从虫"。《说文》里面讲，风动虫生。我们很多朋友都是从农村来的，大家都知道，春天来了，惊蛰过了以后，这个春风一吹动，虫就开始从土里面生出来，故"虫八日而化"。因此，风体诗就是反映人的生命律动和自然关系的原生态的诗。

第三个是比兴法。比兴和自然的关系非常密切，是《诗经》的主要艺术创作手法。根据《说文》的解释，所谓"比"就是两个人非常的亲密，"从两大也，两大者，二人也"，就是两个人很亲密。这就是"比"。那么，什么是"兴"呢？"兴者，举也"，兴下面不是两点吗？"谓两人共举一物。"我们现在查甲骨文的"举"字，两个人举什么物呢？是两个人在祭祀的时候用手把一个鼎举起来，这个鼎里面放着祭祀的物品，祭祀祷告上天。这样，我们可以看出来，所谓"比兴"，就是指人和自然的亲密，是一种东方式的与自然平等的艺术表现手法，后来发展到"比德"，还有"意境"，等等。

第四个是"饥者歌其食，劳者歌其事"。后汉何休所言"男女有所怨恨，相从而歌。饥者歌其食，劳者歌其事"，说明我们中国古代来自民间的艺术，特别是民歌反映的是人的生存状况的。也就是说，饥者没有饭吃，通过歌唱表现他的饥饿，劳动者通过诗歌歌唱他劳动的事情。所以，我们《诗经》里面，集中表现了劳动人民生存的情状与感悟，属于古代的生态存在论美学范围。如，"怨怼诗""桑间濮上诗""思夫诗""怀归诗"与"乐诗"等等。所谓"怀归诗""怨怼诗"是因为长期的劳役，把家里面的男劳力拉去服劳役了，妇女在家里带着儿女，孝敬公婆，无比的困难与怨恨。"怨怼诗"的代表是大家都熟悉的《伐檀》，大家都知道这个歌，唱什么东西呢？是对剥削者的一种控诉。诗歌声言：我们辛辛苦苦地劳动，你这个富人也不劳动，也不种庄稼，却白白得到三百石上好的稻谷。这是劳动人民为自己的生活而歌,为自己的不平而歌。

(4)审美批判的生态维度。就是我们美学有一个功能,通过我们审美的美学的特殊视角来批评和批判我们当下非美的现实。当代美学以席勒为开端对资本主义开展了审美的批判,这正是美学的重要功能之所在。《寂静的春天》就使用了这样的手法,批评DDT 的使用对自然的破坏,对大地的破坏。美国作家赫尔曼·梅尔维尔在 19 世纪后期所写的《白鲸》,他写了一艘捕鲸船,批判资本主义对海洋生物鲸鱼的疯狂掠夺。大家都知道,我们现在是用电灯,而且也有用石油,在用石油之前,人们的照明是用鲸油,就是从海洋生物鲸鱼身上提取的鲸油。当时的资本主义国家疯狂掠夺捕杀鲸鱼。这部小说就是对人类有意与自然为敌的批判。当时,哪个国家捕鲸多,哪个国家就富裕,那个时候捕鲸成了资本主义一个非常强大的动力。小说描写美国有一个捕鲸船叫披谷德号,船长叫做埃哈伯,他经常捕鲸,他捕鲸一个重要的目的是报复一只名叫莫彼·迪克的抹香鲸,因为这个抹香鲸曾经咬掉他的一条腿,他已经捕了很多的鲸油和鲸鱼肉了,但他却执意要找这个抹香鲸复仇。最后,他们遭遇在太平洋上,经过殊死的恶战,最后是船毁人亡。这部小说是以形象的力量有力地批判了人类与自然为敌的行为。另外,就是我们大家都知道的徐刚写的《伐木者醒来》,是对滥伐森林的批判。还有很多的批判作家。加拿大还有一个作家叫阿特伍德,写了《羚羊和秧鸡》,写一个科学狂人叫秧鸡,这个人试图通过生物技术来改造人类,改造自然环境,结果他恰恰是在自己制造的病毒暴发的时候,把人类文明,包括他自己都统统毁灭了。这是一部典型的反乌托邦小说,通过乌托邦的毁灭来批判与自然为敌的行为。

第四个问题，中国传统的
生态审美智慧

传统的生态美学智慧包括儒家"天人合一""和而不同""民胞物与"等等。中国传统画论之"外师造化，中得心源"等等都是包含了丰富的内容。现在再介绍两家，佛家大家都非常的熟悉了，下面我介绍一下道家，道家的古典形态的生态存在论审美观非常丰富。

第一个"道法自然"之宇宙万物运行规律的理论。老子的《道德经》里面有句话，叫做"道可道，非常道"，就是说我这里讲的道不是你们可道的道，不是通常的道，这个道是什么呢？通常讲的道，是一些大白话，一般的道理，是一些通常的道理，我讲的道是无为无欲，是一种自然之道。"自然"并不是大自然，而是一种状态，一种态度，叫无为无欲，无为则无不为。对自然应该什么态度呢？"辅万物之自然而不敢为"，这个自然你不要轻易地改变它。一般要顺应自然，这是宇宙运行的规律，就是"道法自然"。

第二个是"道为天下母"这样一种理论。这个理论是什么呢？就是宇宙诞育根源的理论。宇宙是哪里来的呢？我们刚才问了宇宙运行的规律，道家老子说过，"道"是宇宙万物生成的最根本的原因，但是"道"的生成中间有一个环节叫"气"，"道"必须经过"气"才能诞育万物。老子有一句话："道生一，一生二，二生三，三生万物，万物负阴而抱阳，冲气以为和。"这就讲了道通过气产生万物的过程。

第三个就是"万物齐一"，人与自然万物平等的关系理论。这是庄子在《齐物论》中说的，所谓"天地与我并生，万物与我齐一"。

他在《知北游》这一篇中讲了一个故事,说有一个东郭子,这个人跟庄子有一个对话,东郭子问庄子说"道在哪里",庄子说"道无所不在"。东郭子这个人很絮叨,就继续问他"道还在哪里,到底在哪里"?庄子就说"道在蝼蚁,你看地上爬那个蚂蚁,蚂蚁身上就有道"。这个东郭子又问:"道到底在哪里?"庄子就看到旁边有一个人在吃饭,吐出一个稗子,庄子说"道在稗稗";但东郭子还不罢休继续问:"道还在哪里?"庄子他又看到旁边的房子,说"道在瓦砾,在房子里的砖"。东郭子又问道:"还在哪里?"庄子不耐烦了,就说:"道在屎尿。"也就是说,万事万物道无所不在,万物是平等的。从万物包含道这个角度来讲是平等的,所以万物也是平等的。

第四个"天倪论"。庄子提出一个非常重要的思想,就是万事万物形成一个环链,构成一个生活环链这样一个思想,很了不起。两千多年以前讲这个话很了不起了,已经猜想到我们的生命宇宙是一个环链。

第五个"心斋"与"坐忘"。我们佛教界的朋友应该非常地清楚,我们就是平常打坐修炼。那么,什么叫心斋、坐忘呢?庄子有一个表述叫做"堕肢体,黜聪明,离形去知,同于大通",就是说只要把你的肢体放下,把你的所谓聪明实际是错误的思想观念丢掉,你将自己的外形抛开,把你的小聪明丢掉,然后才能与大道相通。这和佛家的坐禅和打坐是相通的,这是一种古典的现象学,是一种悬搁。

第六个"至德之世"。大家都知道古希腊哲人对理想国有一个追求,柏拉图专门有一篇文章写理想国。我们的古代先秦思想家也对理想国有一个追求,就是叫"至德之世",最高的道德境界的这样一个社会。"至德之世"是一个什么说法呢?老子有一个说法叫做"小国寡民,使有什伯之器而不用,使民重死而不远徙。虽有舟舆,无所乘之;虽有甲兵,无所陈之;使人复结绳记事而用之。甘其食,美其服,安其居,乐其俗,邻国相望,鸡犬之声相闻,民至老死,不相往来"。这是老子对"至德之世"的形象描述。所谓"虽有舟舆,无所乘之",就是说虽然有船我不去坐;"虽有甲兵,无所陈之",就是说我有很多的部队但是我不陈列出来,不用它参加战争;"使人复结绳记事而用之",就是说回到古代结绳记事这个状态;"甘其食,美其服,安其居,乐其俗""邻国相望,鸡犬之声相闻,民至老死,不相往来",这是描绘的古代"至德之世"的状态。过去,我们对这个理想与状态是持批判态度的,说这是一种倒退的思想。但是大家别忘了,西方的很多政治家与哲学家也将他们的理想国放到古希腊,实际上是用以表现他们对当下现实的不满意。这也是他们的"至德之世"。庄子也提出了"至德之世"一个标准,什么叫"至德之世"呢?最高的理想就是叫"同与禽兽居,族与万物并"。这个理想社会就是与禽兽平等相居,和万物同时相生,这样一种古典的生态社会。

《周易》当中也有丰富的生态智慧。我们把它概括为这么几个方面:

(1)"太极化生"之古代生态存在论思想。万物怎么来的呢?老子说有道,道为天下母。《周易》说万物怎么来的呢?万物产生于"太极","太极"是什么呢?太极是阴阳相会,交互施受,化生万物。韩国的国旗就是一个太极图,"太极"是阴阳相会,交互施受,化生万物。"太极"是混沌的,阴阳交混的。万物不是由物质产生的,也不是由精神产生的,而是由混沌的太极产生的。

(2)"生生之谓易"的古代的生态思维。《易经》的核心是什么?是"生生",是生命的创造。"天地大德曰生",天地给予我们最大的是什么,就是生命,生气勃勃的生命。"天地大德曰生",天地间最高的德行就是生生。《周易》最核心的东西就是"生生之谓易"。《易经》最高的境界就是"生生"。我们的禅宗里面非常重要的就是"现世",就是我们现世的生命。

(3)"天人合德"之古代生态人文主义。《周易》有一句话:"夫大人者,与天地合其德,与日月合其明,与四时合其序,与鬼神合其吉凶。"什么是大人,大人就是君子了,小人和君子相对的。有的人讲《论语》的时候,讲到"唯女子与小人为难养也"时,把小人讲成小孩子,这是不对的。"夫大人者,与天地合其德,与日月合其明,与四时合其序,与鬼神合其吉凶。"就是要求人文要符合天文,这是一种生态的思想。人文要符合天文的运行,人类的活动和生活才能健康有序。你预测到地震了,还坐在家里不管它?那你不是自找倒霉吗?人是不可抗天的。

(4)"厚德载物"的古代大地伦理观念。《周易》坤卦集中讲的大地的"厚德载物"这样一个品德,乾卦讲的是"天行健,君子以自强不息"。大家看看坤卦,《周易·文言传》说:"至哉坤元,万物资生,乃顺承天。坤厚载物,德合无疆,含弘光大,品物咸亨。"这里的"至哉坤元,万物资生",是说自然万物都是大地产生;"乃顺承天",是说正是由于你大地,人们才能够和天呼应;"坤厚载物,德合无疆",是说大地能够把世界宇宙的万物生长出来,大地的德行是广大无边的;"含弘光大,品物咸亨",是歌颂了大地的妇道,大地一种安于辅助的品德,大地扮演了一位贤惠的妻子的默默无闻奉献的品格。在这里,对大地的母性的品格进行了尽情的歌颂。这其实是一种古典形态的大地伦理学,在世界上是无与伦比的。

(5)"大乐与天地同和"之古代生态审美观。我们来的时候,一个法师放了一个佛教的曲子给我们听,很美。我们中国古代对乐是非常重视的,认为乐是本体,"大礼与天地同节,大乐与天地同和"。我们的"礼"使我们与天地同节,我们的"乐"则使我们保持和天的和谐。《乐记》里面有这么一句话:"乐在宗庙之中,君臣上下同听之,则莫不和敬;在族长乡里之中,长幼同听之,则莫不和顺;在闺门之内,父子兄弟同听之,则莫不和亲。"在这里,"乐"已经无所不在。在朝堂之上,庙堂之内,君臣同听,做到上下敬爱;在族长乡里之中,老少长幼同听则莫不和顺;在门之内,父子兄弟同听之则莫不和亲。乐不仅能使"天人同和",而且能够促使人群与社会和谐。

　　我们传统的智慧不仅影响到我们国家,还对西方也有重要的影响。我们现在查到的资料,西方对我们儒家、道家和佛家的生态智慧非常重视。现在就举一个例子,我讲海德格尔,海德格尔是非常了不起的生态哲学家。海德格尔的思想是怎么形成的呢?海德格尔思想在1936年有一个转型。1936年,海德格尔逐步地由人类中心到生态整体。我们现在研究以后发现,海德格尔在1936年前后,他经常使用两本《老子》的德文译本。家里面挂着一副对联是《老子》里面的一句话。在1936年前后,他请一个中国的哲学家叫萧师毅,这个人是我国台湾人,在德国留学,跟海德格尔学习。他就来翻译《老子》,海德格尔不懂中文,萧师毅告诉他中文,然后给他翻译德文,共翻译了《老子》八章。海德格尔并不是要他翻译,而是通过他重新学习《老子》,影响很大。有这么几个影响:第一个就是海德格尔吸收了道家的思想。老子说:"故道大,天大,地大,人亦大。域中四大,人为其一焉。"海德格尔学习了这个思想,然后提出了"四方游戏说"。第二个运用了道家《老子》里面一句话,叫"知其白,守其黑",就是说你要知道一个事物最清楚的情况,你要从它最不清楚的时候开始,从黑开始,你才能把握它的白。这个很有道理,把这个理论用在什么地方呢? 那就是提出了"由遮蔽走向澄明"的哲学思想。第三他运用庄子《秋水》篇里面一段对话来论证他的存在论思想。《秋水》篇里面有一个故事,庄子和他的朋友惠子的论辩。我们大家看到庄子的论述里面老是出现一个惠子,还有一个东郭子这样一些人。惠子是一个什么人物呢? 他和庄子过从甚密,但是他和庄子的观点又不同。两个人经常发生思想交锋。有一天,惠子约了庄子聊天,两个人游于濠梁之上。什么叫濠梁呢? 就是河的堤坝上,游于堤坝之上。庄子和惠子在堤坝上散步聊天。庄子对惠子讲,你看河里面的鱼游得多么愉快啊! 惠子就说,你不是鱼,你怎么知道鱼的愉快呢? 庄子又回他一句话,你不是我,你怎么知道我不知道鱼的愉快呢? 这里面就讲了一个观点,说惠子有一些小聪明,但那是一般认识论的小聪明,无法理解存在论的大聪明,无法用他的观点来解释存在论思想的深邃高妙的玄思。第四个就是运用老子《老子》里的"道可道,非常道"这个思想来阐释他的"道说"不同于"言说"。"道可道,非常道","可道"的"道"不是通常讲的"道",通常讲的"道"是我们普通说的白话,那是"言说",我讲的"可道"的"道"是宇宙的运行规律这样的"道",不是一般的"道"。

生态美学在当代美学
学科中的新突破①

　　曾有学者询问我们：生态美学到底在哪些方面有新的突破？我们的回答是，生态美学的产生不仅是一种时代与现实的需要，而且还是当代美学学科全方位的突破，具有崭新的革命意义。大体说来，我们将这种突破概括为六个方面：

　　第一，是美学的哲学基础的突破。由传统认识论过渡到唯物实践存在论，并由人类中心主义过渡到生态整体主义。众所周知，人与自然的关系是最基本的哲学关系。长期以来，由于历史的原因，我国美学界在这个基本的哲学问题上一直还处于前马克思主义哲学阶段，也就是传统认识论阶段。我国实践美学的倡导者力主"美学科学的哲学基本问题是认识论问题"，所谓美则是"人的本质力量的对象化"等等。其实，马克思早在1844年至1845年间就已经突破了这种传统认识论与人类中心主义的哲学观，而力主从人的感性的实践的角度去理解事物并从"内在尺度"与"种的尺度"相统一的角度来阐释美的规律。事实证明，马克思主义唯物实践观不仅超越了传统认识论，而且包含并超越了现代存在论，从"处在一定条件下进行的、现实的、可以通过经验观察

————————
①原载《中国文化报》2010年10月27日第3版。

到的发展过程中人的实践世界"的角度来理解人的本质属性,是
一种崭新的唯物实践存在论。这种人在"实践世界"中的活动与
主、客体的二分对立是两种完全不同的人生在世模式,从而出现
了两种不同的人与自然的关系。前者是人与自然的对立,后者则
是人的"有生命的个人存在",与自然界须臾难离的关系。只有在
这样的关系中,人、自然与审美才得以统一。马克思的唯物实践
观及其所包含的存在论哲学的内涵就是当代生态美学的哲学基
础,是其相异于传统实践美学简单认识论与人类中心主义之处。

第二,在美学研究对象上的重要突破。由于长期以来受黑格
尔"美学是艺术哲学"观点的影响,我国美学界都是将艺术放到美
学研究对象唯一或者极为重要的位置之上,而对自然审美采取了
忽视的态度。实践美学的倡导者认为,"美学基本上应该研究客
观现实的美、人类的审美感和艺术美的一般规律。其中,艺术美
更应该是研究的主要对象和目的,因为人类主要是通过艺术来反
映和把握美而使之服务于改造世界的伟大事业的"。但其实,人
与自然的审美关系是最基本也是最原初的审美关系,其重要性绝
不在艺术审美之下。特别是在当代环境污染日益严重的情况下,
人类对于徜徉在纯净的大自然母亲怀抱中的向往更成为一种审
美的理想。所以,早在 1966 年,美国理论家赫伯恩就发表了著名
的论文《当代美学及自然美的遗忘》,有力地抨击了当时美学界流
行的对于自然审美的严重忽视,从而催生了不断发展的当代西方
环境美学。生态美学在美学的对象问题上的重要突破,就是对于
这种由人类中心主义所导致的艺术中心主义的突破,明确表示生
态美学是一种包含着生态维度的美学,不仅包含自然审美而且也
包含在自然维度之上的艺术与生活审美。

第三,在自然审美上的突破。传统美学总是从人类中心主义

的视角来看待自然审美,以"人化的自然"来概括自然审美。这是早就使美学界感到困惑的问题。原因有二:一是有没有实体性的自然美? 二是自然审美是否是"自然的人化"? 针对着如此的理论困惑,生态美学首先认为,所谓审美是人与对象的一种关系,它是一种活动或过程,绝对不存在任何一种实体性的"自然美";其次,生态美学认为,自然审美是自然对象的审美属性与人的审美能力交互作用的结果,两者缺一不可,绝对不是什么单纯的"自然的人化"。

第四,审美属性的重要突破。传统美学历来受康德静观美学的影响,认为审美属性是一种超功利、无利害的静观。实践美学的提出者认为,"审美就是这种超生物的需要和享受"。真善美的统一"表现为主体心理的自由感受(视、听与想象)是审美"。我们可以很清楚地看到,这里基本上是接受了康德关于审美属性的静观理论以及审美的感官是视听的观点。生态美学不反对艺术审美中具有静观的特点,但却力主自然审美中眼耳鼻舌身的全部感官的介入,这就是当代西方环境美学著名的"参与美学"观念。

第五,美学范式的突破。传统美学的范式偏重于形式美的优美、对称、和谐与比例等,但生态美学却是一种当代人生美学、存在论美学。它的美学范式已经突破了传统美学的形式的优美与和谐,而进入人的诗意地栖居与美好生存的层面。它以审美的生存、诗意地栖居、四方游戏、家园意识、场所意识、参与美学、生态崇高、生态批评、生态诗学、绿色阅读、环境想象与生态美育等为自己的特有的美学范式。

第六,中国传统美学地位的突破。受欧洲中心主义的影响,西方在传统上对于包括中国在内的东方美学与艺术一向是持否定态度的。黑格尔与鲍桑葵都曾发表过类似的言论。例如,鲍桑葵就认为,包括中国和日本等在内的东方艺术与美学的"审美意识还没有达到上升为思辨理论的地步"。这真是完全以西方现代工具主义的美学理论来评价中国古代非工具、非思辨的美学理论。伴随着生态美学的产生,中国古代美学中大量的、极为有用的生态审美智慧被首次开掘出来,这对于建设当代生态美学提供了前所未有的资源与素材。实践还进一步证明,西方当代生态美学与环境美学以及生态文学的发展都大量借鉴了中国古代的生态智慧,例如,儒家的"天人合一"思想,《周易》有关"生生之谓易""元亨利贞"与"坤厚载物"的论述,道家的"道法自然""万物齐一",佛家的"众生平等",等等。这些丰富的古代生态智慧反映了我国古代人民生存与思维的方式与智慧,可以成为我们通过中西会通建设当代生态美学的丰富资源与素材。我们可以以"天人合一"与生态存在论审美观相会通,以"中和之美"与"诗意地栖居"相会通,以"域中有四大,人为其一"与"四方游戏"相会通,以怀乡之诗、安吉之象与"家园意识"相会通,以择地而居与"场所意识"相会通,以比兴、比德、造化、气韵等古代诗学智慧与生态诗学相会通等等,建设一种包含中国古代生态智慧、资源与话语的并符合中国国情的具有某种中国气派与中国作风的生态美学体系。

生态美学还是一种正在建设中的新兴学科,还有许多不成熟之处,需要通过批评、讨论和研究进一步深化,而且,我们对于既往美学理论的评价并没有丧失我们的敬意。因为学科的发展都是关乎历史与时代的,今天的评价并不能否定其历史上的重要价值以及所给予我们的滋养。

生态美学与生态批评^①

　　进入新时期以来,随着思想解放和西学东渐,文艺学、美学热点问题层出不穷,诸如,美学热、文学是人学、文学与政治的关系、文艺学方法论、审美意识形态、人文精神大讨论、日常生活审美化、实践美学的崛起、后实践美学对实践美学的挑战、生态美学的提出、文学研究的文化转向等。热点问题虽然很多,但是能够在学理层面形成有效积累的并不多见。进入 21 世纪已经有 10 年时间了,在这段时间里,文艺学和美学在经历了引进、消化和吸收之后,不约而同地进入了回顾、比较、反思和重建的历史进程中来。在 21 世纪,文艺学和美学研究受到了新的文化生态的影响。在迅速推进的消费社会转型、电子媒介扩展和生态文明重建的文化氛围中,文艺学和美学正在经历一种转变。

　　从 20 世纪 90 年代至今,生态美学和生态批评成为我国文艺学、美学界一种富有生命力的新的理论形态与新的学科生长点,愈来愈引起学术界的注意和重视。党的十六大正式提出建设"生态文明"的明确目标,结合我国的国情将生态与环保作为经济与社会发展的"基础",力争做到环保与发展的双赢,并将其纳入科

---

①本文系为《温州大学学报》"文艺学、美学前沿问题研究"专栏所写的主
　题词。

学发展观以及"以人为本"的指导方针之内。这不仅使包括生态美学在内的生态理论研究具有了"合法性"，更为重要的是，它提出了一种既与国际生态理论接轨，同时又具有明显中国特色的生态文明理论，给生态美学和生态批评研究以非常重要的指导。这样，我们有可能使这种在西方生态文学批评与环境美学影响下产生的理论在新时期更加具有中国特色，符合中国实际，这也是我们生态美学与生态批评的努力方向。

　　我的文章主要探讨当代生态美学的一个核心范畴"家园意识"。在当今社会，由于环境破坏，以及人类精神焦虑的加剧，人们普遍产生了一种失去家园的感觉。当代生态审美观中作为生态美学重要内涵的"家园意识"，即是在这种危机下提出的。"家园意识"不仅包含着人与自然生态的关系，而且蕴含着更为深刻、本真的"人之诗意地栖居"之意。"家园意识"集中体现了当代生态美学作为生态存在论美学的理论特点，反映了生态美学不同于传统美学的根本之处，成为当代生态美学的核心范畴。它已经基本舍弃了传统美学中外在的形式之美的内涵，而将人的生存状况放到最重要的位置；它不同于传统美学立意于人与自然的对立的认识论关系，而是建立在人与自然协调统一的生存论关系之上，人不是在自然之外，而是在自然之内，自然是人类之家，而人则是自然的一员。正是以"家园意识"为出发点才构建了生态美学的"诗意地栖居""场所意识""四方游戏""参与美学""生态审美形态"和"生态美育"等相关范畴。海德格尔的美学和中国古典美学蕴藏着非常丰富的"家园意识"思想。

　　周膺、吴晶的文章探讨了生态美学与生态批评的关联。学界在研究生态理论时常常将生态美学与生态批评割裂开来，或者研究生态美学问题，或者研究生态批评问题，而对两者之间的关系很少谈及。该文认为,生态批评对生态美学的发生具有诱导作用,生态批评以切近生态自然的"新感性"方式改变了传统美学的感知方式,使自然美有了阐释和实现价值的可能,使美学成为"自然的返魅"的有效途径,从而在生态圈境域上构建了差异化生态美学语境。生态批评的历史线条勾勒明晰,生态批评对生态美学的建构性论述翔实,文章颇有新意。

蕾切尔·卡逊是生态文学的创始人,学界比较熟悉她的作品《寂静的春天》。王诺、封惠子的文章探究了卡逊的创作历程,给我们的生态批评提供了一个很好的个案。卡逊前期的作品,尤其是"海洋三部曲",主要是表现自然的美和神奇,从而传达出她的生态思想;后期则主要通过《寂静的春天》这部作品来积极介入社会,抨击环境污染,呼吁生态保护,宣传生态理念。这种由"表现"自然到"介入"社会的转变,对未来生态理论的发展具有重要的意义。

生态美学的东方色彩及其与
西方环境美学的区别[①]

　　1980 年代中期崛起的生态美学具有鲜明的东方色彩，是东方文化对世界美学的贡献，是东方古代生态审美智慧在当代世界文明史的重放光彩。诚如美国当代建设性后现代理论家小约翰·B.柯布所言，当代"科学进一步发展所需之基本世界观与其说接近第一次启蒙之世界观，不如说更接近古典的中国思维，那么让大多数中国古典思想获得新生，此其时也"[②]。

一、文化人类学的"原生性
文化"理论

　　下面，本文着重论述生态美学的东方色彩及其与西方环境美学的区别。

　　首先借用文化人类学的原生性文化概念。族群原初创造的文化形态即"族群原初性文化"，"族群原初性文化是指族群最初

①原载《河北学刊》2012 年第 6 期。
②王治和、樊美筠：《第二次启蒙》，北京大学出版社 2011 年版，"序二"第
　　11 页。

创造的文化事项经过了漫长历史演进仍然保持其本质特征和基本状态的文化现象。它具备原创时代的本真意义，保留着诞生时的基本状态，在历史长河中具有相对的稳定性。因自成体系而独立，又被世界所接纳"。① 这里的"族群原初性文化"是与文化人类学的"文化区域"及"调适"概念相关联的。按照文化人类学的观点，一定的文化形态是与一定的地理区域与经济生活模式密切相关的，是人类调适周围地理生活区域而形成的。诚如文化人类学家哈维兰所言，"文化区域是不同的社会遵循相同生活模式的地区。因为不同的地理区域在气候和地貌上往往是不一样的"。一定的文化形态正是人类对特定的地理环境与生活模式"调适"的产物。他还指出："调适意味着生活需要与其环境潜能之间存在着动态平衡。调适也指有机体(不管是人还是其他动物)与其环境的相互作用，任何一方在他方之中引起变化。"②东西方因地理环境与生活模式的差异而形成了不同的文化形态。钱穆认为，中西文化之差别在于中国是典型的农业文化，而西方则是典型的商业文化。他指出："中国是一个文化发展很早的国家，他与埃及、巴比伦、印度，在世界上上古部分里，同应占到很重要的篇幅。但中国因其环境关系，他的文化，自始即走上独自发展的路径。……中国文化不仅比较孤立，而且亦比较特殊，这里面有些可从地理背景上来说明。"他由此得出结论："中国文化自始到今建筑在农业上面的，西方则自希腊、罗马以来，大体上可说是建筑在商业上面。一个

① 傅安辉：《论族群的原生性文化》，《吉首大学学报》2012年第1期。
② ［美］威廉·A. 哈维兰：《文化人类学》，瞿铁鹏、张钰译，上海社会科学院出版社2006年版，第189页。

是彻头彻尾的农业文化,一个是彻头彻尾的商业文化。这是双方很显著的不同点。"①农业文化必然导致重视天人相和的"生态文化",而商业文化必然是重视天人相分的"科技文化"。这说明,生态文化对于中国而言是一种"族群的原生性文化"。在西方社会早期是没有生态文化的,其在西方的产生是英国工业革命之后的事情,而且是受到东方生态文化影响的结果。所以,生态文化在西方是一种后生性、外引性的文化形态。

二、西方现代生态哲学与
生态美学的东方元素

　　众所周知,西方学术界于 20 世纪 60 年代才出现了环境美学,并同时出现了生态批评、生态哲学与生态美学。有些生态哲学与生态美学其实就是环境哲学与环境美学,只有部分具有生态哲学与生态美学的特点,而这些生态文化形态其实都是一种后生性文化,是接受东方文化外引的结果,包含着明显的东方元素。在此,举其重要者加以说明。德国哲学家海德格尔被称为形而上的生态理论家,在生态哲学与生态美学方面具有开创性的建树。他对存在与存在者加以区分,实现了从传统认识论到现代生存论的转变,以"此在"概念包含了人与自然生态的机缘性统一,从而突破"人类中心主义"而走向生态存在论。其生态思想的形成就受到中国古代道家思想的影响。学术界一般将海德格尔的哲学思想以 1936 年为界分为前后两段。尽管他已在《存在与时间》中克服了西方传统的主客二分世界观,但以"世界与大地"构建其哲

---

① 钱穆:《中国文化史导论》,九州出版社 2011 年版,第 1、14 页。

学与美学框架,仍未完全摆脱世界对大地压制的"人类中心主义"的影响。1936年以后,他在道家思想的影响下彻底摆脱人类中心主义,明确提出"天地神人四方游戏"之说,成为西方生态美学的较早的典范表述。这里的"天地神人四方游戏"显然是受《老子》"道大,天大,地大,人亦大,域中有四大,而人为其一"的影响。他的人与自然的机缘性关系的提法,明显受到东方佛学的影响。另外,美国著名"过程哲学家"怀特海力倡有机哲学,以作为过程与生成的"动在"代替了主客二分的"实体性哲学",以生命的有机性作为美的最主要特征。他说:"所需要的是有机体在恰当的环境中所取得的生动价值的无限多样性的欣赏。男女虽然掌握了关于太阳,关于大气层,关于地球旋转的所有知识,但你依然会错过日落的辉煌。"怀特海这种20世纪20年代在西方非常另类的有机论哲学的形成无疑也受到东方哲学特别是中国哲学的影响。怀特海曾对亲自登门拜访的三位中国学者贺麟、谢幼伟与沈有鼎说:"我喜欢东方思想。我的书英语学生不易懂,中国人会感兴趣。我的思想中有中国人的天道思想,美极了。"①由此可见,怀特海有机哲学的东方色彩。再就是挪威著名生态哲学家,当代深生态学的创始人阿伦·奈斯。他的深生态学是对原初作为自然科学的生态学从人文价值角度的深度追问,是一种当代的生态哲学,具有极大的影响力。深生态学的最大特点是对西方占据统治地位的"人类中心主义"的批判与超越,力主"自我实现"与"共生"。这是对作为西方主体哲学的主客二元对立理论的突破。诚如西方生态理论家德韦尔和塞欣斯所言:"深层生态学始于统一

---

① 王治和、樊美筠:《第二次启蒙》,北京大学出版社2011年版,"序言"第16页。

体而非西方哲学中占支配地位的二元论。"①奈斯师承荷兰哲学
家斯宾诺莎,倡导其实体性一元论哲学思想,同时吸收了印度甘
地的哲学思想,以及佛学及道家思想,由此构成其特有的深生态
学。其关键词"自我",意蕴深刻,东方色彩浓郁。奈斯指出,他所
说的"自我"不是西方传统哲学中的主客二分的自我,也不是作为
"本我"的个人欲望满足的"自我",而是佛教中的万物一体的"大
我"。他说:"我不在任何狭隘的、个体意义上使用'自我实现'的
表述,而要给它一个扩展了的含义。这是一种建立在内容更为广
泛的大写的'自我'(Self)与狭义的本我主义的自我相区别的基础
上的,在某些东方的'自我'(atman)传统中已经认识到了。这种
'大我'包含了地球上的连同它们个体自身的所有生命形式。"②

　　由上述可见,西方现代生态哲学与生态美学是一种对传统
"人类中心主义"哲学的突破,是吸收东方思想的成果,在所有西
方现代比较彻底的生态理论中无不包含着东方思想元素。

三、中国现代生态美学的
原生性特点

　　1984年12月10日,日本美学家今道友信在东京皇家宾馆与
杜夫海纳、帕斯默举行了"美学的将来的课题三人谈",其主旨是
生态美学的建立与东方美学范畴的发扬问题。尽管这次会谈只
是问题的提出,但意义非同寻常,其中涉及佛教、基督教与儒学等
东西方文化问题。这说明了国际美学界在新的历史条件下对于

---

①雷毅:《深层生态学思想研究》,清华大学出版社2001年版,第27页。
②雷毅:《深层生态学思想研究》,清华大学出版社2001年版,第47页。

东方美学在解决包括生态问题在内的现实问题中应当发挥更大作用的期许。中国学术界于 1987 年开始关注生态美学问题,于 1994 年首次提出生态美学论题,在 2001 年西安首届生态美学学术研讨会之后,生态美学逐渐在中国学术界成为热点问题之一。毋庸讳言,中国在生态美学建设中借鉴了大量的西方文化学术资源,但从根本上说,生态美学在中国当代具有原生性特征,而且只有这种原生性才能使中国生态美学建设符合中国的国情与特点,从而走上健康发展之路。中国生态美学的原生性可以从现实的需求与古代的文化根基两个方面加以说明。

首先,中国当代生态美学的产生源于一种现实的内在需求,是中国现代化进程进入后工业时代即生态文明时代的一种文化需要与表征。中国实行改革开放后,历经三十多年的发展历程,实际上已逐步进入后工业文明的"生态文明时代",因此,必须将可持续的绿色发展作为今后的长期发展道路。这也是 2007 年 10 月中国正式将生态文明列入国家建设发展重要目标的缘由。在这种情况下,生态哲学与生态美学建设就成为中国经济社会发展的必然选择,体现了一种内在的现实需要。

从中国传统文化的角度来看,生态哲学与生态美学建设在中国具有原生性的理论根基。中国作为大陆国家,长期以来以农业文明为主。这种"以农为本"的经济社会形态必然产生人与自然相和谐的生态文化,加之长期的农业社会也使这种古典形态的生态文化得以基本保存,从而成为现代生态哲学与生态美学的理论根基。具体而言,"天人合一"观成为现代生态哲学与生态美学的哲学基础。"天人合一"观力主"天地人"三才之说,认为三者构成须臾难离的共同体,这其实就是一种人与自然共生的生态的共同体。而且,"天人合一"之说力主"天父地母""阴阳相谐""万物繁茂"构成一个富于生机的宇宙大家庭,这是一种东方式的生态文化的"家园意识"。总之,"天人合一"观是一种中国式的古典生态观,而"万物平等"观则成为中国生态文化的价值取向。儒家的"民胞物与",道家的"万物齐一",佛家的"众生平等",都力主万物具有均等的价值。儒家的"己所不欲,勿施于人"成为生态哲学与生态美学所必具的终极关怀的仁爱情怀;而"生生之谓易""天地之大德曰生"则成为生态哲学与生态美学的重要生命论内涵。包括人类在内的万物之生命的繁茂共生,是生态哲学与生态美学的重要范畴,也是生态文化区别于单纯的科技文化的重要表征。中国古代生命论哲学与美学在此方面有着极为发达的资源,无论是作为六经之首的《周易》所力倡的"生生之谓易",《黄帝内经》的"四气调神"的养生之道,还是中国古典艺术中的"气韵生动"等,都包含着丰富的生命论内涵。在这里需要说明的是,生命之美是生态美学的最重要范畴,是区别于并高于传统"比例、和谐与对称"的形式之美的更高的美学形态。中国古代的生命之美区别于西方之处还在于,其不仅包含万物,而且是一种活生生的现实生活中的人的生命之美,具有"天地人"的"空间性"与"四时"的"时间性",价值非同寻常。因此,中国古代生态文化成为当代生态哲学与生态美学建设的重要理论支撑,并体现了中国现代生态哲学与生态美学的原生性特征。

四、生态美学与环境美学的区别

中国生态美学的发展吸收了西方环境美学的诸多资源,因此,环境美学是生态美学的学术同盟。环境美学的发展在西方乃至中国均呈良好态势,但将两者相混淆的情形却时有发生。因此,从学术的角度将两者加以适当区分,很有必要。美国环境批评家劳伦斯·布伊尔于 2005 年出版的《环境批评的未来》一书对于"生态"概念加以批评,并主张代之以"环境"。他说:"我特意避免在书名中使用'生态批评',尽管文学—环境研究是通过这个概念性术语才广为人知的;尽管我自己在本书的许多语境中特多次使用该词;尽管我期望本书获得注意和评论时,该词被用作基本的查询词。在此我想简要说明理由:第一,'生态批评'在某些人的心目中仍然是一个卡通形象——知识浅薄的自然崇拜者的俱乐部。这个形象树立于这项运动的青涩时期,即使曾经属实,今天也已不再适用。第二,也是更为重要的,我相信,'环境'这个前缀胜过'生态',因为它更能概括研究对象的混杂性———切'环境'实际上都融合了'自然的'与'建构的'元素;'环境'也更好地囊括了运动中形形色色的关注焦点,其种类不断增长……它们突破了早期生态批评对自然文学和着重提倡自然保护的环境主义文学的集中关注。第三,'环境批评'在一定程度上更准确地体现了文学与环境研究中跨学科组合——其研究对人文科学和自然科学都有所涉猎;近年来,它与文化研究的合作多于与科学学科的合作。"①布伊尔的理论无论是自觉的还是不自觉的都必然导致"西方中心主义",因为"环境"无疑是一个现代的科学概念,而中国的"天人合一"等传统理论无论如何是与环境难以搭界的,这样就排除了生态哲学与生态美学在东方特别是在中国的原生性,排除了中国古代"天人合一"等生态智慧在当代生态文化建设中的不可取代的重要价值。这已经是一个学术上的是非问题,是必

---

① [美]劳伦斯·布伊尔:《环境批评的未来》,刘蓓译,北京大学出版社 2010 年版,"序言"第 9 页。

须认真加以澄清的。在论述之前,我想说明的是,笔者从来不反对"环境批评"与"环境美学",从来都认为这些研究也有其自身的价值与意义,完全可以独自存在与发展,并同"生态批评"与"生态美学"结成学术同盟。但既然布伊尔已明确地将"生态"二字排除出学术研究范围,那么,我们就不得不就"生态"与"环境"之区别明确发表自己的看法。

首先需要说明的是,所谓"环境"概念用于人文学科,其必然包含着西方"人类中心主义"的内涵。这种"人类中心主义"表现在环境美学中特别明显。著名环境美学家约·瑟帕玛在对"环境"进行解释时写道:"环境围绕我们,我们作为观察者位于它的中心,我们在其中用各种感官进行感知,在其中活动和存在。问题在于感知者和外部的关系,就算没有感知者,外部世界仍然存在。""甚至'环境'这个术语都暗示了人类的观点:人类在中心,其他所有事物都围绕着他。"①这是一种"天人相分"的人类中心主义的观点。布伊尔也认为,环境"成了一个更加物化和疏离的环绕物"②。海德格尔曾严厉地批评这种人与自然相疏离的观点,认为这种"一个在一个之中"的环境概念"属于不具有此在式的存在方式的存在者"③,即一种物理性的僵化的物性的关系,而不是活生生的现实的人的生存关系。相反,eclogical 则有"生态学与生态保护"之意。其词头 ecl 有"生态的,家庭的,经济的"之意,亦

———————————

①[芬]约·瑟帕玛:《环境之美》,武小西、张宜译,湖南科学技术出版社 2006年版,第 23 页。

②[美]劳伦斯·布伊尔:《环境批评的未来》,刘蓓译,北京大学出版社 2010年版,第 69 页。

③[德]海德格尔:《存在与时间》,陈嘉映、王庆节译,生活·读书·新知三联书店 1987 年版,第 63 页。

即具有"在家庭中"之意。海德格尔在阐释"在之中"的生态意蕴时说:"'在之中'不意味着现成的东西在空间上'一个在一个之中';就源始的意义而论,'之中'也根本不意味着上述方式的空间关系。'之中'(in)源自 innan-,居住,habitare,逗留。'an'(于)意味着:我已经住下,我熟悉、我习惯、我照料。"①"生态学"一词是由德国生物学家海克尔于 1869 年将两个希腊词 okios(家园或家)与 logos(研究)组合而成的。可见,"生态"的确包含"家园、居住逗留"之意,比"环境"更加符合人与自然一体的情形。显然,海德格尔批评了"一个在一个之中"的"环境"概念而力主具有"家园"意识的"生态"概念。与之相应的是,中国古代"天人合一"的生态智慧则是完全符合"生态"之内涵的,这里的天与人是须臾难离的家园,构成"混沌"一体的"太极",而决不是具有某种"中心"的天人两分。庄子在《应帝王》中讲了一个儵、忽与混沌的故事:古代南海之帝叫儵,北海之帝叫忽,而中央之帝叫混沌,混沌对其他两位"待之甚善",儵与忽商量如何报混沌之德,看到别人均有七窍,而混沌独无,于是尝试将混沌凿出七窍,日凿一窍,七日而混沌死。这说明,中国古代哲学是天人不分的,具有一种天地人共同体的生态哲学思想,是与天人相对的"环境"概念不一致的。如果用"环境"代替"生态",必然将中国古代生态哲学与生态美学排除在外。这是一种工具理性时代"中心论"思想的变相表现。

其次,环境美学尽管从分析美学中挣脱而出,却最终并未完全摆脱分析美学。国际环境美学的重要代表人物卡尔松在为《斯

----

① [德]海德格尔:《存在与时间》,陈嘉映、王庆节译,生活・读书・新知三联书店 1987 年版,第 63 页。

坦福哲学全书》所写的"环境美学"条目中说:"环境美学是哲学美学的一个重要分支领域。它发生在分析美学之内,产生的时间是20世纪后30年。"①另一位西方著名环境美学家瑟帕玛则更为明确地在《环境之美》一书的"导语"中写道:"我这本书的目标是从分析哲学的基础出发对环境美学领域进行一个系统化的勾勒。"②他在这本书中论述了两个基本理论问题:本体论探讨中提出的"环境世界"观念即为分析美学"艺术世界"观念的翻版;另一个关于元批评的"环境如何被描述"则完全使用了分析哲学的描述之法。由此可见,环境美学尽管始于赫伯恩发表于1966年的那篇著名的批评分析美学的《当代美学及自然美的遗忘》,但连赫伯恩自己也还是使用了与艺术美相对应的"自然美"(natural-beauty)概念,未能真正摆脱传统西方分析美学,而仅仅是在其框架之内研究环境之美。而中国现代生态美学将古代的"天人合一""万物一体"及"冲气以为和"等生命论思想包括在内,这是一种相异于西方的生命的有机的哲学。

再者,西方环境美学还表现出明显的"艺术中心论"思想,这在其具体审美论述中得到了进一步的反映。他们将环境审美划分为对象模式、景观模式与环境模式三种:所谓对象模式,即是将对象从环境中独立出来考察;景观模式,则是将环境当作具有边框的风景画欣赏;而环境模式,则是直接进入环境,运用所有感官欣赏。但这三种模式,用瑟帕玛的观点来看,并未超出艺术的审

①程相占:《环境美学对分析美学的承续与拓展》,《文艺研究》2012年第3期。
②[芬]约·瑟帕玛:《环境之美》,武小西、张宜译,湖南科学技术出版社2006年版,《环境之美:环境美学的一个一般模型》。

美范围。他说:"人们根据三种模式来行事——即对象模式,风景模式或静观模式和环境模式。当将对象社会化并为它们创造接受规范时,它们都接近于艺术。"①这里需要说明的是,"环境模式"的审美运用了各种感官,类似于自然生态审美,但由于这种审美模式在环境美学中仍依赖于人工的各种规约,诸如公园、博物馆与人造森林的进入、参观路线与导游说明等,故具有艺术的人工性质。还有一种需要我们认真对待的,是卡尔松的肯定美学,即著名的"自然全美"观点。在这里,卡尔松运用了生物学与生态学的科学的视角,认为从这样的视角对自然对象进行描述,可以发现其特殊的美。他说:"科学知识以及重新描述使我们看到不曾见到的美,看到模式与和谐而不是无意义的混乱。"②很明显,这里还是科学在起作用,是一种运用科学所进行的"描述",其实质仍是分析美学的描述方法。但生态美学则是一种东方式的人与自然融为一体的生命的生存的审美模式。生态美学将"生"或"生生"作为最基本的美学命题,包含与西方相异的"元亨利贞""吉祥安康""保合太和"等追求美好生命与生存的审美模式。至于布伊尔所说的生态是一种"卡通形象——知识肤浅的自然崇拜者的俱乐部",则是某些使用者的问题,而不是"生态"概念自身的问题,决不能因此而废弃"生态"这个包含丰富内涵的重要概念。

　　以上论述了西方环境美学与人类中心主义及传统分析美学

---

① [芬]约·瑟帕玛:《环境之美》,武小西、张宜译,湖南科学技术出版社 2006 年版,第 63 页。

② [加]艾伦·卡尔松:《环境美学》,杨平译,四川人民出版社 2006 年版,第 137 页。

的密切关系。这说明,环境美学是西方学术土壤上具有原生性的理论形态,是与生态美学有着原则性区别的。当然,我们从未否认环境美学作为一种新的美学形态的特殊价值与意义。生态美学尽管具有明显的原生性的东方特色,但目前仍处于发展的过程中,需要在对话与交流中不断走向成熟。

再论作为生态美学基本哲学
立场的生态现象学①

2011 年本人曾写《生态现象学方法与生态存在论审美观》一文,发表于《上海师范大学学报》2011 年第 1 期。该文提出:"生态美学的基本范畴是生态存在论审美观,其所遵循的主要研究方法是生态现象学方法。"但该文主要论述的还是德国哲学家 U.梅勒的生态现象学报告的相关问题,没有充分展开。本文希图在上文基础上更加全面地论述作为生态美学基本哲学立场的生态现象学方法,认为当代现象学的产生与发展就是为了克服现代工业革命过程中唯科技主义,以及人与自然二分对立的二元论哲学观,因此,整个现象学哲学都具有浓郁的生态内涵,均可称为生态现象学,经历了产生、发展与逐渐成熟的过程;而且,生态现象学反映了当代哲学的发展方向,是一种生态文明时代的主导型哲学。从其发展来看,到海德格尔已经是成熟形态的生态现象学,其表现为早期以"存在与世界"的生态存在论在世模式对主客二分的认识论在世模式的突破,后期是更加彻底的"天地神人四方游戏"在世模式的提出。而梅洛-庞蒂则以其身体哲学进一步沟通了天人、身心与东西。本文试从胡塞尔、海德格尔与梅洛-庞蒂入手,

---

① 原载《求是学刊》2014 年第 5 期。

较为全面地论述作为生态美学基本哲学立场的生态现象学。

一、胡塞尔：现象学必然
导向生态现象学

1.现象学产生于对欧洲唯科技主义哲学危机的批判

长期以来,我们片面地将生态现象学局限于 2003 年梅勒在生态现象学报告中所说的内容。其实,现象学本身就包含着浓郁的生态哲学内涵,就是生态哲学或生态现象学。早在 20 世纪初期的 1900 年前后,胡塞尔提出现象学哲学之时,就是基于对长期以来占据统治地位的欧洲唯科技主义哲学的批判。这是一种以科技思维特别是数学思维压制人性、压制自然的理性主义传统和形而上学传统,"涉及人在与人和非人的周围世界的相处中能否自由地自我决定的问题,涉及人能否自由地在他的众多的可能性中理性地塑造自己和他的周围世界的问题"。① 胡塞尔认为,这种唯科技主义哲学导致的是一场哲学与文化的危机,当然也是一场社会的危机,并敏锐地预示着生态危机的到来。对于这种危机的批判与突破,就是胡塞尔力创现象学的出发点,也是其现象学必然包含生态意识并走向生态现象学的明证。胡塞尔指出,这种危机表现为"对形而上学可能性的怀疑,对作为一代新人的指导者的普遍哲学的信仰的崩溃"②。这里讲的"形而上学"与"普遍哲学信仰",主要就是指古希腊以来的理性主义与人类中心主义。这种形而上学和普遍哲学信仰的特点,就是将精密科学特别是以

---

① 《胡塞尔选集》,倪梁康选编,上海三联书店 1997 年版,第 982 页。
② 《胡塞尔选集》,倪梁康选编,上海三联书店 1997 年版,第 988 页。

数学为代表的自然科学作为拯救哲学之途径与方法的楷模。胡塞尔指出，欧洲从古希腊以来特别是 17 世纪以来的传统就是"对哲学的所有拯救都依赖于这一点，即：哲学把精密科学作为方法楷模，首先把数学和数学的自然科学作为方法的楷模"①。胡塞尔在这里指出传统欧洲文化将"数学和数学的自然科学作为方法的楷模"，是非常贴切与重要的。因为，从古希腊以来由航海业的发达导致几何学的发达，导致其后数学以及数学的自然科学一直是欧洲统领性的学科，渗透于一切学科之中，乃至工业革命以降将宇宙与人看作机器等。这种机械的数学的思维是欧洲唯科技主义的主要特征，也是从算计的角度看待人与自然，从而导致绝对的人类中心主义以及对于自然的滥发的重要文化原因。胡塞尔已经在自己的亲身经历中深感这种思维方式的危害，而力求创造一种新的哲学，"它需要全新的出发点以及一种全新的方法，它们使它与任何'自然的'科学从原则上区别开来"。② 这种新的哲学就是包含浓郁生态内涵的现象学即生态现象学。这是胡塞尔与传统的一种决裂，也是他对传统之中错误的可贵反思。他在写于 1901 年的《逻辑研究》前言中引用了歌德的名言，"没有什么能比对犯过的错误的批评更严厉了"。意味着他的逻辑研究及其现象学研究是对传统欧洲形而上学与人类中心错误的"批评"与纠正。

2. 现象学的"悬搁"与"现象学还原"是对传统的人与自然对立的二元论的超越

胡塞尔深刻地总结了欧洲哲学发展的历史，认为尽管古希腊

① 《胡塞尔选集》，倪梁康选编，上海三联书店 1997 年版，第 40 页。
② 《胡塞尔选集》，倪梁康选编，上海三联书店 1997 年版，第 41 页。

时期已经有了理性主义与形而上学传统,但 17 世纪特别是工业革命之后主客二分、人与自然对立的二元论哲学观才愈加严重,特别是以伽利略与笛卡尔为其代表。他说,伽利略的几何学与数学说明"作为实在的自我封闭的物体世界的自然观是通过伽利略才第一次宣告产生的。随着数学化很快被视为理所当然,自我封闭的自然的因果关系的观念相应而生。在此,一切事件被认为都可一义性地和预先地加以规定。显然,这就为二元论开道铺路。此后不久,二元论就在笛卡尔那里产生了……。可以说,世界被分裂为二:自然世界和心灵世界"①。这说明,近代以降,人与自然二分对立的二元论哲学不断发展,成为人类压榨自然的理论工具。胡塞尔的现象学则是对于这种二元论的重要突破。他提出的重要原则与方法就是"悬搁"与"现象学还原"。对于"悬搁",他说道,"但我要使用'现象学'的'悬置'(停止判断),它使我完全放弃任何关于时空此在的判断"②。也就是说要"悬搁"或"悬置"一切在时空中存在的实体性判断,包括物质的与精神的都加上括号、加以排除或进行中止或者是存而不论。最后是"现象学的还原",即"回到现象本身"。他说:"所谓现象学的还原:这就是在客观实在的所有入侵面前彻底地纯化现象学的意识领域并保持其纯粹性的方法。"③也就是排除物质的与精神的实体回到现象本身即意向性,这就是一种"超越"。他说:"而纯粹现象学则是一门关于'纯粹现象'的本质学说……这就是说,它不立足于那种通过超越的统觉而被给予的物理的和动物的自

---

① 《胡塞尔选集》,倪梁康选编,上海三联书店 1997 年版,第 1038、1039 页。
② 《胡塞尔选集》,倪梁康选编,上海三联书店 1997 年版,第 383 页。
③ 《胡塞尔选集》,倪梁康选编,上海三联书店 1997 年版,第 159 页。

然,亦即心理物理自然的基地之上,它不做任何与超越意识的对象有关的经验设定和判断设定;也就是说,他不确定任何关于物理的和心理的自然现实的真理(即不确定任何在历史意义上的心理学真理)并且不把任何真理作为前提、作为定律接受下来。"①在这里,胡塞尔机智地运用现象学的"悬搁"和"现象学还原"的方法,排除了任何物质或精神的实体性"真理",从而将主客以及人与自然二元对立这一导致生态危机的哲学根基加以根本动摇。

3.现象学的"交互主体性"原则是克服"唯我论"与"人类中心论"的有效努力

胡塞尔对于交互主体性的研究开始于1905年,几乎与现象学的提出同步,一直延续至1935年之后,可以说交互主体性是与他的现象学研究一致的。而交互主体性理论是对"唯我论"与"人类中心论"的有效克服,某种程度上消解了人与自然的对立,包含着浓郁的人与自然相并、人与自然为友的当代生态哲学内涵。首先,交互主体性是对"唯我论"的一种有效克服。因为,现象学理论通过"现象学还原"悬搁了各种物质与精神的实体,最后只剩下"意向",很容易被看作是"唯我论",而"唯我论"以及与之相关的"人类中心论"本来就是欧洲传统哲学特别是近代欧洲哲学的本有之义。因此,胡塞尔对此非常警惕,在创立现象学之初就开始注意这个问题。他在著名的《笛卡尔式的沉思》的第五沉思中指出,由于现象学的先验还原必然会引起"非常重要的异议",那就是"如果我这个沉思着的自我,通过现象学悬搁,把自己还原为我的绝对先验自我时,我不就成为我自己的根据了

---

① 《胡塞尔选集》,倪梁康选编,上海三联书店1997年版,第688页。

吗？同时，只要我以现象学名义继续前后一贯的自身说明，我不仍然还是那个我自己的根据吗？因此，要解决对象存在问题并已经表现为哲学的现象学，不就要打上先验唯我论的印记吗？"①为此，胡塞尔提出交互主体性的重要概念并对之加以解决。他说："我所经验到的这个世界连同他人在内……并不是我个人综合的产物，而只是一个外在于我的世界，一个交互主体性的世界。"②其内涵是"把一切构造性的持存都看作只是这个唯一自我的本己内容"③。也就是说在意向性活动中的"自我"即唯一自我的本己内容与自我构造的一切现象即构造性的持存都是同格的，在意向性活动中构成"交互主体性"。胡塞尔还非常生动地运用现象学方法分析了"我"与"他人"的关系，指出在意向性活动中"他人"即是"主体"，"我"与"他人"的关系是一种交互主体性的关系。他说，"他们同样在经验着我所经验的这同一个世界，而且同时还经验着我，甚至在我经验这个世界和在世界中的其他人时也如此"，他将此称作是一种"陌生的、交互主体经验"。④ 以上胡塞尔关于"我"与"他者"的交互主体性关系的论述非同寻常，解构了传统哲学中主客以及人与自然的二分对立，为新的"并存"与"共生"等生态哲学观念的产生发展奠定了基础。

----

①《胡塞尔选集》，倪梁康选编，上海三联书店1997年版，第876页。
②［德］胡塞尔：《笛卡尔式的沉思》，张廷国译，中国城市出版社2002年版，第125页。
③［德］胡塞尔：《笛卡尔式的沉思》，张廷国译，中国城市出版社2002年版，第204、205页。
④《胡塞尔选集》，倪梁康选编，上海三联书店1997年版，第878页。

二、海德格尔:成熟形态的生态现象学

美国现代生态理论家将海德格尔称为现代"具有生态观的形而上学理论家",即生态哲学家。但学术界对于海氏的生态哲学思想还是有诸多误解,大多将其后期哲学思想看作是"生态哲学"思想。其实,海氏整个哲学思想都属于生态哲学思想,只是后期更加全面彻底。我们认为生态哲学思想不一定要标举出"生态"二字,而是只要在世界观上离开人类中心论,力主人与自然的须臾难离,那就是生态哲学思想,而海氏1927年出版《存在与时间》一书,提出"此在与世界"的在世模式,就标志着他的生态哲学思想的形成。1946年海氏又发表了著名的《论人类中心论的信》。宋祖良认为,"根据海德格尔在《论柏拉图的真理学说》和《论 Humanismus 的信》中对 Humanismus 的使用,认为这个德文词应译为人之中心说(人类中心论)或人本主义"①。宋氏认为,该文的主旨是对于人类中心论及其表现——科技主义之束缚的突破,该文成为海氏后期较为彻底的生态世界观的纲领。他后期一再强调的"天地神人四方游戏"则是对于此在与世界二分思维的进一步突破,走向更加彻底的人与自然友好相处融为一体的生态世界观,并包含了与东方"天人合一"的对话,说明其存在论生态观是更加成熟的生态现象学。

1.建立人与自然须臾难离的"此在与世界"在世模式

海德格尔在《存在与时间》的开头即通过引用柏拉图的话对

----

① 宋祖良:《拯救地球和人类未来:海德格尔的后期思想》,中国社会科学出版社1993年版,第228页。

存在问题的"茫然失措"指出："'存在着'这个词究竟意指什么？我们今天对这个问题有答案了吗？不。所以现在要重新提出存在的这一意义问题。"①他认为,主要是解决哲学史上长期将"存在"与"存在者"加以混淆的问题,"把存在从存在者中崭露出来,解说存在本身,这是存在论的任务"②。海氏认为,"存在"是动词,是过程,是不在场,而"存在者"则是名词,是实体,是在场。将两者混淆,以"存在者"代替"存在"是一种主客二分、人与自然对立的传统认识论在世模式与世界观。只有通过现象学的"悬搁"才能将两者相分,走向主客不分、人与自然须臾难离的"此在与世界"的在世模式。海氏认为："某个'在世界之内的'存在者在世界之中,或说这个存在者在世；就是说：它能够领会到自己在它的'天命'中已经同那些在它自己的世界之内向它照面的存在者的存在缚在一起了。"③说明这种"在世"模式是"此在与世界"的"相缚",是人与自然的须臾难离。其表现形态为"在之中",即"我居住于世界,我把世界作为如此这般熟悉之所而依寓之、逗留之"④。

2.创建"天地神人四方游戏"的生态世界观

事实证明,海氏早期所提"此在与世界"的在世模式虽是对于

①[德]海德格尔：《存在与时间》,陈嘉映、王庆节译,生活·读书·新知三联书店1987年版,第1页。
②[德]海德格尔：《存在与时间》,陈嘉映、王庆节译,生活·读书·新知三联书店1987年版,第32页。
③[德]海德格尔：《存在与时间》,陈嘉映、王庆节译,生活·读书·新知三联书店1987年版,第65、66页。
④[德]海德格尔：《存在与时间》,陈嘉映、王庆节译,生活·读书·新知三联书店1987年版,第64页。

传统认识论的突破,但仍然包含着此在与世界的二分因素,没有完全摆脱主客与天人二分模式,这就是海氏不断提出的"大地与世界的争执"。1936年之后,海氏经历了新的哲学转型,更加彻底地运用现象学方法摆脱了二分模式,走向主客与天人的交融和谐,提出"天地神人四方游戏"之说。先是在其1936年前后所写的《哲学论稿》中就开始探索从此在与世界走向天人之际的课题。他说:"作为基本情调,抑制贯通并调谐着世界与大地之争执的亲密性,因而也调谐着本有过程之突发的纷争。作为这种争执的纷争,此一在的本质就在于:把存有之真理,亦即最后之神,庇护入存在者之中。"①这里,已经包含了突破世界与大地的纷争走向人神相谐的重要内涵。此后,海氏沿着人神相谐之路继续前进。1950年写了重要的《物》,以壶为例说明壶之物性不在其是一种器皿,也不在它是一种认识的表象,而是作为容器包含着被馈赠的大地之泉、天空的雨露、人之饮品与神之祭品等天地神人四方交融的因素。海氏说:"这四方是共属一体的,本就是统一的。它们先于一切在场者而出现,已经被卷入一个唯一的四重整体中了。"②也就是说,壶之物性集中体现了天人交融、自然与人和谐的美好生存之境。1959年,海氏更在《荷尔德林的大地与天空》的演讲中明确提出"天地神人四方游戏"之说。他说:"于是就有四种声音在鸣响:天空、大地、人、神。在这四种声音中,命运把整个无限的关系聚集起来。"③"天地神人四方游戏"是更加

---

① [德]海德格尔:《哲学论稿》,孙周兴译,商务印书馆2012年版,第39页。
② 《海德格尔选集》,孙周兴选编,上海三联书店1996年版,第1173页。
③ [德]海德格尔:《荷尔德林诗的阐释》,孙周兴译,商务印书馆2000年版,第210页。

彻底的生态世界观,是一种可以与东方"天人合一"相对话与交融的生态世界观,是中西交流对话的产物。

3.批判现代技术"促逼"与"座架"的破坏自然本质,呼唤救度生态危机的"诗意栖居"

海德格尔在胡塞尔批判欧洲危机的基础上进一步指出欧洲现代由唯科技主义与人类中心主义所导致的人类借助现代科技对于自然生态的极大破坏。他在著名的《技术的追问》的演讲中以及其他篇章中进行了这方面的深入思考。他说,"现代技术之本质显示于我们称之为座架的东西中"①,"我们以座架(Gestell)一词来命名那种促逼着的要求,这种要求把人聚集起来,使之去订造作为持存物的自行解蔽的东西"。所谓"座架"与"促逼",实际上是凭借技术对于人与自然的一种机械的订造与摆置,是一种缺乏人性内涵的纯粹机械的与数学的对自然"提出蛮横要求"②的行为。海氏认为,座架与促逼所导致的恶果是人类中心主义的泛滥与自然生态的破坏,实际上由于大规模无度开发导致自然对象的严重破坏,人已经失去了促逼与摆置的对象,但人还是以地球的主人自居,使自己处于非常危险的境地。他说:"但正是受到如此威胁的人膨胀开来,神气活现地成为地球的主人的角色了。"③海氏认为,地球破坏与人类的膨胀导致极为危险的境地,但人类并非无救,而是在极度危险之处恰恰蕴含着救度。他引用荷尔德林的诗"但哪里有危险,哪里也有救渡",并说道:"那么就毋宁说,恰恰是技术之本质必然于自身中蕴含

①《海德格尔选集》,孙周兴选编,上海三联书店1996年版,第941页。
②《海德格尔选集》,孙周兴选编,上海三联书店1996年版,第932、933页。
③《海德格尔选集》,孙周兴选编,上海三联书店1996年版,第945页。

着救渡的生长。"①那就是呼唤一种与技术的栖居相异的"诗意地栖居"。这是一个相异于技术的新领域,他说:"此领域一方面与技术之本质有亲缘关系,另一方面却又与技术之本质有根本的不同。这样一个领域乃是艺术。"②艺术与技术的相同是它们都是一种制造(art),但其不同之处则是一种不受束缚的"游戏"与"自由"。在这种人与自然生态的自由的游戏中走向诗意地栖居。

4. 生态语言学的创立

一般认为,生态语言学是 1972 年由美国语言学家艾纳尔·豪根(Einar Haogen)在一篇题为《语言生态学》的文章中正式提出的,而英国语言学家迈克尔·韩礼德(Michael Halliday)于 1990 年在国际应用语言学大会上作了有关"语言与生态学之间的连接"的发言,此后"生态语言学"才作为语言学的一个分支正式建立起来。但其实早在 20 世纪 20—30 年代海德格尔就已经创立了生态语言学,包含极为丰富的内容。海氏认为,应该放弃"框架语言",恢复"天然语言"。他有力地批判了工业革命时代唯科技主义泛滥的情况下由于人的本质的丧失导致语言本质的丧失,使得语言失去其"天然语言"本性,成为"框架语言"。他说:"框架,向各方向进行支配的现代技术的本质,为自己预定了形式化的语言,一种消息,由于这种消息,人千篇一律地成为技术上算计的生物,即被安排成技术上算计的生物,并逐步放弃了'天然的语言'。"③这

①《海德格尔选集》,孙周兴选编,上海三联书店 1996 年版,第 946 页。
②《海德格尔选集》,孙周兴选编,上海三联书店 1996 年版,第 954 页。
③宋祖良:《拯救地球和人类未来:海德格尔的后期思想》,中国社会科学出版社 1993 年版,第 259 页。

种所谓"框架语言"就是通过"逻辑"与"语法"对于"天然语言"进行霸占式的解释，这是一种形而上学的"统治"，是使语言由存在之家变成"对存在者进行统治的工具"①。海氏还以著名的"语言是存在的家"②点出了语言的本质。所谓"语言是存在的家"，这里的"语言"是反映存在的"道说"而不是具体的"言说"。所谓"道说"是一种自然形态的可以与自然对话的"无声之说"，是德国早期浪漫派所力主的"自然语言"观，认为自然与人都有语言，可以对话。人与自然的对话说明人的本质"比单纯的被设想为理性的生物的人更多一些。……更原始些因而在本质上更本质性些"③。这就是人的生存本质，与自然一体，倾听自然的自然本质。正是人类长期忽视而当前应该重视之处。语言是存在的家，也可以说语言是人与自然共同的生存之家。海氏认为，"思的人们与创作的人们是这个家的看家人"④，在这里，"看家人"是人的责任之所在，人要看护好"语言"这个家，保护好语言的自然本性，通过语言使人得以美好生存。"人不是存在者的主人。人是存在的看护者。"⑤也就是说，人不是通过语言对存在者（自然）施行暴力，而是保护好自然等存在者，使人得以美好生存。海氏还特别重视各种方言土语，认为它们反映了语言对于大地的归属性。他说："在土语中，地方和大地在各不同地说话。但是，嘴不只是被想象为有机体的躯体的一种器官，而且躯体和嘴属于大地的涌动

---

① 《海德格尔选集》，孙周兴选编，上海三联书店1996年版，第363页。
② 《海德格尔选集》，孙周兴选编，上海三联书店1996年版，第358页。
③ 《海德格尔选集》，孙周兴选编，上海三联书店1996年版，第385页。
④ 《海德格尔选集》，孙周兴选编，上海三联书店1996年版，第358页。
⑤ 《海德格尔选集》，孙周兴选编，上海三联书店1996年版，第385页。

和生长。"①说明语言与大地的归属关系,说明一方水土养一方人,一方水土孕育一方语言的生命与语言之特性。

三、梅洛-庞蒂:身体现象学是
生态现象学的新发展

梅洛-庞蒂是继海德格尔之后欧洲最重要的现象学理论家。他有机会阅读了胡塞尔晚年的手稿得以继承其现象学的新成果,而且由于时代的发展,他形成了自己特有的身体现象学。身体现象学是在海氏存在论现象学的基础上逐步发展起来的,成为崭新的生命论哲学。这种身体现象学是生态现象学的新发展,为我们提供了人与自然生态共生共荣新关系的新的理论支点。

1."身体本体论"是生态现象学的新发展

梅洛-庞蒂在海氏"此在本体论"的基础上将之发展为"身体本体论"。在这里,"此在"变成了"身体"。"身体"是人与世界的"媒介物",是人与世界关联的"枢纽",是人存在的基础。他说:"身体是在世界上存在的媒介物,拥有一个身体,对一个生物来说就是介入一个确定的环境,参与某些计划和继续置身于其中。"②这里的"身体"并不是生理的身体,而是存在的身体,是意向的身体,也是生存的身体。所谓意向的身体就是意向性所达到的身体,所谓生存的身体就是人的生理机能与精神机能借以凭借的身

①宋祖良:《拯救地球和人类未来:海德格尔的后期思想》,中国社会科学出版社 1993 年版,第 268 页。
②[法]梅洛-庞蒂:《知觉现象学》,姜志辉译,商务印书馆 2001 年版,第116 页。

体。由此,才产生了著名的"幻肢"现象。也就是截肢者仍然会在自己的意向中呈现其被截的肢体从而产生幻觉,当然这也是截肢者的一种生存的记忆与愿望。梅氏认为这是一种"习惯身体"而不是"当前身体的层次"。正是这种意向的存在的身体成为人与自然生态的"媒介物"与"枢纽"。梅氏认为这个身体就是真正的先验,就是生命。他说:"胡塞尔在他的晚期哲学中承认,任何反省应始于重新回到生命世界(Lebenswelt)的描述。"①这就将身体现象学推向了生命现象学,从而将生态现象学推向新的阶段。在生命的层次上人与自然生态的平等共生就具有了更强的理论合理性。

2."肉身间性"(Intercorporedlity)是人与自然生态共生关系的深化

梅氏的理论中身体与自然生态是一种间性的、可逆的关系,也就是所谓"肉身间性"的关系。这种"肉身间性"就是一种整体性的关系、共生共荣的关系。梅氏提出著名的"双重感觉"的观点,也就是著名的左手触摸右手的"触摸"与"被触摸"的双重感觉。他说,"我们的身体是通过它给予我的'双重感觉'这个事实被认识的:当我用我的左手触摸我的右手时,作为对象的右手也有这种特殊的感知特性",这是"两只手能在'触摸'与'被触摸'功能之间转换的一种模棱两可的结构"。② 这种"双重感觉"存在于身体整体性之中,犹如左手与右手、身体任何部分与其他部分的整体关系。为此,他提出著名的"身体图式"概念。他说:"身体图

---

① [法]梅洛-庞蒂:《知觉现象学》,姜志辉译,商务印书馆2001年版,第459页。
② [法]梅洛-庞蒂:《知觉现象学》,姜志辉译,商务印书馆2001年版,第129页。

式应该能向我提供我的身体的某一个部分在做一个运动时其各个部分的位置变化,每一个局部刺激在整个身体中的位置,一个复杂动作在每一时刻所完成的运动的总和,以及最后,当前的运动觉和关节觉印象在视觉语言中的连续表达。"①这其实是一种统一性或整一性的感觉能力,不仅身体各部分之间,而且包括身体各种感觉之间,都是一种整体的关系。

不仅如此,梅氏还认为人与世界也是一种整一性共生共荣的关系。在这里梅氏继承发展了海氏的"此在与世界"关系的理论,认为身体与世界的关系不是一个在一个之中而是须臾难离,不可分离。他说:"不应该说我们的身体是在空间里,也不应该说我们的身体是在时间里。我们的身体寓于空间和时间中。"他认为这其实是坚持现象学所必然导致的结果。他认为,人与世界关系中的"身体"是一种"现象身体"即意向性中的身体,这种意向性中的"现象身体"不仅包括意向所达到的整一性的身体,而且包括意向所达到的与身体紧密相连的世界。他说:"我们的客观身体的一部分与一个物体的每一次接触实际上是与实在的或可能的整个现象身体的接触。"②"现象身体"的提出是梅氏对于现象学的新创见,意义重大。

3. 生态语言学的新拓展

生态语言学虽是 1972 年提出的,但前文已经说到其实海德格尔早在 1927 年的《存在与时间》中就已经涉及生态语言学的有关问题。梅洛-庞蒂则在其写于 1945 年的《知觉现象学》中进一

①[法]梅洛-庞蒂:《知觉现象学》,姜志辉译,商务印书馆 2001 年版,第136 页。

②[法]梅洛-庞蒂:《知觉现象学》,姜志辉译,商务印书馆 2001 年版,第401 页。

步对生态语言学做了新的拓展,主要是他将语言与身体紧密相连并由此达到自然生态世界。在这里梅氏实际上论述的是身体语言学,当然他这里的身体是现象学的身体,是寓于世界之中的身体。他明确提出"言语是身体固有的"①,这就将言语与身体紧密联系。继而提出,言语"是身体在表现,是身体在说话"②。身体如何在说话呢?梅氏认为是身体通过动作在说话。他说:"言语是一种动作,言语的意义是一个世界。"③这就揭示了言语的本质,说明无论作为言语的发声还是说话时的表情,言语都是一种身体的动作,当然这个动作并不局限于身体本身,而是从现象学的身体而言是紧密联系于世界的。他认为,动作具有深广的世界意义,不同地域人的动作都含有特殊的不相同的意义,"日本人和西方人表达愤怒和爱情的动作实际上并不相同"④。这当然有其环境、地域、文化与水土的差异,揭示了生成语言的自然生态背景。梅氏还进一步阐述了语言的文化本质,认为言语是对"身体本身的神秘本质的"揭示,明确说明言语通过身体所蕴含的深刻文化内涵。主要是言语与生存的紧密联系,"言语是我们的生存超过自然存在的部分"⑤。

①[法]梅洛-庞蒂:《知觉现象学》,姜志辉译,商务印书馆2001年版,第252页。
②[法]梅洛-庞蒂:《知觉现象学》,姜志辉译,商务印书馆2001年版,第256页。
③[法]梅洛-庞蒂:《知觉现象学》,姜志辉译,商务印书馆2001年版,第240页。
④[法]梅洛-庞蒂:《知觉现象学》,姜志辉译,商务印书馆2001年版,第245页。
⑤[法]梅洛-庞蒂:《知觉现象学》,姜志辉译,商务印书馆2001年版,第255页。

4.现象学自由观是对人类改造自然生态的限制

关于自由观,传统认识论一直认为自由是对必然的认识与掌握。在传统认识论看来,只要认识并掌握了事物的必然规律人类就获得了自由,可以放手地去改造自然生态,肆意进行所谓的"人化自然"的活动,由此产生一系列严重的破坏自然生态环境的事件,导致人类目前已经难以维持基本的生存权利。梅氏一反传统认识论自由观提出现象学自由观。现象学自由观是经过意向性悬搁之后的自由观,也就是经过意向性将客观的必然性与主观的选择性统统加以悬搁,最后剩下受到主客体限制的相对的自由性。梅氏认为:"没有决定论,也没有绝对的选择。"①这就将客观的决定论与主观选择的绝对性全部加以悬搁。他对现象学的自由进行回答:"自由是什么? 出生,就是出生自世界和出生在世界。"②在这里,无论"出生自世界"还是"出生在世界"都要受到出生与世界两个要素的制约,自由不是绝对的,不可能存在无任何制约的人对自然的"人化"。梅氏明确指出:"被具体看待的自由始终是外部世界和内部世界的一种会合。"外部世界与内部世界都会对自由形成约束,"甚至在黑格尔的国家中的介入,都不能使我超越所有差异,都不能使我对一切都是自由的"③。梅氏认为,黑格尔所推崇的作为最高理性体现的"国家"也不会具有绝对自由的权力。这就对工具理性时代的认识论自由观进行了深刻的

---

①[法]梅洛-庞蒂:《知觉现象学》,姜志辉译,商务印书馆 2001 年版,第
　 567 页。
②[法]梅洛-庞蒂:《知觉现象学》,姜志辉译,商务印书馆 2001 年版,第
　 567 页。
③[法]梅洛-庞蒂:《知觉现象学》,姜志辉译,商务印书馆 2001 年版,第
　 569 页。

批判,提出一种崭新的现象学相对自由观,对于人的肆意掠夺自然进行了必要的约束。

5.现象学生命哲学走向东西生态哲学的融通

梅洛-庞蒂于1960年在《符号》一书中指出,东方的古代智慧同样应当在哲学殿堂中占据一席之地,西方哲学应当向印度哲学和中国哲学学习。梅氏甚至在对灵感的论述中提出艺术创作中呼吸的问题。他说,艺术创作的灵感状态中"确实是有存在的吸气与呼气,即在存在里面的呼吸"①。这已经是与中国古代生命论艺术理论中的阴阳与呼吸相呼应了,进一步说明东西方艺术在生命论中的相遇。由此可见,梅氏在《符号》一书中有关中西文化的论述说明他认识到现象学生命哲学充分体现了中西哲学的融通。他所说的生命哲学是相异于西方传统认识论语境下人类中心的生命论哲学、主客二分对立的生命哲学,力主万物一体、主客模棱两可与间性的生命哲学。这就与东方的万物齐一、生生不已与天人合一的生命论哲学具有了相通性。身体与生命成为沟通东西方哲学的桥梁。

四、生态现象学是生态存在论美学的基本方法与根本途径

诞生于20世纪初的现象学是人文学科领域的一场深刻的革命,它颠覆了工业革命以降的认识论哲学代之以存在论哲学,颠覆了主客二分的思维模式代之以整体性、关系性与间性的思维模

---

① [法]梅洛-庞蒂:《眼与心》,刘韵涵译,中国社会科学出版社1992年版,第137页。

式,颠覆了人类中心主义代之以生态整体论。这就为新的生态哲学与生态美学的诞生开辟了道路。诚如梅洛-庞蒂所言:"真正的哲学在于重新学会看世界。"①现象学让我们确立了一种新的"看世界"的视角与方法,这就为新的生态哲学与生态美学提供了基本的方法。我们曾经多次说过,生态美学是一种新的生态存在论美学,只有从生态现象学与生态存在论哲学的崭新视角才能理解生态美学。生态美学的产生其实也是美学领域的一场革命,是对传统认识论美学、实体性美学、形式论美学的突破。而胡塞尔、海德格尔与梅洛-庞蒂随着他们在生态现象学上的逐步深入,生态美学也逐步走向深入。可以说胡塞尔对于生态美学是一种开路与奠基的作用;到海德格尔则是生态美学的深入;而梅洛-庞蒂则使生态美学走向成熟。

　　首先,胡塞尔的现象学是对于传统认识论美学的突破,也是新的生态存在论美学的开启。

　　众所周知,传统认识论美学是一种实体性美学,力主美在客观物质或美在主观精神。而现象学则颠覆了这种实体性美学,开启了新的生态存在论美学。胡塞尔在其完成向先验现象学突破的同时写下了有关艺术直观与现象学直观的一封信。在这封信中胡塞尔为新的生态存在论美学开辟了道路,奠定了方法。他明确提出了现象学是把握哲学基本问题和解决这些问题的方法。他说:"为了把握哲学基本问题的清晰意义和为了把握解决这些问题的方法,我曾进行了多年的努力,我所得到的恒久的收获就是'现象学的'方法。"②在这里,胡

――――――――――

① [法]梅洛-庞蒂:《知觉现象学》,姜志辉译,商务印书馆2001年版,第18页。
② 《胡塞尔选集》,倪梁康选编,上海三联书店1997年版,第1201页。

塞尔将现象学提到根本方法的高度并充分看到其在建设新的
生态存在论美学形态中的重要作用。他首先运用了现象学的
直观的纯粹的方法对于传统认识论哲学与美学的实体性思维
进行了解构。他说:"对一个纯粹美学的艺术作品的直观是在
严格排除任何智慧的存在性表态和任何感情、意愿的表态的
情况下进行的……。或者说,艺术作品将我们置身于一种纯
粹美学的、排除了任何表态的直观之中。"①说明现象学方法是
一种排除凭借智慧对于客观存在物的审美以及凭借感情的主观
性审美,它是一种纯粹的直观的意向性的审美。他说,"现象学
的方法也要求严格地排除所有存在性的执态",要求"把一切认
识都看作是可疑的并且不接受任何已有的存在","剩下要做的
只有一件事:在纯粹的直观中(在纯粹直观的分析和抽象中)阐
明内在于现象之中的意义"。② 他进一步对于美学与艺术的特
点论述道,"现象学的直观与'纯粹'艺术中的美学直观是相近
的",而艺术家"不是观察着的自然研究者和心理学家,不是一个
对人进行实际观察的观察家,就好像他的目的是在于自然科学
和人的科学一样。当他观察世界时,世界对他来说成为现象,世
界的存在对他来说无关紧要,正如哲学家(在理性批判中)所做
的那样"。③ 这说明,在他看来艺术与审美不是对于自然与人的
科学研究,并不关心世界的实际存在,而是对于世界的一种纯粹
的直观,世界以意向中的"现象"的形态呈现出来,世界与人是一
种意向性的关系,不是实体的关系。这就对于传统实体性美学

---

① 《胡塞尔选集》,倪梁康选编,上海三联书店 1997 年版,第 1202 页。
② 《胡塞尔选集》,倪梁康选编,上海三联书店 1997 年版,第 1202—1203 页。
③ 《胡塞尔选集》,倪梁康选编,上海三联书店 1997 年版,第 1203—1204 页。

进行了有力的解构,从而为新的生态存在论美学的诞生进行了准备。胡塞尔还在后来的《笛卡尔式的沉思》一书中提出"相互主体性"的重要问题,为生态哲学与生态美学的发展奠定了基础。

其次,海德格尔的生态存在论是生态美学理论的系统表达。

海德格尔第一次自觉地将现象学与存在论哲学紧密相连,他说:"存在论只有作为现象学才是可能的。"①在他看来,传统认识论将存在与存在者加以混淆,只有现象学才通过悬搁在意向性之中直观世界之本质。因而现象学与存在论是密不可分的,因为,只有现象学才真正突破了传统认识论哲学。海氏贯穿始终的一个观点就是"生存论",他说:"此在无论如何总要以某种方式与之相关的那个存在,我们称之为生存。"②"此在"的存在就是在世界中生存,是一种具有时间性的生命过程,从而为梅洛-庞蒂的身体哲学与身体美学奠定了基础,也使生态美学成为异于传统认识论美学形式之美的更高级美学形态。他还借助现象学提出了"此在与世界"的存在论在世模式,以此与"主体与客体"的认识论在世模式加以区别。这种"此在与世界"的在世模式形成一种在人世界之中的人与自然的须臾难离的间性关系。他说,"在之中"等于说"我居住于世界,我把世界作为如此这般熟悉之所而依寓之、逗留之"③。后期,海氏对人与世界的关系进一步加以探讨,提出著名的"天

①《海德格尔选集》,孙周兴选编,上海三联书店1996年版,第70页。
②[德]海德格尔:《存在与时间》,陈嘉映、王庆节译,生活·读书·新知三联书店1987年版,第15页。
③[德]海德格尔:《存在与时间》,陈嘉映、王庆节译,生活·读书·新知三联书店1987年版,第64页。

地神人四方游戏"之说,从而为生态哲学与生态美学的人与自然
生态的间性关系充实了丰富的内涵。海氏又对美加以界定:"美
是作为无蔽的真理的一种现身方式。"①在这里,海氏将由遮蔽到
澄明之真理的呈现作为美之发生过程,是在"世界与大地"的天
人关系中,在"此在"的阐释中使美逐步呈现。美是过程,美是阐
释,也是此时此刻的体验。这就赋予美以生态与体验的内容。
当然,海氏对于美的更加具体的阐释就是著名的"家园意识"。
早在 1927 年的《存在与时间》中海氏就指出了当代严重存在的
"无家可归"状态,成为人生之畏。此后,海氏于 1943 年纪念荷
尔德林逝世 100 周年之际提出重要的"家园意识"。他认为,
"'家园'意指这样一个空间,它赋予人一个处所,人唯在其中才
能有'在家'之感,因而才能在其命运的本己要素中存在"②。
"家园意识""在家""诗意地栖居",成为人与自然生态美好和谐
关系的贴切表述,从而使得生态美学成为一种关系之美、栖居
之美。

　　最后,梅洛-庞蒂使生态存在论美学走向"身体—生命美学"。

　　梅洛-庞蒂的身体哲学不仅开启了生态哲学的新篇章,而
且开启了生态美学的新篇章。他在晚年写作了非常重要的
《塞尚的疑惑》一文,通过印象派画家塞尚对于艺术创作中现
实与知觉关系的疑惑,将其身体哲学与现象学直观的方法成
功地运用于艺术创作理论,创造了一种新的"身体—生命美

① [德]海德格尔:《林中路》,孙周兴译,上海译文出版社 2014 年版,第
40 页。
② [德]海德格尔:《荷尔德林诗的阐释》,孙周兴译,商务印书馆 2000 年版,
第 15 页。

学",是一种新的生态美学形态。我们现在考虑,为什么梅洛-庞蒂选中塞尚作为阐释他的审美与艺术观的典型呢?通过研究我们发现,原来塞尚的作品与创作经验非常符合现象学,特别是知觉现象学直观的基本观点。梅洛-庞蒂借助塞尚提出的这种"身体—生命美学"在"本质直观""身体本体"与"肉身间性"理论的指导下提出了"师法自然"与"原初体验"等极为重要的美学观点。所谓"师法自然"是梅氏所记塞尚在其晚年去世前一个月所说的对于自己的疑惑和焦虑的看法。塞尚的一生除了绘画还是绘画,绘画是他的全部世界,他的存在之本。他没有门徒,没有家人的支持,没有评论家的鼓励,在母亲去世的那个下午,在被警察跟踪的时光他都在画着,他不断地被人质疑,甚至说他的画是一个醉酒的清洁工的涂鸦,如此等等。面对这一切,塞尚在生命最后的回答是:"我师法自然。"可以说这是他一生艺术创作的总结。在这里,梅洛-庞蒂引用这个观点说明他非常赞同这个观点。这个"师法自然"包含极为丰富的内容,是梅氏特有的"自然本体"的观点。这里的自然既不是客观的大自然,也不是主观的意念中的自然,当然也不是中国道家的自然而然,而是知觉现象学中的自然,即是作为整体性的"身体图式"中的自然,是知觉中身体与世界可逆性的自然,可以说是身体与世界共同的"自然",梅氏曾说,画家"正是在把他的身体借用给世界的时候,画家才把世界变成绘画"①。他对"自然"极为推崇,借塞尚的话说:"我们的一切来自于它,我们借助于它而存在,并忘却其他一切。"又说:

---

① [法]梅洛-庞蒂:《眼与心》,刘韵涵译,中国社会科学出版社1992年版,第128页。

"古典派是在作一幅画,我们则是要得到一小块自然。"①他举出法国画家雷诺阿的油画《大浴女》,明明是画家对着大海画的,但画面呈现给我们的却是四位浴女在河水中浴后歇息与远景洗浴的景象,特别表现了河中蓝蓝的水。其实这幅画是雷诺阿对着大海画的,但茫茫的大海变成了河流,海水的蓝色变成河水的蓝色。这其实本真地道出了梅氏所谓"师法自然"之"自然"的具体内涵,自然不是现实,不是观念,而是最原初的诗性感受。在这幅画里,梅氏认为,雷诺阿不是表现大海或大河,只是表现了一种对于海水这种液体的询问与解释。雷诺阿之所以这样画,"是因为我们向大海询问的只是它解释液体、显示液体并把液体与它自己交织在一起,以便使液体说出这、说出那,简而言之,使之成为水的全部显现中的一种方式"②。这就是所谓的"师法自然"。梅氏还对于这种"师法自然"做了进一步的阐发,那就是艺术家需要一种"原初的体验"。他说:"在这里,把灵魂与肉体、思想与视觉的区别对立起来是徒劳的,因为塞尚恰恰重新回到了这些概念所由提出的初始经验,这种经验告知我们,这些概念是不可分离的。"③这个"原初的体验"是一种未经人类的知识和社会的环境所影响的体验。首先,这不是一些"人造客体"即通常所谓的"环境"。他说:"我们生活在一个由人建造的物的环境当中,置身家中,街上,城市里的各种事物当中,而大部分时间我们只有通过人类的活动才能看见这些东西。对人类的

---

①〔法〕梅洛-庞蒂:《眼与心》,刘韵涵译,中国社会科学出版社1992年版,第45页。
②〔法〕梅洛-庞蒂:《世界的散文》,杨大春译,商务印书馆2005年版,第69页。
③〔法〕梅洛-庞蒂:《眼与心》,刘韵涵译,中国社会科学出版社1992年版,第49页。

活动,它们能成为实用的起点。我们早已习惯把这些东西想象成必要的、不容置疑地存在着的。然而塞尚的画却把这种习以为常变得悬而未决,他揭示的是人赖以定居的人化的自然之底蕴。"①例如,梅氏认为巴尔扎克在《驴皮记》中所写的"桌布的洁白""新落的雪""对称的玫瑰红"与"黄棕色的螺旋纹"等都能在绘画中表现,但诸如"簇拥"这样的人造景象就不好表现了。他还认为,"原初的体验"与科学的透视是不相容的,"激活画家动作的永远不会只是透视法,几何学,颜色配合或不论什么样的知识。一点点做出一幅画来的所有动作,只有一个唯一的主题,那就是风景的整体性与绝对充实性——塞尚恰当地称这为主题"②。最后呈现给我们的是一个未经人类影响的前文明时期的风景。梅氏具体描写道:"而自然本身也被剥去了为万物有灵论者们预备的那些属性:比如说风景是无风的,阿奈西湖的水纹丝不动,而那些游移着的冰冷之物就像初创天地的时候那样。这是一个缺少友爱与亲密的世界,在那里人们的日子不好过,一切人类感情的流露都遭禁止。"③可见这是一个回到人类本源的原初世界,也是人的原初体验。这与维柯的"原始诗性思维"非常相像,也是万物有灵时期人凭借身体感官所进行的人与自然统一的思维。这正是一种生态的审美的艺术的思维,需要我们很好地借鉴与运用。梅氏的生态审美观是很彻底的,他借助胡塞尔的思想提出了"地球

---

① [法]梅洛-庞蒂:《眼与心》,刘韵涵译,中国社会科学出版社1992年版,第50页。
② [法]梅洛-庞蒂:《眼与心》,刘韵涵译,中国社会科学出版社1992年版,第51页。
③ [法]梅洛-庞蒂:《眼与心》,刘韵涵译,中国社会科学出版社1992年版,第50页。

根基"的思想,说道:"当我们居住在其他星球时,我们能移动或搬动我们的思想和我们的生活的'地面'或'根基',然而,即使我们能扩展我们的祖国,我们也不能取消我们的祖国。由于按照定义,地球是独一无二的,是我们成为其居民时行走在它上面的土地,所以,地球的后裔能与之进行交流的生物同时成了人,——也可以说,仍将是独一无二的更一般的人类之变种的地球人。地球是我们的时间和我们的空间的母体:由时间构成的任何概念必须以共存于一个惟一世界的具体存在的我们的原始时期为前提。可能世界的任何想象都归结为我们的世界观。"①这里的"地球"按照"肉身间性"理论也就是"身体",在这里"地球根基"也就成为"身体根基"。"自然之外无他物"就成为真正的生态整体论,关爱地球与关爱身体是一个事物的两面,人与生态真正地统一了起来。

现象学开辟了生态哲学的新天地,也开辟了生态美学的新天地,在中西古今结合的背景下,我们还有许多工作要做。

---

① [法]梅洛-庞蒂:《符号》,姜志辉译,商务印书馆 2003 年版,第 224 页。

生态美学是"客观论美学"吗？^①

最近，有学者在文章中认为，生态美学由于反人类中心主义，所以成为蔡仪的"客观论美学"。这一看法涉及学术之真实情况，所以有说明之必要。

首先需要说的是，本人倡导的生态美学并非蔡仪之客观论美学。本人早在 2002 年即在《文艺研究》与《陕西师大学报》发表《试论生态美学》与《生态美学：后现代语境下崭新的生态存在论美学观》等文章。此后又发表一系列文章，出版《生态美学导论》等，阐明了生态美学是 20 世纪中期在反思与超越现代性的文化环境中产生的一种崭新的美学形态。生态美学的哲学基础是超越传统认识论与主体性的"生态存在论"，其基本内涵是"诗意地栖居"与"审美地生存"。生态美学反对"人类中心主义"，但并不主张"生物中心主义"，而是力主一种协调两者的"生态整体论"。生态美学不仅依托生态存在论哲学，而且依托中国传统的以"天人合一""生生之谓易"与"气韵生动"为其代表的哲学与美学，努力在中西对话中建设新的形态的生态美学理论。因此，说生态美学是一种"客观论美学"，纯属误解。

当然，在国际生态与环境美学研究领域，确实有与"客观论美

---

①原载《生态美学与生态批评通讯》2015 年 1 月号。

学"类似的美学形态,那就是加拿大卡尔松的科学认知主义环境美学。卡尔松教授是国际上最早倡导环境美学的美学家,他以科学认知主义为指导,认为应该将生态学知识运用于自然审美,力倡一种"自然全美"的观点。这一点的确与蔡仪的"客观论美学"有相似之处。但卡尔松教授又倡导一种"生命之美",认为这是高于形式之美的美学形态。他在这一点上又超越了"客观论美学"。另外两位著名环境美学家则并不是科学认知主义的"客观论美学"。美国的伯林特是以现象学为指导,力倡"参与美学";芬兰的瑟帕玛则是以分析美学为指导,着力于构建"环境美学的理论模型"。因此,笼统地说生态美学是"客观论美学",也是不符合实际情况的。

这里需要说明的是,我们没有任何否定蔡仪"客观论美学"之意。因为"客观论美学"是历史的产物,在历史上有其特定的作用与地位。这是已经被美学史所证明了的。

我们从事生态美学研究尽管已经十多年时间,但仍然很不成熟,需要各方面学术性的批评,在学术批评中进一步完善。

试论生态美学的
反思性与超越性^①

——兼论中国美学的发展

我国生态美学从 1994 年提出迄今已经 20 多年,如果从 1966 年西方环境美学提出算起,迄今已近 50 年。但就在这长达 20 多年甚至是半个世纪的历史发展中,生态美学仍然受到诸多误解,"人化的自然"或"工具本体"仍然是我国美学的重要理论话语,国际上也只是认为生态环境美学是艺术哲学美学与日常生活美学之外的当代美学维度之一。笔者认为,生态美学有广义与狭义之别,所谓狭义的生态美学就是指研究人与自然生态之审美关系的美学;而广义的生态美学不仅包括人与自然生态的审美关系,而且延伸到以生态存在论为指导,研究人与人、人与艺术以及人与社会的审美关系,其实就是当代的生态存在论美学。因此,生态美学就是生态文明时代的美学,具有相当的"普适性"。美国环境美学家伯林特在回答环境美学与一般美学的关系时说:"我不认为环境美学是孤立的区别于一般美学。""其实形成一种互动的关联:环境美学的某种理论被'上升'后用以突破传统美学原论的局限,反过来,美学原论的某些拓展也被

---

① 原载《上海文化》2015 年第 8 期。

'下放'到环境美学当中。"①可见，他是坚持环境美学具有某种"普适性"的。但这并不被普遍认可。在这种情况下，笔者认为，需要再次阐释生态美学在新的生态文明时代所特具的反思性与超越性及其特有的价值意义，并且正应从这种新时代美学所应有的反思性与超越性来思考当代美学特别是我国美学的发展。

一、生态美学作为"后现代理论话语"是对工业文明时代的反思与超越

马克思在1842年6月28日至7月3日所写的《〈科隆日报〉第179号的社论》一文中提出："任何真正的哲学都是自己时代的精神上的精华。因此，必然会出现这样的时代：那时哲学不仅在内部通过自己的内容，而且在外部通过自己的表现，同自己时代的现实世界接触并相互作用。"②该文是马克思为批判当时的德国报刊过度宣扬基督教而贬低真正的哲学而作，论述了真正的哲学都是自己时代的精神上的精华，并应同自己时代的现实世界接触并相互作用。其要旨是，哲学都是自己时代的精神上的"精华"。所谓"精华"，乃"优质、纯净、完美、最好"之意。也就是说，哲学应是自己时代精神的优质、纯净与最好的精神产品。而美学作为哲学的组成部分，也应是自己时代精神上的优质、纯净与最好的精神产品。当今时代，处于由工业文明到生态文明过渡的"后现代"时期，作为自己时代的精神上的"精华"也应具有这种"后现代性"。众所周知，工

---

①刘悦笛主编：《美学国际》，中国社会科学出版社2010年版，第106页。
②《马克思恩格斯全集》第1卷，人民出版社1995年版，第220页。

业文明到生态文明的过渡以 1972 年 6 月 5 日斯德哥尔摩国际环境
会议为其标志。1972 年 6 月 5 日,世界上 133 个国家 1300 多名代
表出席了世界环境会议,会议通过了《人类环境宣言》,宣告人类对
于自然生态环境的传统观念的终结,达成了一系列非常重要的共同
认识,成为人类自然生态环境保护史上的一个重要里程碑。斯德哥
尔摩环境会议及其宣言就是对于工业文明的反思与超越,具有明显
的"后现代性"。美国理论家凯尔纳与贝斯特在《后现代理论》一书
中指出:"后现代话语指的是抛弃了现代话语和实践的新艺术观点、
新文化观点或新理论观点。所有的'后'(post)字都是一种序列符
号,表明那些事物是处在现代之后并接现代之踵而来。""一方面,
'后'描述一种不是现代的东西,它可以被解读为一种试图超越现代
时期及其理论与文化实践的积极否定。正因为如此,后现代话语和
实践常常被视为反现代的介入。这种反现代的介入同那种被许多
后现代主义者视为压迫性的或枯竭衰朽的现代意识形态、现代风格
以及现代实践实行了公开的决裂。""后现代话语包含了某种事物已
经终结,而某种新的东西正在来临的意思,并且包含了这样一种要
求,即我们必须提出新的范畴、理论和方法,以便探索和理解这位即
将来临的新贵,探索和理解新的社会状况和文化状况。"① 由此可
见,"后现代话语"是一种试图超越现代性的"积极否定",也是一
种新范畴、新理论与新方法的提出。以第一次世界环境会议为标
志的新的生态文明时代,就是一种对于工业文明时代的积极否定
和新的理论方法的提出。所谓"时代的精神的精华",就是要体现
第一次世界环境会议以来哲学理论领域对传统工业文明的反思、

---

① [美]道格拉斯·凯尔纳、斯蒂文·贝斯特:《后现代理论》,张志斌译,中央
　编译出版社 1999 年版,第 36—38 页。

积极否定与新的理论范畴的建设。如果说其他有关的哲学与美学论著很难取得共识，那么第一次世界环境会议宣言成为我们的共识应该是没有问题的。

第一次世界环境会议宣言内涵丰富，对其要点，笔者概括为四个方面。第一，突破传统的人类中心论，提出人与自然生态的共生。宣言指出："人类既是他的环境的创造物，又是他的环境的塑造者。环境给予人以维持生存的东西，并给他提供了在智力、道德、社会和精神方面获得发展的机会。"在这里，宣言突破工业革命以来占据压倒优势的"人类中心"与"人定胜天"的观念，提出"人是环境的创造物"以及"环境给予人以维持生存的东西"的观点，包含了人与自然环境的"共生"。第二，突破工业革命时期发展是唯一维度的传统观念，提出"发展与环保"的"双赢"。宣言一方面论述了人类经济发展的必要，特别是"发展中国家必须致力于发展工作"，但更重要的是，宣言在人类历史上第一次明确提出"保护和改善人类环境"与"反对污染"。这就在发展之外突出了环保，成为后来一直强调的发展与环保的"双赢"。第三，第一次将环境权作为人权之重要方面加以确立。宣言指出："人类有权在一种能够过有尊严和有福利的生活环境中，享有自由、平等和充足的生活条件的基本权利。"这里将环境权与自由、平等一起作为人权之重要方面加以确立，意义非同寻常，实际上是在人权领域突破了传统的"人类中心论"，将之扩大到自然环境领域。第四，将环境教育与科学、文化一样作为人类必须接受的基础教育。宣言指出，"必须对年轻一代和成人进行环境问题的教育"①。这就为生态环境文

---

① 刘彦顺主编：《生态美学读本》，北京大学出版社 2011 年版，第 23—25、27 页。

化建设与新的生态环境价值观的确立奠定了基础，是一种生态文化建设的新突破与新超越，说明生态环境价值将成为新时代的主导性价值观之一。上述四点就是当代人类的共识，是我们自己时代的精神的"精华"。当代的哲学与美学应该在内在与外在等各个方面反映这种"精华"。我们应该以此为参照审视、评价我国历史上的有关美学理论，科学而客观地认识在"人类中心"与"人定胜天"历史背景下产生的美学理论，分析其得失，加以批判继承与发展。生态美学与环境美学就是这种批判继承与发展的成果，因而具有"后现代"的反思性与超越性。西方环境美学是对占压倒性优势的分析美学对自然美的遗忘的反思与超越而开始其历程的，中国生态美学则是在对产生于20世纪50与60年代的实践美学代表性观点"人化的自然"的反思与超越而开始自己的理论历程的。而且，无论是生态美学还是环境美学，都力图体现第一次世界环境会议宣言的"共生""双赢""环境权"与"生态环境教育"的有关精神。在这个意义上，它们试图反映时代精神，并具有某种普适性。

二、生态美学是对传统"人类中心论"的反思与超越

"人类中心论"是工业革命时代最重要的哲学理论，亦可表述为"人本体论"。这种理论认为，人是支撑其他一切东西的终极实在。在美学上，具体表现在德国古典美学之中。康德的"美是道德的象征""美是无目的的合目的性的形式""把人当作目的"；黑格尔的"美是理念的感性显现"，自然美是人的理念的"朦胧预感"等，都是对人的理性的极度张扬。德国古典美学在我国的重要影

响，就是产生于 20 世纪 50 年代后期并在 80 年代继续发展的两次美学大讨论形成的实践美学。实践美学从"人类学本体论"出发，提出"美是自然的人化""工具本体""心理本体"与"情本体"等一系列重要观点，其要旨是"人类中心论"。在 20 世纪 50—80 年代我国现代化进程中，在启蒙主义补课的情况下，对于"人本体"与"主体性"的强调当然意义重大，并具有学术的价值。但是，在今天生态文明的新形势下，则显得与时代相脱节，需要对其进行必要的反思与超越，特别要反思与超越其"人类中心论"的基本哲学立场与观点。

对于"人类中心论"进行哲学化的有效清理，是德国生态哲学家与美学家海德格尔。他在写于 1927 年的《存在与时间》一书中，以现象学为指导，将工业革命时代盛行的"主体与客体"的对立加以悬搁，提出与之相反的"此在与世界"的存在论人生在世模式。"主体与客体"是一种人类战胜自然的"人类中心论"的在世模式，主体与客体、人与自然是二分对立的，而"此在与世界"的在世模式是针对传统认识论以存在者代替存在、遗忘了存在的弊端，而将"此在"（人）在世界之中对于"存在"（真理）的追寻为其旨归。这样，就必然的不是局限于此岸的现实，而是包含了超越此岸，追寻彼岸的超越性内涵。事实证明，对于"人类中心论"的克服，光有此岸是行不通的。如果是此岸的话，人类不需具备终极关怀的胸襟，不需去关怀地球以及动植物与后代的命运。只有具有彼岸的维度，具有超越性，人类才能从此岸走向彼岸，突破人类中心论，走向生态整体论或生态人文主义。海德格尔就是通过对于此岸的超越摆脱人类中心论，走向人与自然的机缘性统一。他在阐释"此在与世界"的模式时将两种"在之中"进行了清晰的分辨，指出主客对立的"人类中心论"的"在之中"是主体在对象之中的分离对立的空间关系,而当代生存论的"在之中"则是一种居住、逗留,"意味着:我已住下,我熟悉、我习惯、我照料"。① 这就形成人与世界的机缘性须臾难离的关系,摆脱了传统"人类中心论"。即使这样,海德格尔还是觉得"人类中心论"没有被真正克服,于是又于1946年秋季写了影响深远的《论人类中心论的信》。他说:"从存在的真理中被排除出来后,人作为理性的动物到处围绕着自身旋转。但是,人的本质在于:他多于被想象为理性的生物的单纯的人。'多于'指的是:更本源的,因此在本质更本质的。"②他认为,工业革命时代人类局限眼前的现实以存在者代替存在,从存在的真理中被排除出来,因此,对于理性过度的迷信与追求,走向"到处围绕着自身旋转的""人类中心论",而迷失了彼岸,也就迷失了本源。为此,海德格尔正面论述了人的本性,认为"人不是存在者的主宰,人是存在的看护者。在这个'更少'中人毫无损失,而是他有所获得,因为他达到了存在的真理"。③ 这里的"更多"是指需要更多的"本源"与"更加走进真理",而"更少"则是应该少一点工具理性,少一点对存在者(自然)的破坏,这样才能回到存在的本源,达到存在的真理。海德格尔还进一步批判了人类利用科技对于自然无限制的"对象化"即"人化"。他在谈到语言的功能时,说:"受公众所奴役的状况本身是形而上学地制约的(因为从主体性的统治中产生的)把存在者的公开性安排和委

① [德]海德格尔:《存在与时间》,陈嘉映、王庆节译,生活・读书・新知三联书店1987年版,第63页。
② 转引自宋祖良《拯救地球和人类未来》,中国社会科学出版社1993年版,第144页。
③ 转引自宋祖良《拯救地球和人类未来》,中国社会科学出版社1993年版,第140页。

托成无条件地对象化一切东西。"①他说,由于主体性的统治,公众对语言进行奴役,导致存在者(自然)被无条件地对象化(人化)。这里,他并非反对一切"对象化",而是反对无条件的"对象化"(人化),这种无条件的对象化无度地凭借科技力量,必然形成对自然的破坏与严重的污染,是人类中心论的恶果之一。那么,在扬弃了"人类中心论"之后,人与自然是一种什么关系呢?海德格尔认为,自然应成为人类的美好"家园"。他说:"在此称家乡的本质,同时还有一个目的,就是要从存在的历史的本质中来思新时代的人的无家可归的状态。"②也就是说,在海德格尔看来,"无家可归"是在历史中形成的,是工业革命时期过度迷信科技而导致存在的遗忘所造成的,因此,美好家园的形成就是人与自然的亲密无间、须臾难离,是存在的接近与真理的切近。由此,海德格尔提出"天地神人四方游戏"的重要命题。他在写于1950年的著名的《物》中,超越具体的物品,论述了在"天地神人四方游戏"中存在的显现与真理的敞开,以其对陶壶这一物件的经典阐释批判"人类中心论"。在该文中,海德格尔认为,壶之本性既不是制造壶之陶土,也不是壶之作为容器,而是壶之倾注的赠品——"酒"中包含了"天地神人四方游戏",从而切近真理和存在。他说:"在倾注之赠品中,同时逗留着大地与天空、诸神与终有一死者。这'四方'(Vier)是共属一体的,本就是统一的。它们先于一切在场者出现,已经被卷入一个唯一的四重整体(Geviert)中了。"③需要

---

① 转引自宋祖良《拯救地球和人类未来》,中国社会科学出版社1993年版,第137页。
② 《海德格尔选集》,孙周兴选编,上海三联书店1996年版,第381页。
③ 《海德格尔选集》,孙周兴选编,上海三联书店1996年版,第1173页。

说明的是,海德格尔在《物》中所说的"神"并非是基督教之神,而是指一种彼岸的超越的维度,是指"奉献给不朽诸神的献祭",超越了酒之饮品功能,而是包含了对于未来与信仰之奉献。

这种"神性"就涉及生态美学的"复魅"问题,即针对工业革命凭借科技对于自然的完全"祛魅",而适度恢复自然的神圣性、神秘性与潜在的审美性。美国过程哲学家大卫·雷·格里芬认为,"由于现代范式对当今世界的日益牢固的统治,世界被推上了一条自我毁灭的道路,这种情况只有当我们发展出一种新的世界观和伦理学之后才有可能得到改变。而这就要求实现'世界的返魅'(the enchantment of the world),后现代范式有助于这一理想的实现"①。需要说明的是,自然的"返魅"不是自然的完全神性化,而是适度的"返魅',即适度恢复自然的神圣性、神秘性与潜在的审美性。这里所说的世界的"返魅",是针对世界的"祛魅"而言的。远古时代有"万物有灵"论,工业革命以降,由于科技的发展,人类认为自己凭借科技的力量可以控制并战胜自然,甚至无所不能,因而是一种"祛魅"。这是人类中心论的典型表现,也是"人化的自然"的美学观的理论依据。他们认为,自然之美就是人之美,是人的力量之美。但自然的"返魅"却适度恢复了自然自身在审美中的作用,自然自身的某种神圣性、神秘性及其比例、对称、和谐与生命张力都成为其审美的不可或缺的要素。这里涉及自然物的内在审美价值问题。美国哲学家罗尔斯顿在著名的《哲学走向荒野》一书中认为,"每个赞美提顿山脉或是楼斗菜的人都会承认自然有价值,而《奥都邦》和《国家野生动物杂志》上刊登的照片

①[美]大卫·雷·格里芬编:《后现代精神》,王成兵译,中央编译出版社1998年版,第222页。

都很好地显示了自然的这种审美价值"①。为什么自然会具有这种内在的审美价值呢？罗尔斯顿认为,这是由于自然是万物之源和世界的终极实在。他说:"人类傲慢地认为'人是一切事物的尺度',可这些自然事物是在人类之前就存在了。这个可贵的世界,这个人类能够评价的世界,不是没有价值的;正相反,是它产生了价值——在我们所能想象到的事物中,没有什么比它更接近终极实在。"②当然,自然作为终极实在是有一定限度的,这个限度就是在自然作为万物之源的意义上,在自然具有某种神圣性与神秘性的意义上。而且,在人类产生之后,自然已经成为与人紧密结合的机缘性存在,它的价值只有在与人类密切联系时才得以呈现。但自然的内在审美价值是不可抹杀的,我们在实践中也能感觉到。由此,就产生了另一个美学论题,那就是自然全美问题。卡尔松曾经提出过"肯定美学"的问题,他说:"全部自然是美的。按照这种观点,自然环境在不被人类所触及的范围之内具有重要的肯定美学特征:比如它是优美的,精巧的,紧凑的,统一的和整齐的,而不是丑陋的,粗鄙的,松散的和凌乱的。简而言之,所有原始自然本质上在审美上是有价值的。"③我们曾经并不完全同意"自然全美"的观点,但从排除"人类中心论"的角度,从自然具有某种神圣性与神秘性的角度,从现象学的角度审视自然之美,我们认为是可以适度承认"自然全美"的。那就是说,我们所说的

---

① [美]霍尔姆斯·罗尔斯顿:《哲学走向荒野》,刘耳、叶平译,吉林人民出版社 2000 年版,"代中文版序"第 9 页。
② [美]霍尔姆斯·罗尔斯顿:《哲学走向荒野》,刘耳、叶平译,吉林人民出版社 2000 年版,"代中文版序"第 9 页。
③ [加]艾伦·卡尔松:《环境美学》,杨平译,四川人民出版社 2006 年版,第 109 页。

自然是人与自然的须臾难离、紧密结合的自然,是包含着人的自然。从这角度说,自然全美是存在的。而现象学美学最后是指向存在的显现与真理的敞开,包含着某种终极关怀的维度,为自然的神圣性与自然全美留下了一定的空间。

三、生态美学是对传统"艺术
中心论"的反思与超越

在西方工业革命以来的美学中,自然美是没有地位的。康德尽管认为自然美是能够体现其纯粹美理念的美学形态,但却将自然美归结为形式美,只有艺术美才是包括道德等内容的依存美;黑格尔则基本不承认自然美的存在,他说:"有生命的自然事物之所以美,既不是为它本身,也不是由它本身为着要显现美而创造出来的。自然美只是为其他对象而美,这就是说,为我们,为审美的意识而美。"①可见,在黑格尔看来,自然之所以美完全是为人而美。那么,在西方现代著名的分析美学之中,自然美是什么地位呢?我们来看看分析美学家摩尔对分析哲学与美学家维特根斯坦的美学思想是如何概括的。摩尔说:"维特根斯坦是从探讨词的意义的一个问题开始他的全部美学讨论的他以'游戏'为例来说明这个问题。"②既然分析美学是以美的概念与词语的研究为其旨归,那也就将自然之美抛到一边了。这正是工业革命时代"人类中心论"与绝对理性主义所导致的"艺术中心论"。正因如此,1966年赫伯恩写出了奠定西方环境美学的主要文章《当代美

---

①［德］黑格尔:《美学》第 1 卷,朱光潜译,商务印书馆 1979 年版,第 160 页。
②转引自李醒晨《西方美学史》,北京大学出版社 1994 年版,第 559 页。

学及自然美的遗忘》。他在文中针对当时的现实指出："奥斯本将美学定义为'艺术作品的典型与特殊的特征'。比尔兹利开宗明义地指出：如果没有人谈论艺术作品，那么在我设定的范围研究领域中，就不会有任何美学问题。"①赫伯恩认为，自然美遗忘的原因与工业革命时代绝对理性主义的张扬关系密切。他分析了诸多方面：其一是都市的发展导致浪漫主义自然观的远离与人们自然审美趣味的转移；其二是时代的变迁导致自然的疏离，人成为被自然包围的"陌生人"。最重要的是，由于分析美学的盛行，美学以概念与词语研究为旨归，所以导致自然美的遗忘。美国美学家马戈利斯在《美学近况》一文中对20世纪中期英美美学研究状况描述道："在美学领域的所有当中，有关批评本质的问题最易于系统分析。其中包括的主要课题有：对艺术作品的描述、解释、欣赏和评价；对专业或业余的文艺批评的语言中所运用的典型判断的分析；对判断交流旨在实现起作用的、包括对趣味的指导和说明的各种作用的分析；以及对文艺作品的分析比较。"②

　　在中国，现代以来，艺术中心论也占据着美学研究的中心地位，在一切美学教科书中均将艺术作为美学的研究对象，而"美是自然的人化"的命题也将自然在审美中的独立地位排除在外。当代生态美学与环境美学对于"艺术中心论"给予了有力的批判。伯林特在其《环境美学》中提出著名的"自然之外无他物"的重要观点，他区分了多种自然观，第一种是人与自然敌对的心物二分的自然观，第二种是人与自然共存但未同化的自然观，第三种是

①转引自杨平《环境美学的谱系》，南京出版社2007年版，第83、84页。
②［美］李普曼：《当代美学》，邓鹏译，光明日报出版社1986年版，第13页。

万物有灵的自然观,而最后一种是"大环境观",即"自然之外无他物"的自然观。他说:"大环境观认为环境不与我们所谓的人类相分离,我们同环境结为一体,构成其发展中不可或缺的一部分因为自然之外并无一物,一切都包含其中。"①在这里,伯林特借助于现象学对"艺术中心论"给予了批判。在他看来,人与自然之间是一种现象学的须臾难离的关系,二者是由感知相连接的,感知者与被感知者是统一的。他说:"因为从根本上而言,没有所谓'外部世界',也没有'外部'一说,同样没有一个我们可以躲避外来敌对力量的内部密室。感知者(心)是被感知者的一部分,反之亦然。人与环境是贯通的。"②也就是说,由人的感知或体验作为中介将人与自然连接起来,作为人造物的艺术与自然不是对立的。从这个角度说,在审美之中,一切(艺术与自然)都是感知的产物,不存在实体性的所谓审美对象,审美是一种人与对象的特殊的审美关系。因此,在这一点上,艺术品与自然物是一样的,平等的,"艺术中心论"是站不住脚的。

四、生态美学是对传统静观的
形式的美学的反思与超越

由于西方工业革命时代身心二分对立的思维模式的影响,所以,传统美学是一种静观的形式的美学。康德在其《判断力批判》

①[美]阿诺德·伯林特:《环境美学》,张敏、周雨译,湖南科学技术出版社2006年版,第12页。对于"engagement"我们一律译为"参与"。
②[美]阿诺德·伯林特:《环境美学》,张敏、周雨译,湖南科学技术出版社2006年版,第6页。

一书中,在对美的分析时指出:"鉴赏是凭借完全无利害观念的快感和不快感对某一对象或其表现方法的一种判断力。"①康德还明确地指出,这种美的对象就是没有任何意义的花卉、图案和线条,即所谓纯形式。这当然是一种静态的纯形式的审美。在此基础上,一般的美学理论据此将审美的感官界定为视觉与听觉,认为这是一种远离生理的具有理性特点的功能。王朝闻主编的《美学原理》指出:"在各种感官中,主要是视听两种感官,成为审美官能。从这里可以看出,审美能力具有不同于低级生理感觉的理性性质。"②

对于这种静观美学,西方环境美学进行了深入的反思与超越。1966年,赫伯恩在《当代美学与自然美的遗忘》一文中已经涉及在自然环境的欣赏中人与自然环境的互融与互动关系,实际上已经超越了传统的静观美学。赫伯恩说,人在自然环境的审美欣赏中"有时,他可能作为静止的、旁观的观赏者面对自然现象,然而更为典型的是对象在各个方面笼罩他。在一处森林之中,树木环绕他;他被山环绕,或者他伫立在一处平原中间。如果景色在变化,观赏者本身可能处在运动中,同时他的运动可能成为审美经验的重要因素"。③ 这里,赫伯恩已经超越传统的静观美学,将人与环境的互融看成典型的审美形态。伯林特则更进了一步,他在批判无利害的静观美学的基础上提出了著名的"参与美学"(aesthetics of engagement)。他说:"'审美无利害'被轻易地用于艺术和环境经验,而且相当错误地来表现它们。正如你知道的,我所发展的一种选择是'审美介入',对于传递此特征和审美行为的

①［德］康德:《判断力批判》下,宗白华译,商务印书馆1964年版,第47页。
②王朝闻:《美学概论》,人民出版社1981年版,第98页。
③转引自杨平《环境美学的谱系》,南京出版社2007年版,第83页。

潜在力量而言,这都是更好的概念,无论它们是否与艺术和自然相关。"①伯林特这里所说的"审美介入"就是"参与美学"。他明确表示自己是针对"审美无利害"选择了"审美介入"的,说明其"审美介入"是对于"审美无利害"反思与超越的结果。他在其《环境美学》一书中更加明确地将之称为"新美学"。他说:"这种新美学我称之为'参与美学'(aesthetics of engagement),它将会重建美学理论,尤其适应环境美学的发展。人们将全部融合到自然世界中去,而不像从前那样仅仅在远处静观一件美的事物或场景。"②他将这种"参与美学"称为是一种区别于静观美学的人们全部融入自然世界的"新美学"。这种新美学的"融入"是眼耳鼻舌身等各种感官的全部融入,不是传统美学所谓的仅凭视觉与听觉,的确是美学领域的一场革命。伯林特还明确地将这种"参与美学"与梅洛-庞蒂的"身体美学"联系,认为其来自梅洛-庞蒂《知觉现象学》的"身体美学"。梅洛-庞蒂的身体美学是一种现象学视域中的身体美学,是对传统哲学与美学主客二分与身心二分的彻底突破,是一种身体现象学。他说:"我们夺走客观身体的综合只是为了把它给予现象身体,也就是给予身体,因为身体在其周围投射某种'环境',因为身体的'各个部分'在动力方面相互认识,因为身体的感受器随时准备通过协同作用使关于物体的知觉成为可能。"③这种身体现象学或是现象学视域中的身体,是一种

---

①转引自刘悦笛主编《美学国际》,中国社会科学出版社 2010 年版,第107 页。

②[美]阿诺德·伯林特:《环境美学》,张敏、周雨译,湖南科学技术出版社2006 年版,第 12 页。

③[法]梅洛-庞蒂:《知觉现象学》,姜志辉译,商务印书馆 2001 年版,第297 页。

身体与自然世界交互主体性的身体,身体即是自然世界,自然世界即是身体,不存在二者的二分对立。他说:"正如自然深入到我的个人生活的中心,并与之交织在一起,同样,行为也进入自然,并以文化世界的形式沉淀在自然中。"①

总之,现象学的身体美学彻底地超越了传统的形式的静观的美学。对于"参与美学",有的环境美学家认为仅仅在自然环境的审美中有效,而伯林特则认为"参与美学"具有普适的意义,他将自己的环境美学就命名为"参与美学"。笔者认为,"参与美学"也有狭义与广义两种理解。所谓狭义的"参与美学",即指自然环境审美中人走进自然环境,路在自己脚下,风吹拂着面孔,气味扑面而来,人在这样的自然环境中所有的感官都调动起来参与到审美当中。这就是环境美学中审美的"参与模式",区别于以画框取景的"景观模式";广义的"参与美学",即指"身体美学",是一种现象学视野中身体与自然世界的融为一体,是一种"肉体的间性"。这是生态美学的基本哲学与美学立场,具有普适的价值意义。

五、生态美学是对美学领域
传统的"西方中心论"的
反思与超越

众所周知,传统美学是"欧洲中心论"的,认为美学源自西方,包括中国在内的东方没有美学。黑格尔以其"美学即艺术哲学"为指导,几乎以艺术研究代替美学,他在艺术研究中将包括中国

---

① [法]梅洛-庞蒂:《知觉现象学》,姜志辉译,商务印书馆 2001 年版,第 438 页。

在内的东方艺术归类为前艺术阶段的"象征性艺术"。他说:"这第一种艺术类型与其说有真正的表现能力,还不如说只是图解的尝试。理念还没有在本身找到所要的形式,所以还只是对形式的挣扎和希求。我们可以把这种类型一般称为象征型艺术类型。"①他将东方艺术的特点归结为对理念的"图解"、没有找到必要的"形式",是一种对形式的"挣扎和希求",一句话这种艺术还没有成熟,是前艺术阶段。既然美学即艺术哲学,那么不成熟的艺术也就必然导致不成熟的美学。由此,新黑格尔主义者鲍桑葵在解释自己的美学史为什么没有直接提到中国和日本的东方美学思想时说道:"即令我有资格从事这一任务,也很难说我需要对这种审美意识加以阐述。因为就我所知,这种审美意识还没有上升为思辨理论的地步。此外,我也有必要对自己的主题加以某种明确的限制,因此,把一切对欧洲艺术意识的连续性发展没有关系的材料排除在外,看来也是很自然的。"②鲍桑葵以欧洲哲学与美学为坐标,认为包括中国在内的东方艺术"没有上升为思辨理论的地步",因此必须被排除在欧洲艺术意识研究之外,"欧洲中心论"非常的明确突出。回过头来看,中国古代以"天人合一"与"阴阳相生"为标志的哲学与美学的确"没有上升为思辨理论地步",因此,在工业革命时代以工具理性为标志的理论体系中没有自己的位置是很自然的事情。但在新的后工业文明时代,即生态文明时代,在对于工业文明反思与超越的文化背景下,包括中国在内的东方哲学与美学不是反而会发挥自己特殊的作用吗? 事实的确如此。1992年,世界1575名科学家发表了一份《世界科学家

---

① [德]黑格尔:《美学》第1卷,朱光潜译,商务印书馆1979年版,第95页。
② [英]鲍桑葵:《美学史》,张今译,商务印书馆1985年版,"前言"第2页。

对人类的警告》，其开头写道：人类和自然正走上一条相互抵触的道路。为什么会发生这种情况，就是因为人们对自然无序无量地开发，残暴地掠夺，无情地破坏，把自然看成与人对立的两极。针对这种情况，也许，中国的"天人合一"理论会提供某些有意义的思想资源。① 国际学术界对于道家的"无为"与"无欲"也给予很高评价，认为是为改善工具理性时代的文化与生态危机提供了"良方"。

　　总之，在生态文明的新时代，中国古代智慧有了自己发挥作用的新的巨大空间。因为，中国古代以农业经济为其基本经济社会模式，"天人合一"成为其基本的文化皈依，所以，中国古代哲学在某种程度上就是古典形态的深生态学，具有重要的价值意义。正因如此，中国古代生态智慧被众多理论家所看重并借鉴。这里有一个典型的个案，那就是著名的"形而上学生态理论家"海德格尔与道家思想，特别是与道家的"道学"的继承关系，包括海德格尔后期围绕着关键词"Ereignis"所发生的向生态人文主义的彻底转型。海德格尔曾说："对于我，与那些相对于我们来说是东方世界的思想家进行对话是一桩一再显得急迫的事情。"②其实，海德格尔早在20世纪30年代就开始关注中国道家思想，曾经研究过庄子思想与《老子》。1946年夏还与中国学者萧师毅共同翻译《老子》中与"道"有关的八章，对其思想发生深刻的影响。他在1957年的演讲《语言的本质》中说："也许'道路'（Weg）一词是语言的原始词语，它向深思的人道出自身。老子的诗意运思的引导词语就是'道'（tao），'根本上'意味着道路。但是由于人们太容易仅仅

----

① 汤一介：《瞩望新轴心时代》，中央编译出版社2014年版，第121页。
② 转引自张祥龙《海德格尔与中国天道》，北京大学出版社2007年版，第45页。

仓促地认为我们的'道路'一词是不适合于命名'道'所说的东西的。因此，人们把'道'翻译为理性、精神、理由、意义、逻各斯等。"①很明显，海德格尔在这里将老子的"道"理解为与西方理性与逻各斯不同的道路，是老子的诗意的运思，是语言的"原始词语"。借此，海德格尔进一步论述了"语言是口之花朵""语言作为世界四重整体之道说""道说不是言说"等，成为生态美学之重要组成部分生态语言学的重要理论。总之，海德格尔的有关思想只是中国古代生态哲学与美学智慧具有重要价值意义的一个案例，说明中国古代生态哲学与美学一定能在当代生态哲学与生态美学建设中发挥更大作用，这为我们进一步反思与超越"西方中心论"增添了信心，指出了道路。

更重要的是，我们要立足于建设，充分挖掘中国古代生态哲学与生态美学智慧的内涵，将其运用于当代生态哲学与生态美学建设之中。我国生态美学建设一方面要吸收借鉴西方生态存在论哲学与美学观，同时应立足于中国传统生态审美智慧的基础之上，以"天人合一"为文化模式，"阴阳相生"为美学内涵，"太极图式"为审美图示，"线性艺术"为艺术特征。特别对于《周易》的"一阴一阳之谓道"的"阴阳相生"的东方特有的生态生命论美学，我们应力图将之吸收进当代生态美学建设之中，使之成为具有中国特色的当代生态美学发展方向。

以上，笔者从五个方面论述了当代生态美学的反思性与超越性特点，这其实也是中国当代美学建设的重要途径。中国当代美学的当务之急是要具有更多的反思与超越精神，在以上五个方面或更多的方面开展研究，具有新的突破和发展。

---

①《海德格尔选集》，孙周兴选编，上海三联书店1996年版，第1101页。

第 二 编

生态美学发展

朝着马克思主义实践观与
生态美学相结合的目标①

——关于中国"生态文艺学"
学科建设的答问

作为一门新兴的学科,生态文艺学近几年来在文学研究界正悄然升起,也取得了一定的实绩,比如一些专著与重要论文的发表正在形成这门学科的雏形,而北京大学、山东大学等多所高校关于生态批评、生态美学等课程的设立也标志着这门学科开始有了发展的迹象。与此同步的是,国外的文学生态批评也已初具规模,从事者已达数万之众,正为国内的研究作了一个很好的背景。但这门学科在目前仍然是不成熟的,国内一些从事这方面研究的学者虽然提出了学科建设问题,但对在当前全面推出"生态文艺学"的提法也持保留态度。也许,这种谨慎的态度正预示了这门学科发展的前景是较为乐观的。

日前,记者就生态文艺学的学科建设问题向这个领域中的几位有成绩的学者提出了几个问题,他们也欣然作答,现整理推出,也许有助于读者了解生态批评乃至生态文艺学的研究动态与发展趋势。

---

① 原载《文艺报》2002 年 7 月 23 日第 3 版。

提问者:本报记者周玉宁

答问者:王先霈、曾繁仁、鲁枢元、曾永成、赵白生、王诺、张皓、刘锋杰

提问一:生态文艺学在中国提出的现实条件是什么?

曾繁仁:生态文艺学的提出是中国现实经济、文化和学科发展的需要。从经济文化上来说,尽管我国处于现代化的中期,发展成为振兴中华民族的必由之路,但在文化上已出现某些后现代现象。诸如市场拜物的盛行、工具理性的泛滥、心理疾患的蔓延和环境的严重污染等。后现代文化作为对现代性的反思与超越,就应该继承现代性的优点、克服其弊端。而以"人—自然—社会"系统整体理论为基础的生态哲学、美学与文艺学,恰是克服现代性导致的自然与精神生态失衡的重要途径。从美学与文艺学学科本身来说,目前正处在由实践美学到后实践美学,以及由内部审美研究到外部文化研究的转型期。生态美学与生态文艺学的提出恰恰适应了这种转型的需要,成为美学与文艺学学科发展的动力。

鲁枢元:由于现实中的生态危机激发起一些文艺学学者的责任心,从而向当代文学界发出呼吁:文学再也不能忽视自然的存在,对于纷至沓来的生态灾难再也不能漠然视之了。可以这样说,生态文艺学在当前中国的兴起,主要是严峻的社会现实向文艺理论界提出的要求。

王先霈:真正建设起这门学科,不仅有待于文艺学家掌握较丰富的生态学知识,还有待于转变观念,从向自然索取转到以自然为人类之家,这还需要一个过程。

曾永成:只有植根于生态世界观,高扬生态精神和充分揭示

了文艺的生态本性的文艺学,才可能真正对生态文艺和现实的生态实践发挥积极的作用。

提问二:生态文艺学目前提出学科建设的问题,是否像某些学科建设问题的提出一样只是一种学术泡沫,还是意味着目前中国生态文艺学的研究已达到较高水平? 如果建立这种新的学科,是否会抑制它原生态的自然生长活力? 生态文艺学会不会又成为脱离实践的学院理论?

曾永成:建设生态化的文艺学的意向本来就是从对生态问题的切肤之痛中产生的,它一点也不能离开世界作为生态存在的现实和人类克服生态危机的实践。这一新学科建设是否会成为学术泡沫,关键在于我们的责任心和学术道德。只要我们深入掌握人类生态思维的积极成果,密切关注生态实践和生态文艺学的现状,以实证的态度和方法真切认识文艺的生态本性,它就决不会成为只供学人清谈和玩智力的"学院理论"。生态危机的紧迫现实绝不容许这种学术奢侈。

赵白生:就学科本身来说,生态文艺学是高含量的富矿,古今中外,文献资源浩如烟海。此外,一个学科有没有生命力,主要还要看她具不具有现实的根基。自然恶化、环境污染、生态危机是当今世界的首要问题,它们自然成了文艺的母题。"生态焦虑"可以说是20世纪文艺的主题之一,如艾略特的《荒原》、劳伦斯的《查泰莱夫人的情人》和贝克特的《等待戈多》等。生态文艺学之所以不会成为学术泡沫,一方面有这些主流的经典文本支持,更关键的是,它还有自身的独特研究对象,即生态文学的三部曲:自然作品、环境文本和生态文学。有了这些文本,生态文艺学就成了有源之水,不会成为"泡沫"。

张皓:一门学科是否会脱离实践而"学院化",并不在于是不是从事建设,问题在于是怎样建设。我觉得不必匆忙地将它程序化、体系化,而可以多元化、多样化,保持原生态的活力,保持生态话语的新鲜感。提出"学术泡沫"的忧虑,其实是一种生态忧虑,意味着学术界在接受中的成熟。反泡沫化正是生态文艺学所主张的。如果脱离了生态语境,即使是冠以"生态"也是不合生态的。

刘锋杰:生态的问题不论在哪个知识领域中被提出,它都是只有落实在人的日常生活中,落实在人的社会实践与创作实践上,它才是有意义的。生态文艺学不能成为一门学院化的理论,却应当具有一定的学院化色彩,通过学院化的途径来深化它的理论研究的深度,又通过它的非学院化的即社会化的特色,来普及它的理念,达到生态意识与生态精神的日常化、生活化。

王诺:要防止新生的生态文艺学成为脱离实践的学院理论,我以为,一个有效的方式就是:在尝试进行学科理论体系建设的同时,将更大的精力投向生态批评实践(并强化对生态批评的理论研究)。生态批评不仅要批评生态文学创作,更重要的是要全面反思古往今来的文学,通过文学来进行文化批判——历史地探讨思想、文化、社会发展模式如何影响甚至决定了人们对自然的态度和行为,如何导致环境的恶化和生态的危机。

鲁枢元:中国的生态文艺学学科建设,对现实的反映是敏锐的,但理论上的准备则又是不足的,虽然已经出版了几本专著和一些批评论文,作为一门学科还远未成熟。但这是一门有"根"的学科,根扎在现实问题的土壤中,所以,其生命力是毋庸置疑的。

曾繁仁:按照学科界定的常规,一个独立的学科应该有其相对稳定的研究对象、内容、方法、目的和趋势。但生态文艺学目前尚不具备。同时,生态文艺学目前还面临着生态学与文艺学的有机结合,从而逐步形成自己独有的范畴体系的过程。这样一个必不可少的工作,目前还在进行当中。因而,我们可以将其称作是一个极其重要的理论问题,而暂不将其称作一个独立的学科。

提问三:中国的生态文艺学怎样既能吸收中国原有文化资源又吸收西方生态批评的合理因素,走出一条具有中国特色的生态文艺学之路?

刘锋杰:西方生态学研究的理论优势与中国文化中的深邃的生态智慧相结合,且以中国文论中探讨人与自然关系的言说为基础,创造一门生态文艺学,是条件充分、具有极大可能性的。在一般文艺学的建设上,不妨"西体中用",在生态文艺学的建设上,不妨"中体西用"。

鲁枢元:如果说自上世纪80年代以来,诸如"结构批评""符号批评""解构批评",乃至"后殖民批评""女性批评",多半是由西方移植乃至搬运过来的话,"生态批评"则带有浓郁的自发性,是从中国这块土地上萌生的,而且,我们的思考与西方文艺思潮的"时间差"也正在逐步缩小,由最初的30年左右,到目前的差不多同时起步,这当然和中国丰厚深远的生态文化底蕴有着密切的关系。为解救人类共同遭遇的生态危机,中国学者应当自信而且有可能做出更多的独特贡献。

张皓:生态文艺学在当前勃兴的一个重要原因是中国本土拥有丰富的生态资源。这是令西方学者羡慕不已的一个事实。但他们提到"东方的生态智慧",不仅比较简单,而且存在误读。例如"天人合一"是否就是人与自然和谐的生态观?应当具体分析。我们有必要以批判的态度、辩证的观点,借鉴西方新兴的生态学方法,立足于本土,及时发掘中国古代丰富的生态资源,激活我们自己的生态话语,建构具有中国特色的生态文艺学。

曾繁仁:生态文艺学的发展首先从西方当代生态批评中吸取营养,特别是西方生态批评所高举的"倡导社会责任,反对环境污染"的大旗,给我们以深深的启发。但西方当代生态存在论哲学与生态批评实践毕竟是在西方特有的社会文化背景之上产生的,不免有其局限性。例如,这些理论对"非人类中心主义"的倡导,对自然"内在价值"的提倡,对现代性与科技的完全否定,以及所谈及到的"世界返魅",对现代派艺术的全盘否定,等等,都不免有其片面偏激之处,应以马克思主义为指导,结合中国国情给予必要的分析清理,吸收其有益成分,剔除其不适用之处。

王先霈:生态美学或生态文艺学的基本原则,是探讨在审美活动中促成精神生态与自然生态的良性互动。中国古人所反对的"以心为形役",抑制物质欲求的膨胀,激发精神升华的意愿,是值得开发的思想资源。生态文艺学可以把中国的抱朴守素的思想与西方的新教伦理结合、与当代绿色运动的思想结合,改变现实中无限制的物质上量的追求,而致力于精神生活上质的提高。对天下关系的思考是古今中外同有的,这方面中西思想有较多的兼容性。

曾永成:生态文艺学的资源不仅在已有的中外文论,而且也产生在人作为其中一个部分的自然之中。生态危机是人类共同的危机,生态思潮是世界性的思潮。严格地说,所谓"有中国特色的生态文艺学"是难以想象的。在这里,绝对需要的是"类"意识,中国可以也应该有自己特殊的贡献,真正像一些西方人所期望的那样。真正具有生态精神的文艺学,一定是面向世界、面向人类的。

提问四:生态文艺学将给中国的文艺理论带来什么样的新局面?

赵白生：从世界范围来看，20 世纪 90 年代，最具生成力的学科无疑是生态学。它跟社会科学和人文学科的碰撞，产生了一大批富有生命力的边缘学科，如生态哲学、生态伦理学、生态经济学、生态神学等等。将生态与文艺学嫁接，很可能会引发 21 世纪文艺理论界一场大的革命。这是因为三百年来高扬的人本主义思潮，特别是无限膨胀的人类中心主义，已经给地球带来了几近灭顶的灾难。人本主义的困境，只有通过生态主义才能解决。生态主义意味着确立全新的研究"范式"。也就是说，以人文主义为核心的价值观念、思维方式和叙述形态都必须做彻底的调整。其结果，中国文艺理论的变化必将是"翻天覆地"的。

鲁枢元：生态文艺学，包括生态批评在内，由于它在本性上是对于西方主流文化意识形态的批判，其目的在于矫正西方现代文化造成的灾难性倾斜。因此，在这一领域，所谓"话语权力"显然在朝着有利于东方、有利于弱势群体的方向转移。中国当代批评界因长期受西方话语钳制而形成的"失语状态"有可能因此打破。加之生态文艺学自身固有的感性的、现实的、整体的、批判的，同时又是富有责任感的、理想化的特质，我认为它有可能为当下近于凝滞的文学批评与文艺理论教学注入一股活水，引发新的生机。

曾永成：生态思维揭示的是一种新的世界图像，在这个图像中文艺活动必然会显示出许多长期被屏蔽的奥秘。由生态世界观本身的学理优势所决定，也由于生态场的整体性和文艺作为关系存在的原因，生态文艺学在成为文艺学的一个新兴的分支的同时，势必将其生态精神普遍地渗透于其他分支和形态之中。它将以综合超越的生态优势，推动文艺学的整体性的学理跃进和范式更新。

王先霈：生态文艺学的建设有助于文艺学跳出沙龙,通向社会;跳出文本,靠拢实践。生态学认为万物彼此相关,前后相续,这有助于文艺学剔除单向的线性思维,走向关注联系、关注发展的圆形思维。

曾繁仁：它的建设与发展必将极大促进我国美学、文艺学实现马克思主义实践与生态美学的结合、内部研究与外部研究的统一,继承我国美学、文艺学理论建设的成果,做到与时俱进,使我国美学、文艺学具有强烈的时代色彩。同时,生态文艺学的建设发展也使我国文艺学、美学在新的时代进一步走出书斋,贴近现实,发挥更大的现实的与理论的价值,充分显现我国人文学科在社会主义建设中的重要作用。

走向更加深入和成熟的
我国生态美学研究①

生态美学从 1984 年由我国学者首次提出，2001 年以来，生态美学逐渐成为我国美学研究的热点。仅中华美学学会青年美学会就召开了三次全国性的有关生态美学的学术研讨会，每次都对生态美学的发展起到了很大的推动作用。特别是 2004 年 10 月在南宁举办的第三次生态美学学术研讨会，取得了更加令人瞩目的成绩，充分反映了我国生态美学学术研究的深入和成熟。这次《东方丛刊》所收入的七篇论文和有关会议论文的综述就基本反映了这一点。其表现就是生态美学的研究更加贴近现实，也更加全面。

一、关于我国生态美学建设

早在 20 世纪 70 年代，以美国为代表的西方学术界就提出了环境美学、生态文学和生态批评等美学和文学理论形态。这些理论形态产生于西方社会土壤之上，以西方的"深层生态学"哲学为

---

①原载《东方丛刊》2005 年第 2 期。

理论指导,主要以西方的古今生态理论为资源。我国当代生态美学的发展当然要很好地吸收这种理论的有价值成分。但我们应该着力于建设具有中国特色的生态美学理论。这恰是我国学者在西方的环境美学、生态文学和生态批评之外提出生态美学理论的深意所在。恰如陆贵山教授所说,"当代中国的生态建构应当遵循'以人为本'的原则,根据科学发展观,在合理开发和利用自然资源的同时,确立自然生态与人的生态的良性互动关系"①。因此,我国生态美学建设应立足于我国现实,坚持马克思主义唯物实践观的哲学基础,广泛吸收中西生态理论资源,特别是我国古代丰富的生态智慧,而且注意同我国当代包括实践美学在内的美学理论研究相衔接。这就是我国多数学者取得共识的我国生态美学建设与发展之路。

二、关于生态美学学科建设

在很长一段时间里,关于生态美学能否成为一个独立的学科的问题有着激烈的争论。有的学者提出,生态美学是否会像生命美学、生活美学和技术美学那样不会具有很强的生命力,只不过是一种具体的理论形态而已。因为一个独立的学科的首要条件,就是必须具有独立的理论范畴和体系。但生态美学很难具有这样的独立范畴和体系。经过一段时间的探讨,目前许多学者认为,生态美学是新时期美学理论的新发展,"已成为当代的美学原理"②。生态美学之所以是当代美学的新发展,是因为它包含了

---

①陆贵山:《自然的生态与人的生态》,《东方丛刊》2005 年第 2 期。
②袁鼎生:《生态美学的学科建设》,《东方丛刊》2005 年第 2 期。

过去从未有过的"生态维度"。诚如张皓教授所说，"关爱生态，善待自然，重新思考自然在审美活动中的位置，是生态美学和生态批评区别于传统观念的所在"①。长期以来，由于"人类中心主义"的统治，自然在传统的哲学和美学中没有自己的地位，但随着当代生态理论的发展，生态维度已经成为当代经济、社会和文化发展中的不可缺少的重要方面。胡锦涛同志 2004 年指出："良好的生态环境是社会生产力持续发展和人们生存质量不断提高的重要基础。"②将良好的生态环境作为经济、社会与人的生存质量提高的重要基础，改变漠视自然的状况，使生态维度成为哲学与美学的重要维度。这就是当代美学的新发展，是生态美学观成为当代美学重要组成部分的必然趋势。虽然，生态美学不能构成一个独立的学科，只是当代美学的新发展，但生态美学的提出又必然给传统的美学从基本理论到自然美论、艺术美论和文艺批评等各个方面都将带来重大变化。因此，我们认为，生态美学的提出是当代美学的一个重要转型。这正是当代社会由工业文明到生态文明的转型给美学带来的必然变化。

三、关于生态关怀与
人文关怀的关系

　　生态关怀与人文关怀的关系就是人与自然的关系，是生态美学建设中十分重要的理论问题。因为，在传统理论中人与自然是

---

① 张皓：《生态美学与生态批评的沉重话题》，《东方丛刊》2005 年第 2 期。
② 胡锦涛：《在中央人口资源环境工作座谈会上的讲话》，《光明日报》2004 年
　4 月 5 日。

对立的,似乎实现了生态关怀必然就会丢弃人文关怀。美国前副总统阿尔·戈尔曾严厉批评这种"生态关怀"理论是一种"反人类"的理论。但当前的深入讨论使我们认识到,对人与自然关系的讨论要跳出"中心"与"非中心"之类两者对立的视角,而应从新时期人与自然统一性的新视角探讨生态关怀与人文关怀、自然与人的统一,从而建立新时期包括生态关怀和生态维度的新人文精神。李泽淳教授指出:"注意避免从一个极端走向另一个极端,从'人类中心主义'走向'自然主义'。"①这恰是生态美学新的理论内核之所在,这种新人文精神的主要内涵是:(1)突破传统的"人类中心主义",从可持续发展的崭新角度对人类的前途命运给予终极关怀;(2)从非本质主义的"现世性"和人与自然的联系性的新的角度确认"人是生态的人"之本性,是人的现实生态本性的一种回归;(3)对人人有权在良好的生态环境中过一种愉快而有尊严的生活的"环境权"这一基本人权的尊重;(4)倡导一种人类对其他物种关爱与保护的仁爱精神;(5)力主人与万物在"生物环链"之中的一种相对平等;(6)作为当代存在论美学,追求人的"诗意地栖居",成为当代人学、美学和哲学的高度统一。

四、关于对现代化之评价

生态美学是后工业时代的产物,是人类对工业文明反思和超越的结果。因而,生态美学研究就不可避免地涉及对现代化、工业化和科学技术的评价问题。由于现代化同资本主义制度紧密

———————————

① 张群芳、付飞亮:《"全国第三届生态美学学术研讨会"论文精粹》,《东方丛刊》2005年第2期。

相联,而且以"人类中心主义"和工具理性为其重要哲学理念,因而必然导致掠夺自然、破坏生态、环境污染的严重后果。正因此,才有包括生态美学在内的各种当代生态理论的诞生。但决不能因此对现代化、工业化和科学技术持全盘否定的态度,而应持历史主义的、实事求是的态度。有的学者认为,"不能因为主要由科技理性和科技革命推动的工业化和现代化的历史进程出现了某些比较严重的问题便去反对这个历史进程本身"①。众所周知,现代化是历史发展的过程之一、人类文明的成果,在人类社会发展中起着巨大的作用。马克思与恩格斯在著名的《共产党宣言》中指出,资本主义现代化过程中,"资产阶级在它的不到一百年的阶级统治中所创造的生产力,比过去一切世代创造的全部生产力还要多,还要大"②。因此,我们历来认为,从历史主义的角度出发,对于资本主义现代化和工业化不应全盘否定,而应给予客观的评价。我常用美化与非美化的二律背反来评价现代化。至于科学技术,它们作为第一生产力在社会经济发展中的作用从来都是至关重要的,今后环境污染的改善,在文化态度问题解决之后仍然要依靠科学技术。只是人们对于科技的盲目崇拜以及由此产生的工具理性则是应该扬弃的。

五、有关生态美学与
实践美学的关系

实践美学是我国 20 世纪五六十年代和七八十年代两次美

①陆贵山:《自然的生态与人的生态》,《东方丛刊》2005 年第 2 期。
②《马克思恩格斯选集》第 1 卷,人民出版社 1972 年版,第 216 页。

学大讨论的重要成果,标志着那个时期我国美学的发展水平,而且即便在当前仍有其价值。但它也不可避免地带有机械唯物论和传统认识论的时代局限。当前许多美学工作者在生态美学研究中超越它,是完全必要的。例如,黄济生对实践美学的"自然人化"命题提出批评等。① 但对实践美学也应从历史主义的角度给予肯定,并对其有所继承。生态美学从坚持马克思主义唯物实践观的多重角度继承了实践美学,但也超越了实践美学。其超越之处是:(1)由美的实体性到关系性的超越。实践美学力主美的客观性,而生态美学却将美看作人与自然之间的一种生态审美关系,从而将其带入有机整体的新的境界。(2)由主体性到主体间性的超越。实践美学特别张扬人的主体力量,将美看作"人的主体性的最终成果",而生态美学却将主体性发展到主体间性,强调人与自然的"平等共生"。(3)在自然美的理解上,由"人化自然"和"自然的祛魅"到人和自然的亲和与自然的部分"复魅"的超越。实践美学完全将自然美归结为社会实践中自然的"人化"和"祛魅",而生态美学却承认自然美中自然的应有价值,进行部分的"复魅",主要是恢复自然的神圣性、部分的神秘性和潜在的审美性。(4)从美的单纯认识论考察到存在论考察的超越。实践美学过分强调审美的认识论和社会性层面,而生态美学却将审美从单纯的认识论领域带入崭新的存在论领域。

---

① 张群芳、付飞亮:《"全国第三届生态美学学术研讨会"论文精粹》,《东方丛刊》2005 年第 2 期。

六、有关中国传统生态智慧在
生态美学建设中的价值

　　我国古代有着十分丰富的生态智慧,对于建设包括生态美学在内的当代生态理论具有重要的价值。古代儒家有着"天人合一""和而不同""民胞物与"等重要生态思想。最重要的是道家的古典生态智慧,其内涵非常丰富。我们将其概括为以下六个方面:(1)"道法自然"的宇宙万物运行规律理论;(2)"道为天下母"的宇宙万物诞育根源理论;(3)"万物齐一"的人与自然万物平等关系理论;(4)"以不同形相禅,始卒若环"的"天倪"论生物环链思想;(5)"心斋坐忘"所包含的"离形去知,同于大通"之古典现象学思想;(6)"至德之世"所包含的"同与禽兽居,族与万物并"之古典生态社会理想。这些古典生态智慧达到很高水平,得到国际学术界的高度肯定,并给予西方当代生态理论的产生发展以重要影响。特别是道家生态智慧给德国哲学家海德格尔以重大影响。据可靠资料记载,1946年海德格尔请中国学者萧师毅帮助其翻译《老子》,由此真正接受中国道家思想,并受到极大影响,从而促使其由"人类中心主义"转向生态整体主义。道家对海德格尔的影响主要表现在以下四个方面:(1)吸收道家"域中有四大,人为其一"的思想,从"大地与世界的争执"之"人类中心主义"发展到"天地神人四方游戏"之生态整体主义;(2)运用道家"知其白,守其黑"的论述,阐释其由遮蔽走向澄明之理论;(3)运用庄子《秋水》篇有关"鱼之乐"的寓言阐释其存在论思想;(4)运用老子"道可道,非常道"之哲理论述其"道说"不同于"说"之语言论哲学—美学思想。中国道家对海德格尔多方面的影响足以说明,中国古代生态智慧在当代包括生态美学在内的生态理论建设中具有重要的作用。

　　以上,大体概括了近年来生态美学研究的深入和逐渐走向成熟。但仍有许多问题有待于进一步解决。例如,有关自然的"非文化的独立自在地位"①问题,如"自然全美"问题,②中国"天人合一"生态智慧的消极性问题,③还有其他同生态美学有关的生态哲学和生态伦理学问题等。这些问题都有待于我们更加深入地探讨。但我们相信,在当代马克思主义科学发展观的指导之下,与我国当代生态文明建设同步,生态美学的发展必将成为推动我国美学学科建设的最重要动力之一。

①张群芳、付飞亮:《"全国第三届生态美学学术研讨会"论文精粹》,《东方丛刊》2005年第2期。
②张群芳、付飞亮:《"全国第三届生态美学学术研讨会"论文精粹》,《东方丛刊》2005年第2期。
③陆贵山:《自然的生态与人的生态》,《东方丛刊》2005年第2期。

中西交流对话与
当代生态美学①

　　中西交流对话是发展美学学科的重要途径。首先,交流对话反映了当代哲学转型的方向。20世纪以来,国际范围内哲学领域发生了由主体性到主体间性以及由主客二分思维模式到平等交流对话的重要转型。20世纪初,尼采提出"上帝的终结";1961年,德里达提出"去中心";1966年,福柯提出"人的终结";20世纪80年代,哈贝马斯提出"交往对话"理论。这些都证明了这一点。哈贝马斯在《交往行为理论》一书中指出,交往对话"这样一种模式引起了一场超越主体哲学语言学转向的交往理论转型"。如果说20世纪前期,哲学理论的关键词是"主体性",那么当代哲学的关键词就是"共生"。交流对话理论恰是"共生"这一哲学理念的充分反映。它也反映了人性的根本特点。合群而居、社会性是人的本性,对抗、冲突、倾轧则是人性的异化,只有交流对话才真正是人性的反映,也正同作为人的本性之表现的审美相吻合,特别同审美的亲和性相吻合。交流对话理论也反映了中西理论家的实践经验。我国当代包括王国维、朱光潜、钱钟书和宗白华在内的诸多理论家独具特色的美学理论成果都是融会中西的结果。

①原载《光明日报》2005年6月14日。

而西方,从18世纪开始,席勒就提出文明的内在分裂问题。20世纪以来,更有诸如"西方的没落""文明的危机"等等批判。而且,相当数量的理论家自觉或不自觉地吸收东方,包括从中国的古代智慧中吸取营养。由此可见,中西交流对话确是美学学科建设发展的重要途径。

当代生态美学观的生成与发展就是通过中西交流对话推动学科发展的典型例证。首先需要说明的是,我个人认为,所谓生态美学并不是一个新的美学学科,而是美学学科在当代的新发展、新延伸和新丰富。因此,在严格的意义上说,它只是一种新的美学观念,应该叫做当代生态存在论美学观。它是由中国学者在20世纪90年代中期明确提出的,是中国当代美学工作者的一个创意。但生态美学观的提出却是借鉴德国哲学家海德格尔后期理论的结果。大家都知道,在海德格尔早期,他认为,存在得以自行显现的世界结构是世界与大地的争执,虽然在突破主客二分思维模式方面有了重大进展,但仍然具有明显的人类中心主义倾向。20世纪30年代以后,海氏开始由人类中心主义转向生态整体主义,提出著名的"天地神人四方游戏说"。而海氏的这一生态转向也是他同中国古代道家生态智慧对话的结果。关于这一方面,中西有关哲学家进行了认真的研究和考证,以充分的材料说明从20世纪30年代以来海氏就能较熟练地运用老庄的思想。他曾较多地使用老庄的理论来论证自己的观点。首先,海氏的"天地神人四方游戏说"的生态思想与《老子》第二十五章"故道大天大地大人亦大,域中有四大,而人居其一焉"一脉相承;他还用老子的"知其白,守其黑"来阐释其"由遮蔽走向澄明"的思想;用老子"三十辐共一毂,当其无,有车之用"来说明其"存在者"与"存在"的区别。也就是说,他以车轮因辐条会集形成空间方能转动来比喻存在是不在场的因而才能有用;用老子的"道可道,非常道"来说明其"道说不同于说";用庄子的"无用之大用"说明其"人居住着"是不具功利性的;用庄子与惠子游于濠梁之上谈论鱼之乐的对话,来比喻站在通常的立场上无法理解水中自由游泳的鱼之乐,而只有从存在论的视角才能体味到这一点,由此说明存在论和认识论的区别,等等。还有其他一些理论观点的对话和影响,内容十分丰富,形成中西古今交流对话的一个带有专门性的领域。海氏曾将自己的理论比喻为由东西交流对话而形成的一种由共同本源涌流出来的歌唱。我国有的哲学家则将海氏美学中的生态观念说成是"老子道论的异乡解释"。以上都从不同的视角阐述了海氏理论的形成与发展所凭借的中西交流对话途径。同样,我国美学工作者从20世纪90年代中期以来着力于建设生态美学观,就是既从我国的实际出发,同时又极大地借鉴了西方、特别是海德格尔的包含生态内涵的哲学与美学观念。我们借鉴了蕾切尔·卡逊的充满终极关怀的生态批判精神,阿伦·奈斯的"深层生态学",罗尔斯顿的"荒野哲学",以及日渐勃兴的生态批评。而且,更为重要的是吸取海德格尔当代存在论哲学—美学理论,将当代生态美学观归结为以马克思主义唯物实践观为指导的生态存在论美学观。而且,特别借鉴了海氏后期有关"天地神人四方游戏"和"人诗意地栖居于大地上"的重要理论观念。

由此可见,我国当代生态美学观的生成与发展正是中西交流对话的成果,其进一步的建设与发展还需继续依靠中西交流对话的重要途径。要正视西方发达国家在生态理论建设方面所取得的成果,在我国当代生态美学观的建设中以更加开阔的胸襟和开放的态度吸收西方日渐蓬勃发展的各种生态理论资源,包括各种生态哲学和生态伦理学资源,日渐成为"显学"的生态批评理论和实践,各种环境美学资源等。同时,要立足于本土,着眼于建设。立足于本土是十分重要的,可以看作是中西交流对话的立足点与出发点。所谓立足于本土,包括立足于当代现实和古代资源。当代现实就是我国正在进行的规模宏大的现代化建设,发展是硬道理,但要坚定不移地贯彻科学发展观。从古代资源来说,我国有着十分丰富的生态智慧资源。古代儒家有着"天人合一""和而不同""民胞物与"等生态思想。道家的生态智慧更为丰富,如"道法自然"之宇宙万物运行规律理论,"万物齐一"之人与自然万物平等关系理论等。在艺术领域则有著名的"外师造化,内得心源"的包含某种生态观念的重要绘画理论。还有数量众多的反映人与自然和谐协调的文艺作品。这些都是当代生态美学建设的重要基础。

中国当代生态美学的
产生与发展[①]

　　生态美学是 20 世纪 90 年代中期，在国际性的生态理论热潮中由中国美学家首先提出的。十年来，它逐步成为当代美学研究的热点之一。迄今为止，已经召开过全国性会议 7 次，并有多名硕士生和博士生以其为学位论文的论题，出版和发表了一系列代表性的论著。其较为重要的有徐恒醇的《生态美学》（陕西人民教育出版社，2000 年 12 月）、鲁枢元的《生态文艺学》（陕西人民教育出版社，2000 年 12 月）、曾永成的《文艺生态学引论》（人民文学出版社，2000 年 11 月）、曾繁仁的《生态存在论美学论稿》（吉林人民出版社，2003 年 10 月）、王诺的《欧美生态文学》（北京大学出版社，2003 年 8 月）等。特别是 2005 年 8 月 19 日至 21 日由山东大学文艺美学研究中心在青岛主办"当代生态文明视野中的美学与文学国际学术研讨会"，有一百八十余位中外学者参加会议，围绕"中国当下的生态美学与生态文学研究态势""西方生态批评与环境美学""东方生态智慧与生态文化"和"生态伦理与生态美学"等四个论题展开深入讨论，引起学术界的广泛关注，对于我国当代生态美学与生态文学的深入发展起到推动作用。当然，生态美学

[①]原载《中国图书评论》2006 年第 3 期。

到目前为止仍处于理论探索和建设过程之中,需要进一步丰富和拓展。

对于生态美学有狭义和广义两种理解。狭义的理解是指建立一种人与自然的亲和和谐的生态审美关系;而广义的理解则是指建立一种人与自然、社会、他人、自身的生态审美关系,走向人的诗意地栖居,从根本上说是一种符合生态规律的当代存在论美学。我个人是这种广义的当代生态存在论美学观的倡导者之一。

目前,在生态美学是否能成为一个独立的学科问题上仍有分歧,有的学者坚持生态美学或生态文艺学能够成为一个独立的学科。但我个人认为生态美学并不能也没有必要成为一个独立的学科,它其实是一种十分重要的美学观念,亦即生态美学观。它作为一种后现代语境下产生的美学理论形态,是一种跨学科的产物,本身就以开放性、非中心性和相对自足性为其特征。有的学者可能认为,只有构成一个独立的学科才能彰显其地位,其实,一种理论观念的地位主要在于其是否与时代社会学术发展的方向相符合,而不在于是否构成独立的学科。生态美学就是跨学科的产物,反映了社会历史与学术发展的方向。因而,它并不是一个独立的学科,而只是美学学科在当代的新发展、新延伸和新立场。但这种新的发展却具有不同凡响的意义。

生态美学的提出从某种意义上说是当代美学的改造与转型,反映了我国当代美学必然地由传统认识论美学转向当代存在论美学的发展趋势。具体说来表现为四个方面。首先,是从美学学科的哲学基础来看,标志着我国当代美学的哲学基础将由传统认识论过渡到当代存在论,并从人类中心过渡到生态整体。其次,从美学理论本身来看,标志着我国美学理论将由无视生态维度、过分强调"人化的自然"到重视并包含生态维度。第三,从自然美的理论来看。标志着从自然的完全"祛魅"到部分的"复魅",亦即部分地恢复自然的神圣性、神秘性和潜在的审美性。第四,从思维方式来看,标志着从传统的主客二分思维模式过渡到消解主客的生态现象学方法。

　　事实证明,生态美学观的出现是社会历史与学术发展的必然。首先,它是经济社会转型的必然结果。众所周知,20世纪60年代以来,人类社会逐步开始由工业文明到生态文明的转型。1962年,美国海洋生物学家蕾切尔·卡逊发表著名的《寂静的春天》,以人类破坏自然的雄辩事实说明人类处于生存发展的转折点上。1972年,联合国召开环境会议,发布著名的《人类环境宣言》,将保护自然环境提到全人类关注的高度。我国也在20世纪70年代开始重视环境问题,此后接连提出可持续发展方针与科学发展观,并于最近提出"人类文明正处于由工业文明到生态文明的过渡"的重要观点。胡锦涛同志2004年指出"良好的生态环境是社会生产力持续发展和人们生存质量不断提高的重要基础"。这样,将长期被忽视的生态维度引入美学研究领域就是顺应时代发展的必然结果。其次,它是现代思想与哲学转型的必然结果。20世纪以来,在思想与哲学领域发生了由主客二分到主体间性、由人类中心到生态整体的转型。1966年,法国哲学家福柯提出"人的终结",宣布传统的主体性与人类中心理论观念必将被取代。1967年,法国哲学家德里达提出"中心"既可在结构之内又可在结构之外,这样"中心也就并非中心"的重要观点。1973年,挪威著名生态哲学家阿伦·奈斯提出"深层生态学"理论,将生态学发展到哲学与伦理学领域,提出"为什么""怎样才能"等社会领域的深层问题。并提出生态自我、生态平等与生态共生等重要生态哲学理念。特别是生态共生理念更具当代价值,包含人与自然平等共生、共在共容的重要哲学与伦理学内涵。1995 年,美国生态哲学家罗尔斯顿出版《哲学——走向荒野》,提出当代哲学的"荒野转向"。同期,美国哲学家大卫·雷·格里芬提出十分重要的"生态论的存在观",表明生态存在论哲学正式问世。以上叙述说明当代哲学所面对的由认识论到存在论以及由人类中心到生态整体的转向。正是在这样的哲学转向之中,生态美学应运而生。

同时,生态美学的产生也同 20 世纪 60 年代以来国际范围内美学与文学领域所发生的生态转向密切相关。从 20 世纪 60 年代开始,特别是 20 世纪 70 年代以来,在西方逐步提出"生态文学"观念,生态批评也逐渐成为显学。这些都为生态美学建设提供了丰富的理论的与实践的资源,而日本今道友信等美学家也开始思考新的生态伦理学及其与美学的关系。但西方只有以上所说"生态文学""生态批评"以及包含人的因素的"环境美学"。真正的生态美学却是诞生在 20 世纪 90 年代的中国。其机缘就在于中国特色的现代化力图通过建设包含生态文明的先进文化,努力避免西方现代化过程中污染破坏环境的弊端,走出以人与自然和谐为基础的和谐社会之路。而且,之所以由中国美学工作者首先提出生态美学观念还在于中国有着可资借鉴的丰富的古代生态智慧。这是一种以"天人之合"为特点的生态智慧,诸如儒家的"和而不同""民胞物与"思想,道家的"道法自然""万物齐一""心斋坐忘"思想等等,其中包含了一种特有的古典形态的"共生"生态思想,称为建设当代包含生态美学观在内的生态文化的重要的宝贵的资源,这些早已引起国际哲学家和思想家的高度重视,也是中国学者提出生态美学观的重要支点。

生态美学的哲学基础只能是当代存在论哲学思想,而不能是传统的认识论哲学思想。因为,从认识论出发只能走主客二分,人与自然的对立，人类中心主义。这就是启蒙主义以来的"我思故我在""人为自然立法"以及"战胜自然""做自然的主人"等等传统理论观念。在这种理论观念指导下人与自然之间必然是"宿命的对立""不可调和"等等。而只有从当代存在论哲学的高度，从人与人类生存的特有视角，才能构建一种人与自然"共生共荣"的当代生态哲学理念。在此基础上我们才能真正理解人与自然的生态审美关系，从而走向生态观、人文观与审美观的统一，实现人的诗意地栖居。具体说来，传统认识论从"我思故我在"出发，必然导致"理性主导"和"人类中心"。而当代存在论则从"我在故我思"出发，将活生生的人的生存放在首位。这就必然导致包含人与自然和谐统一的"共生共荣"的生态哲学理念。

　　当代生态存在论哲学思想包含十分丰富的内容。首先是从"此在"之"在世"出发所确立的人的生态本性观。长期以来，人们都是从以把握存在物之本质为其旨归的认识本体论哲学出发，使存在者遮蔽存在，以认识作为物质或精神的存在者为其目的。在这种理论指导下，对于人的本性都是从抽象的物质或精神加以把握，或者将人的本性归结为抽象的物质性，或者将人的本性归结为抽象的精神性，但都离开了活生生的现实之人。而从当代存在论出发，也就是从活生生的"在世"之人出发，那么人的本性首先就是其生态性。即人的生态本源性、生态环链性与生态自觉性。所谓人的生态本源性即指人类来自自然、自然是人类的母亲，人的生存与自然息息相关，须臾难离。所谓人的生态环链性即指具体的人都生存于特定的生态环链之中，这就是活生生的生命，一旦脱离生态环链人的生命将不复存在。所谓人的生态自觉性是指人作为生态环链之中唯一有理性的动物具有维护生态环链平衡的自觉性。正是在对于人的生态本性自觉认识的基础之上，新的生态文明时代才产生了新的生态人文主义精神。

人文主义是一个历史范畴,是对人的基本生存权和尊严的尊重,成为激励人类前行的精神力量,也是人文学科的核心内涵。但人文主义精神是历史的、发展的,有古典形态的人文精神、文艺复兴时代的人文精神以及启蒙主义时代的人文精神等。启蒙主义时代的人文精神就是一种理性的精神、科学的精神与人的主体性的精神。这种人文精神当然有其不可否认的历史价值,应该予以继承和发扬。但其人类中心主义的内涵,及其所导致的人与自然的绝对对立以及不可避免的生态灾难等等却是不可取的,应该在新的时代加以扬弃。这就是新的生态人文主义的产生,既继承了启蒙主义时代人文精神中科学精神的合理内涵,同时又包含了新时代人与自然和谐共生的崭新内容。其具体内涵为由人的平等扩大到人与自然在生物环链之中的相对平等,也就是"生态圈平等主义";将人的生存权扩大到人应"在美好的环境中过有尊严生活"的环境权;将人的价值适度地扩大到自然的价值,包括自然的经济、科学与多样性价值等;将对于人类的关爱拓展到对于其他物种的适度关爱;由对于人类的当下关怀扩大到对于人类前途命运的终极关怀。这种生态人文主义具有极高的当代价值,不仅适合于当代人与自然的关系,而且为当代人类的长期和谐美好生存提供理论的支持。同时,这种生态人文主义所包含的"万物共生共荣"思想对于贯彻"以人为本"思想、构建当代和谐社会、塑造当代和谐人格具有极为重要的价值与意义,成为当代人类走向美好生存的精神武器。

生态美学作为一种崭新的美学观念其具体内涵是什么呢?我们认为最重要的是将生态维度与"共生"观念纳入当代美学理论之中,使当代美学面临一次新的转型,即由传统认识论美学逐步转向当代生态存在论美学。这种当代生态存在论美学以德国著名哲学家与美学家海德格尔的"天地神人四方游戏说"为基础构建。它的具体的内涵首先是一种人的生态本性自行揭示之生态本真美。因为在当代存在论哲学之中美与真理是同格的,而当代存在论哲学的真理观则是存在自行揭示与显现的真理观,不同于传统认识论之符合论真理观。人的生态本性的自行揭示既是真理的显现,也是一种生态本真美。从自然美的角度来看,生态自然美也不完全是传统认识论美学中"人化的自然",而是人与自然处于一种"共生""亲和"与"间性"的关系之中,犹如李白诗中所说"相看两不厌,只有敬亭山",人与山处于一种亲和不厌的审美关系之中,这就是一种包含生态维度的自然的美。而从批评实践的角度,文学艺术所发挥的生态审美批判的作用也是生态美学的实践形态。这包括具体作品的生态审美批判作用和对文艺的生态批评实践。前者指当代中外诸多通过文艺作品对于现实生活中破坏生态事实的有力抨击。后者则指当代逐渐蓬勃发展的生态批评实践。在西方,生态批评已经成为显学,而在我国还需进一步倡导。

新时期生态美学的
产生与发展①

　　所谓生态美学是 20 世纪中期兴起的一种崭新的美学观念,是以人与自然的生态审美和谐为基础,涉及人与自然、人与社会、人与他人以及人与自身的生态审美关系,是一种包含生态维度的存在论美学,它以人的诗意地栖居为其旨归。生态美学是在新时期改革开放与解放思想的文化背景下产生的具有明显中国特色的美学观念。

　　从国外的情况来看,早在 20 世纪中期就产生有关生态美学的某些理论资源。当然要首推德国的哲学家海德格尔,1936 年后他逐步提出"天地神人四方游戏说",被称为"形而上的生态理论家";1978 年,美国文学理论家鲁克尔特提出"生态批评"与"生态诗学";其后,加拿大的卡尔松、芬兰的瑟帕玛与美国的伯林特提出"环境美学";2007 年,国际美学学会会长佩茨沃德提出"自然环境的美学"是"当代三种美学形态之一"。不过,尽管"环境美学"与"生态美学"关系非常密切,但"环境美学"并不同于"生态美学"。因为两者在研究对象上有着明显的差别。"环境美学"是将外在于人的环境与人的审美关系作为研究对象,而"生态美学"则

---

① 原载《江苏社会科学》2008 年第 4 期。

将包括人在内的生态系统的审美属性作为研究对象。前者应该说还带着某种不自觉的"人类中心主义"的痕迹。而后者则是以"生态整体论"为其旨归。环境美学是当代西方十分兴盛的美学形态,而生态美学则是中国学者在借鉴诸多资源基础上力倡的一种美学理论形态。

在国内,1992年《外国哲学》首先发表由之翻译的介绍"国外生态美学"的文章,这里的"生态美学"其实就是"环境美学",主要是对于以上所说国外环境美学几位主要人物理论著作的介绍。1994年,中国学者李欣复发表文章论述"生态美学"。2000年秋由中华美学学会青年美学会在西安召开全国第一次生态美学研讨会,在会上曾繁仁提出"生态存在论美学观"并将其奠定在马克思主义唯物实践存在论的基础之上,从而使生态观、人文观与审美观得以统一。2000年陕西教育出版社出版鲁枢元所著《生态文艺学》、徐恒醇所著《生态美学》,与此同时曾永成所著《绿色之思》也得以出版。2003年王诺《欧美生态文学》出版。其后,由陈望衡、滕守尧、刘悦笛等组织出版了西方环境美学的系列著作。2004年黄秉生、袁鼎生出版《民族生态审美学》。2007年,党的十七大提出"建设生态文明社会"的重要社会发展目标,对包括生态美学在内的生态理论的发展予以巨大推动并指出了发展方向。截至目前,新时期召开有关生态美学学术研讨会大约10次左右,出版有关专著10多本,大约有10多名硕士和博士生做有关生态美学与生态文学的学位论文,国家社科基金立项5项。而且有多名从事生态美学与生态文学研究的学者到国外进行学术交流,国际上知名的生态美学学者也都到我国进行过学术的交流,生态美学研究呈现不断发展之势。

中国新时期生态美学的产生与发展虽然具有国际的背景,但主要是中国社会文化与美学发展的现实要求。从经济社会的角度来看主要为了适应我国当代社会由工业文明到生态文明的逐步转型。从 20 世纪后期开始,我国环境问题日益凸显,局部的环境污染事件不断发生并有蔓延之势。而我国作为资源紧缺型社会的特点也愈加彰显。在这种情况下,我国有关学者提出经济社会发展由工业文明到生态文明的转型,而国家也提出建设"环境友好型社会"与"建设生态文明"的重要目标。这就是包括生态美学在内的中国当代生态理论发展的经济社会缘由。而从哲学与文化的角度来看与国际上 20 世纪由传统认识论到现代存在论以及由"人类中心"到"生态整体"的转型相应,我国新时期也发生了坚持马克思主义唯物实践论以及对"左"的机械唯物论的突破。而表现在美学领域则是对于作为认识论美学的"实践论美学"的突破,从"客体论"美学到"主体论"美学,再进一步走向"主体间性论"美学,由完全将审美的对象归结为艺术到将自然生态纳入审美对象的范围。这就使生态美学既不同于"生态中心主义"的"自然全美论",也不同于"人类中心主义"的"如画风景论",而力主人与自然生态亲和的审美关系论。这是生态美学及其特点产生的哲学与美学的缘由。同时,非常重要的一点就是,在日益全球化的形势下中华民族文化的复兴必须伴随着中华传统文化进一步在世界发挥重要影响,而古代儒道释各家所包含的东方古典生态智慧就是极为宝贵的古典生态文化资源,具有极大的当代价值,需要进一步研究、发掘与发扬。

新时期中国生态美学的发展完全是在"解放思想、实事求是"原则指导下通过中西交流对话之中得以发展的。首先是大胆地吸收西方现代有关生态哲学与生态美学资源。例如对于"生态存在论"哲学观的吸收。这是由海德格尔与大卫·雷·格里芬提出的,成为当代生态美学的基本文化与哲学立场。这种哲学观主张一种不同于主客对立的传统认识论的在世方式,力主"此在与世界"的在世方式。认为人与自然是一种因缘以及上手与在手的关系,两者密不可分,须臾难离。正是在这种在世方式中,人与自然、真与美才能得到真正的统一。而海氏所说的"世界"正是"天地神人四方游戏"、构成整体的"世界",真与美正是在这样的世界状况中才能够由遮蔽走向澄明。而现代存在论哲学所追求的目标则是"人诗意地栖居在大地上",这种诗意地栖居是与技术的工具理性的栖居相对立的,意指人在"世界"中的依遇与居留。其途径是对于大地的拯救,将大地从人的蹂躏中拯救出来。与此相应的就是生态美学特有的"家园意识"与"场所意识"。所谓"家园意识"是针对环境污染,畸形的工业化造成人的无家可归的"茫然之感"提出的,它强调了"家园"作为人繁衍生息之所的本源性特征。而"场所(place)意识"是人的生存居住的位置与场地、居所。而"居所"与人有"因缘性关系",它不同于客观的"地点"。生态美学还力主一种特殊的"参与美学",由伯林特提出。这种"参与美学"针对康德无功利的"静观美学",力主眼耳鼻舌身所有感官都参加审美,将人对于环境的实际感受带到审美领域。它运用生态现象学方法,认为审美包括主体的意向构成能力与对象潜在的审美特性二个因素,是两者的有机结合统一。

　　生态美学的发展在新时期"弘扬中华文化,建设中华民族共有精神家园"方针的指引下努力发掘我国传统文化中的生态审美智慧,在理解其原意的基础上对其进行现代阐释。首先是儒家的"天人合一"与"位育中和"的古典生态存在论哲学与美学观。应充分阐释与理解其所包含的"天人之际""天地人三才""与天地合其德"以及"和实生物,同则不继""生生之谓易"等宝贵思想,以及

与之有关的"居位正体"的中和之美,"元亨利贞"的四德之美等
等。再就是道家的"道法自然""道为天下母""万物齐一","人与
万物并"的"至德之世"等,特别是其"域中有四大人为其一"的理
论,与海德格尔"天地神人四方游戏说"相类。而佛家阐发人与自
然万物因缘关系的"法界缘起论"、力主万物平等的"善待众生观"
以及保护自然的"护生说"等也都有其当代价值。中国新时期生
态美学的发展努力建构中国话语,坚持运用新时期的创新理论、
特别是"建设生态文明"的理论对其加以指导,努力建设新的具有
中国特色的当代生态人文主义。坚持立足于人民群众的根本利
益与中华民族的生存发展,处理好生态文明与经济发展、科学技
术的关系,主动地为经济社会与生活方式的转型提供审美的与文
化的支撑。当代生态美学建设在加强理论建设的同时重视实践
的层面,因为生态理论本身就具有实践性强的特点。因此,生态
美学建设还包含生态美育的内涵,努力为广大人民建设"诗意地
栖居"之所。

　　总之,生态美学是新时期以来逐步兴起的美学理论形态,具
有巨大的生命力。但它也还是一种正在发展中的美学理论形态,
还有诸多不成熟之处,需要学术界的同仁多加呵护。我们相信,
在当前建设环境友好型社会的社会氛围中,生态美学一定能够在
未来的时日中发展得更好,成为当代美学建设的重要一维。

我国当代生态美学
研究的新发展^①

生态美学是我国学者于 20 世纪 90 年代中期提出来的,可以说是中国学者的一个创意,是一种带有明显中国特色的美学观念。因为,西方有生态批评、生态诗学与环境美学,但却没有真正提出生态美学。我国学者提出的生态美学观与我国古代"天人合一"哲学观念的当代运用直接有关,也与我国由于自己环境资源压力的国情一直强调可持续发展的方针有关,与国家提出建设和谐社会的目标相契合。生态美学观经过十年发展,到 2005 年逐步成为一股不可忽视的学术潮流,引起学术界的广泛关注,吸引更多学者投入这一重要研究领域。可以说,2005 年是我国生态美学观得到极大发展的不平凡的一年。

首先,2005 年生态美学观进一步引起学术界的更多关注。全国社会科学规划在从中国古代文学角度为生态文学研究立项之后,今年又从中国生态哲学和西方生态批评角度为生态美学的研究立项。而高层次的刊物如《文学评论》《中国文化研究》等也连续发表有关我国生态美学与文学研究的重要文章。而生态美学观研究本身也在我国全面展开。基本理论研究有了进一步进展,

---

①原载《中国教育报》2006 年 1 月 12 日。

出版了多部生态美学与文学方面的研究专著。而且,对于西方生态批评与中国传统生态智慧的研究也有新的发展。同时,与基督教文化有关的生态美学观念的研究也在展开。这种生态美学观与文学观研究全面展开的态势说明我国生态美学研究逐步走向纵深。而且,我国生态美学与文学观的研究还进一步进入学科建设层面,其重要标志就是,迄今为止已有十多位博士与硕士生以生态美学与生态文学观作为学位论文的题目,有的论文已经通过答辩并出版。这些青年学者加盟生态美学观的研究必将为生态美学观与文学观的研究增添新的活力。

在这里,特别需要强调的是山东大学文艺美学研究中心在教育部社政司的支持下,于 2005 年 8 月 19 日至 21 日在青岛召开"当代生态文明视野中的美学与文学国际学术研讨会",中外学者180 余人参加。该会围绕"我国生态美学与生态文学当下的研究态势""西方生态批评与环境美学""东方生态智慧与生态文化"以及"生态伦理与生态美学"等四个论题展开广泛深入的研讨。这次会议不仅在我国生态美学与生态文学观的研讨中是规模最大的一次学术会议,而且吸引了一些哲学家与古代文学研究者的积极参与,为生态美学与文学建设提供了新的视角和学术资源。

2005 年生态美学观研究深入的重要标志表现在如下方面。首先是生态美学观的研究进一步自觉地与现实相联系,与国家构建和谐社会的伟大实践相联系。许多研究者在研究中都愈加自觉地认识到:生态美学观的提出是现实生活的呼唤,特别在我国显得更加紧迫和重要,这恰与国家最近提出的科学发展观与构建和谐社会的理论相切合,是一种力促人与自然亲和和谐的生态审美观的倡导。而在哲学基础的层面,生态审美观的提出实际上是当代美学由传统认识论美学到当代生态存在论美学的一种重要转型。事实证明人与自然的审美的和谐只有从当代崭新的生态存在论哲学观的角度才能理解，而从传统认识论的角度是无法理解的。因为，传统认识论告诉我们，人与自然只能是一种主客对立的关系，两者不可能统一协调。而只有从当代生态存在论的独特视角，才能把握人与自然的审美的"共生共荣"的关系。当前生态美学研究的核心问题是生态观与人文观的关系问题。因为，生态美学强调人与自然的相对平等，强调人类对于自然的适当"敬畏"。这是否是对于"以人为本"的否定呢？事实证明，当代生态美学与生态文学正是从当代生态存在论的独特视角，从有利于人类当前与永远美好生存的角度，建立了一种崭新的、包含自然维度的"生态人文主义"。这恰是新时代人文主义与生态主义的统一，是人文主义精神在当代的新发展。生态美学观的提出还充分体现了中国传统生态智慧的当代价值。事实说明，我国早在先秦时期就提出"天人合一""道法自然"等人与自然和谐统一的朴素的古典生态智慧，包含着古代的"共生"观念，具有极大的当代价值，早就引起西方众多理论家的关注。

　　我国当代生态美学观的提出正是对于我国古代生态智慧的继承发展，是在当代特殊形势下中西哲学与美学的一次重要的交流对话。在生态美学与生态文艺学的学科建设上，有的学者倾向于建立相对独立的生态美学与生态文艺学学科，以推进这一崭新领域的快速发展。但也有的学者从更加稳妥的角度出发，认为目前还是将生态美学与生态文艺学作为一种新的维度与新的发展为宜。在当代，缺乏生态维度的人文社会科学难以体现其时代性与科学性。对于西方生态批评与生态诗学，许多青年学者对其作了较为深入的研究，普遍认为西方从"后工业文明"的独特角度研究生态文学，提出了"深层生态学""绿色文学""天地神人四方游

戏"等等有价值的理论观点,值得我们参考借鉴。但西方生态理
论中的某些神秘色彩与唯心主义倾向则是我们应该予以批判的。
而我国生态美学观与文学观的建设,在大力吸收西方有价值理论
前提下,还是应该着重从我国的实际出发,立足于中国的生活与
审美的实际。

建设中国特色的生态美学①

　　生态美学从 20 世纪 90 年代中期在我国应运而生并得到了长足的发展,特别是党的十七大提出"生态文明建设"的重要目标之后,生态美学的发展更加明确了方向。但生态美学作为西方流行的以人的生存状况与经验为研究对象的人文学科,必然有个普适性与本土性的统一的过程。其普适性就在于各个民族与地区人的生存与经验都有其共通性,这是人类交流对话的基础。而更为重要的是人的生存与经验都首先具有突出而鲜明的本土性与地方性,这是其他民族与地区的人所不可取代的。审美与文学艺术是人的一种特殊的生存方式与经验,同样是普适性与本土性的结合。这种自我建设之路首先须对前期吸收的有关西方生态美学资源根据我国国情进行必要的鉴别与厘清。因而也就决定了我们在生态美学的建设中,特别要强调的恰恰是本土性的强化,坚持走生态美学建设的中国化之路。

　　众所周知,当代生态美学首先产生于西方,以存在论美学、环境美学与生态批评的形态出现,给我们以诸多的启发与丰富的资源,但因其强烈的现代西方发达国家色彩而又有其不可避免的局限性。首先是德国哲人海德格尔从 1927 年开始力倡当代存在论

---

①原载《人民日报》2009 年 7 月 3 日第 20 版。

哲学与美学,以"此在与世界"的在世模式消解了人与自然的对立,被称为"形而上的生态学家"。但其真正具有生态意义的生态审美观即"天地神人四方游戏说"则是后期提出的。我们在其1950年发表的《物》中读到了这种明显受到中国道家思想影响的生态审美观点。海氏给我们提供了"四方游戏""诗意地栖居""场所意识"与"家园意识"等丰富的生态美学资源。但其对科学技术的彻底批判则是偏颇的,不完全适合我国国情。他说科学技术是"集置""架构",是对人的"促逼性暴力""对人的订造"等等。总之,他总体上对科学技术是否定的,试图以其"诗意地栖居"代替"技术的栖居",但在现实生活中"诗意地栖居"是无法与"技术的栖居"相分离的,特别对于像我国这样的正在进行现代化建设的发展中国家,所有的生态审美与诗意地栖居都必须依靠科学技术的发展与助力。

其次是滥觞于20世纪中期的西方环境美学。从1966年开始,美国学者赫伯恩开始批判黑格尔著名的否定自然审美的"美学即艺术哲学"的理论,开始了西方现代环境美学的发展历程。出现加拿大的卡尔松,美国的伯林特、罗尔斯顿与芬兰的瑟帕玛等著名的环境美学家。他们批判西方古典美学否弃自然审美的传统观点,坚持审美的自然维度,提出了一系列重要的环境美学理论观点。例如,坚持人与自然一体的"自然之外无它物"的观点、批判康德静观美学主张眼耳鼻舌身同时介入的"参与美学"等等。但是他们总体上坚持"生态中心主义"观点,倡导自然全美的"肯定美学",具有明显的达尔文主义倾向。而且他们提出的著名的"荒野哲学",论述荒野的不可取代的独立价值以及保留荒野的意义等。这些理论观点的哲学理论意义固然确实存在,但在我国这样的环境生态资源紧缺的国家却不具有可操作性,从而变成一种乌托邦。而其所说的"环境"又具有"环绕人"之意义,从而难免"人类中心主义"倾向,从而与我们的"生态文明"观念相悖。

当然,还有已经成为西方"显学"的文学生态批评。文学生态批评是 1978 年由美国文学家鲁克尔特首次提出的,从此逐步成为"显学",出现鲁克尔特、布伊尔与斯洛维克等著名的生态批评家。他们坚持文学创作与文学批评的生态维度,强调文学活动与生态伦理的结合,提出"绿色阅读""环境想象""生态诗学"等一系列新的文学与审美观念,给我们以重要启发。但西方现代生态批评在理论上却并不成熟,内部观点也并不一致。鲁克尔特坚持明显的"生态中心主义"立场,而斯洛维克则是"人类中心主义"。他们有时将自然科学,例如生态学,熵理论等硬嫁接到作为人文学科的文学生态批评之上,给批评者以攻击的口实;有时则对于已经被否定的模糊人与动物界限的行为主义心理学加以肯定,以及其对于现实主义的全盘肯定、对现代主义的全盘否定等等,说明其理论自身的薄弱与缺乏必要的严谨性。

面对西方各种生态美学资源利弊共在的事实,我们的态度是既要以开放的心态大胆借鉴,同时更要从我国的国情出发,给予必要的鉴别与批判,在生态美学建设中走中国化之路。首先要正视生态美学建设中中国的特殊性,正视我国作为资源紧缺型国家和正在进行大规模工业化的现实。我国人口众多,有 14 亿之众,占世界人口 22%,但我国的国土面积则只有世界的 9%;我国的森林覆盖率只有 22.96%,而世界平均水平 30%;我国人均淡水资源只有世界的 1/4;但荒漠化土地则相当于 14 个广东省。由此说明我国的环境与资源的压力有多么巨大。到目前为止,我们仍是一个相对贫困的发展中国家,人均国民生产总值也只有 2000 美元,距离真正走上文明富裕的经济强国还有相当的路程。现代化与工业化仍然是我国必须要完成的伟业，科学技术仍然是我国现代化必须依靠的利器。同时，我国又是一个环境污染极为严重的国家，近 30 年的工业化在取得巨大成绩的同时也使我们付出巨大的环境代价。科学发展观确定的建设生态文明国家的目标为我们指明了今后的发展之路。因此，绝对的人类中心主义与绝对的生态中心主义在我国都是行不通的，我们只能坚持作为生态文明有机组成部分的"生态人文主义"和"生态整体主义"，走人与自然共生、发展与环境双赢之路。

中国是一个有着丰富的古代生态智慧的国家。建设中国特色生态美学的要义就包括继承发扬这些宝贵的古代生态智慧，包括儒家的"天人合一"思想，《周易》有关"生生之谓易""元亨利贞"与"坤厚载物"的论述，道家的"道法自然"，佛家的"众生平等"等等。这些丰富的古代生态智慧反映了我国古代人民生存与思维的方式与智慧，可以成为我们建设当代生态美学的丰富资源与素材。总之，我们建设生态美学的中国化之路就是以我国提出的"生态文明建设"理论为指导，倡导一种综合生态中心主义与人类中心主义的"生态整体论"，以中西交流对话为平台，中西会通为途径，建设独具特色的生态美学话语，逐步地由不成熟走向成熟。例如，以"天人合一"与生态存在论审美观相会通；以"中和之美"与"诗意地栖居"相会通；以"域中有四大人为其一"与"四方游戏"相会通；以怀乡之诗、安吉之象与"家园意识"相会通；以择地而居与"场所意识"相会通；以比兴、比德、造化、气韵等与生态诗学相会通；等等。建设一种包含中国古代生态智慧、资源与话语的具有某种中国气派与中国作风的生态美学体系。

生态美学与当代城市
建设大潮①

　　生态美学是一种实践性很强的美学形态,在当代城市建设大潮中能够起到极大的现实指导作用。这就是西方与环境美学密切相关的城市美学极度繁荣的原因之一。我国当前正面临着城市建设大潮,2011 年,我国城市人口第一次超过农村人口,其后每年还要以 1‰的速度增长。这是现代化的需要与必然结果,是一种不可阻挡的历史潮流。这样的发展势头还要继续二三十年。这是中华民族的大事,有人将其喻为"第二次进城"。如果说 1949 年解放战争胜利是第一次进城,那么当前的城市化则是第二次进城。而且,在某种意义上,这第二次进城给中国带来的巨大变化一点也不比第一次进城少。这是具有历史意义的大事,是中华民族走向富强的必由之路。

　　但我们必须清醒地意识到,目前这种城市化大潮如果缺乏正确的指导思想与科学的规划,则又必然会走上偏路,甚至会造成灾难:生态环境进一步破坏,物质文化遗产与非物质文化遗产快速丧失,城乡差距进一步拉大,城市病泛滥,人民的生存状态大幅度劣转。总之,后果严重不堪设想。最重要的是要认清当

①原载《生态美学与生态批评通讯》2012 年第 3 期。

代城市化大潮所处的时代与所面对的形势已经发生极大的根本性变化。

从目前的情况看，城市化经历了前现代、现代与后现代三个阶段。前现代就是农业社会时代，那时的城市化是与政治的治理以及商业的发展密切相联的。政治的治理是州府与郡县的建立，商业则是与初级市场紧密相关的商铺、市井的形成。那时的城市具有自发性、小规模的特点，《清明上河图》就形象地表现了宋代开封城的景象。工业化以来，西方开始了大规模的城市化进程。其背景与资本主义大生产紧密相联，围绕着资本主义生产与利润的获取而进行，明确地分为生产区、富人区与工人区。这样的城市化是造成资本主义经济危机与严重环境污染的重要原因之一，城市也堕入恶性发展阶段，出现了极为明显的城市病。正是在这样的情况下才出现了由工业文明到生态文明即后工业文明的转变。1972 年召开的国际环境会议标志着这一转变的开始。在生态文明时代，人与自然的关系发生根本性变化，城市化的理论与实践也应发生根本性变化。如果城市化还是停留在工业文明阶段，将会脱离时代并产生严重后果。在这种情况下，生态美学应运而生并成为生态文明时代城市化的重要指导原则。这就是当代生态美学的重要现实意义与实践价值。

第一，生态美学的生态存在论哲学根基成为生态文明时代城市化的重要理论指导，根本区别于工业文明时代城市化的认识论理性主义与二元对立思维原则。

工业革命时期的城市建设所根据的原则是上述理性主义认识论的二元对立原则。而生态文明时代则是与之相反的存在论的消解二元、走向协调的原则。首先，在人与自然的关系上，工业革命时代的城市建设遵循一种远离自然、城市至上、人与自然对立的原则,而生态文明时代的城市建设则应是一种亲近自然、人与自然和谐的原则。其次,在城市与乡村的关系上,工业革命时代是一种城乡二元对立的原则,城市剥削压迫乡村,城市人看不起乡村人;而生态文明时代是一种城市与乡村一致与和谐的原则,消解城乡二元结构。再次,在当代与后代的关系中,工业革命时代是一种只顾当代不顾后代的杀鸡取卵原则,而生态文明时代则是一种当代与后代兼顾的可持续发展原则。总之,工业革命时代的城市建设是一种依据理性主义的纯粹科技的生存原则,而生态文明时代则是一种生态人文主义的诗意栖居的原则。

第二,生态美学的"家园意识"成为当代城市建设的根本目标。

工业革命时代城市建设的根本目标是将城市建成工场与市场,其他一切全围绕工场与市场转,人的生存只是寻找到一个安身之地即可。因而滚滚的浓烟、嘈杂的机器声与光怪陆离的不夜城以及随处可见的垃圾与露宿者成为那时城市不可缺少的景观。但生态文明时代则是要将城市建成自己的"家园",这是最根本的原则。人与城市不是对立与游离的关系,而是"此在与世界"的机缘性关系,城市应该成为人须臾难离、栖息身心的"家"。

第三,生态美学的"场所意识"成为当代城市建设的近期目标。

工业革命时代的城市建设的工场与市场根本目标,决定了人与周边环境的关系是完全疏离与对立的,不是以人为本,而是以物为本,人所生活的场所可以简单到只有两平方米的污浊空间。大杂院、亭子间、筒子楼与贫民窟就是人们在工业革命时代生存场所的写照。生态文明时代贯彻"以人为本"原则,应将城市建设成为人们美好生活的场所,环境对于人来说应该是"称手"的、亲切的、愉悦的和美好的。

第四,生态美学的"有机生命之美"成为当代城市建设的灵魂。

工业革命时代的城市建设是完全遵循传统美学的视觉之美与听觉之美,形成其特有的刺耳的噪声、炫目的光彩与呛鼻的气味。生态美学则相异于传统美学,而将东方的生命美学引入自己的理论范围并成为主要内涵。著名环境美学家艾伦·卡尔松将生命之美视为"深层次的美",而将传统西方美学的视觉与听觉之美称为"浅层次的美"。其实,生态美学的城市建设理念力主以有机生命之美作为城市建设的"灵魂",城市应该有利于人的生命成长,而城市自身也应该是循环的有生命的,而不是堵塞的、无生命的甚至是"死的"。

第五,生态美学所具有的东方性使当代城市建设中东方生态智慧大放异彩。

传统城市建设理论是以西方为主导的,动辄纽约模式、伦敦模式、香港模式等,无非是一色的水泥森林、摩天大楼以及富人区与平民区的对立。但生态美学却具有明显的东方性,包含着东方的"天人合一"理念与"生生之谓易"的精神。这就使东方生态智慧必将在当代城市建设中大放异彩。我们要大胆吸收我国传统的建筑理念,加以改造,使之在当代城市建设中发挥重要作用,使得我国城市建设更多中国风貌与中国特色。

第六,充分发挥美学的批判功能,运用生态美学理论从建设性的角度评析当代城市建设美学从席勒的《美育书简》开始具有其批判社会"异化"的特有功能。我们也应利用生态美学理论从建设性的角度对当前城市建设进行必要的批评与评价,起到应有的人文学科的反思作用。实践证明,生态美学的"诗意栖居""家园意识""场所意识"与"有机生命"等理论,均可作为评价当代城市建设的理论武器。

为时未晚,但形势严峻^①

——纪念著名生态战略家
贝切伊逝世 29 周年

2013 年的 3 月 14 日是国际著名的生态战略家贝切伊(Aurelio Peccei,1908—1984)逝世 29 周年,我们每一个人都应该记住贝切伊这个名字,记住他的有关生态问题上的一系列警世之言,记住他组建的罗马俱乐部对于人类前途命运的一系列有效的工作。贝切伊在他逝世之前还与日本学者池田大作进行了题为《为时未晚》的对话,提出"世界状况堪忧,必须扭转错误潮流"的警告,并殷切期望"我们必须竭尽所能展开人类的革命——趁着为时未晚"。贝切伊 1908 年生于意大利都灵,获得都灵大学经济学博士学位。他是意大利著名实业家、学者,曾是菲亚特汽车公司高管、欧洲最大经济顾问公司"国际工程和经济顾问公司"总经理。在其事业如日中天之时,毅然退身关注人类发展重大问题,从 1967 年开始筹划并于 1968 年 4 月成立著名的罗马俱乐部。俱乐部就人类发展的各种战略问题进行咨询并提出报告,特别是对于关系全人类前途命运的生态问题给予特殊的关注。1972 年,俱乐部组织麻省理工学院三位青年学者写作出版了著名的《增长的极限》

---

① 原载《生态美学与生态批评通讯》2013 年 3 月号。

一书，第一次提出了"生态足迹"的概念并得出生态足迹空前紧迫的结论。贝切伊在逝世之前仍然忧心忡忡地指出，人类"无度地榨取大自然的矿产、燃料和所有可染指的生物资源。这些行为削伐了这个独特的不可代替的地球，永远不能还原，然而地球的物质并非永远用不完的。即使我们能够改善现在的恶劣环境，我们对大自然的高压手段足以导致我们自己灭亡"。他明确地指出，生态危机是"文化危机，而非生物危机"，也非经济与技术危机。他说："日前来说，我们首先要明白的是，我们的困境源自人类的文化，并非他的生理。"在文化问题上，贝切伊特别反对蔓延已久的人类中心主义。他说："我们的主体文明虽则在理论上确定了人类要跟随一整套崇高的精神和道德的价值观，它却以人类为中心，放纵人类随时可以罔顾这套价值观，尤其当这些道德上的规范干涉了人类的世俗利益和膨胀的虚荣心。在今天，人类偏重物质的利益的倾向盖过了我们的人性，很自然地推进了现在最流行的信仰：发展，这个字眼已令人着迷了。"当然，他还是坚持自己一贯的立场：人类面临一个选择，完全可以选择与自然共生的方式，得以永续发展。

　　贝切伊已经离世29年了，但他的警告却仍然有效。人类对于地球的掠取速度并没有降低，掠取自然的速度是资源置换速度的15倍。按照目前的速度，到2030年，要养活人类需要两个地球。但这是不可能的事情，因此，我们必须像贝切伊所言，迅速改变文化态度，改变人类中心主义立场，走上人与自然共生的永续发展之路。记住贝切伊，让我们像他那样永远将人类的未来与子孙后代放在心上。

积极投身生态文化建设，传达建设美丽中国的正能量^①

——写在《生态美学与生态批评通讯》创刊一周年之际

转眼间，我们的《生态美学与生态批评通讯》已经创刊一周年了，出了 12 期。在此，我要感谢所有对本刊以各种形式给予支持的朋友。这是一个在学校指导下出版的小刊，没有刊号，也没有书号，更不是什么核心期刊。但却有许多学术界的同行给予前所未有的关注，给我们赐稿，在各种场合给我们鼓励，这是一种无任何功利的学术的关怀与社会责任的表现。我们再次对这些朋友表示我们的敬意。今后的继续出版还需要更多朋友的鼓励与支持。当然，我还要感谢所有参与出版工作的本中心的所有老师和同学，谢谢你们的辛勤而富有成效的劳动。

最近以来，国家明确将生态文明建设列入"五位一体"发展总方针，并提出"建设美丽中国"的宏伟理想，鼓舞人心。但时间紧迫，任务艰巨。因为，如果以 2021 年建成小康社会为界，"美丽中国"建设应该跨出大的步伐；如果以 2049 年实现现代化为界，"美丽中国"应该基本建成。但我们目前的现实情况却差距较大。目

①原载《生态美学与生态批评通讯》2013 年 3 月号。

前，我国的环境污染非常严重。2013 年 1 月，10 多个省市被雾霾笼罩达 25 天之多，而我国居民聚居地的地下水 90％受到污染，肺癌已经成为我国人民健康的第一杀手。问题的严重性还在于，尽管国家层面制定了许多治理污染的法规，但却得不到完全真正的落实，而国家一再提出的迅速转变经济增长方式的要求也没有完全落到实处。这一切的原因除了执法不严之外，就是文化的原因。某些领导干部为了个人的政绩私利，盲目追求经济增长效益，肆意破坏环境，缺乏基本的保护环境的社会与道义责任，甚至与环保部门玩躲猫猫的游戏，检查时减排，不检查时猛排，致使我们的江河大地、地球母亲受到污染戕害，最后将会殃及人类自己。一句话，相当多的包括干部在内的国人尚缺乏生态文化的基本素养。

罗马俱乐部负责人贝切伊认为，生态问题既不是经济问题，也不是科技问题，而是文化问题，是文化态度问题。可以说，我国目前生态文化建设任重而道远，包括学术界与教育界在内的许多人士并没有将之放到前所未有的高度，没有完全认识到这是一种时代的要求。我们的时代已经进入生态文明新时代，所有与之相悖的理论观念都应随之改变。我们应该有与之适应的哲学、伦理学、文学与美学。有学者问，我们只应做自己的学问，过问这些事情干什么呢？但我要反问，时代已经发生天翻地覆的变化，你的学问难道不应随之变化吗？还有人问，生态文化建设有什么用呢？我们的回答是：可以为"美丽中国"建设提供正能量。有些朋友可能会认为这是一句时髦话语，但我要回答：这恰是生态美学与生态批评早在 1996 年就提出的对于生态文化建设有何用途的回答。"生态批评"这一概念的首提者是美国文学家威廉·鲁克尔特，他在《文学与生态学：一项生态批评的实验》一文中指出：

"因此,所有生态诗学的中心意图肯定都是为了发现一种能量的转化过程的运行模式,这种能量转化过程发生在人们从储藏在诗歌中的创造性能量起步,通过阅读、教学与写作活动依次完成创造性能量转化的活动:能量从诗歌中释放出来,转化成意义,并且最终——在一种生态价值体系中得到应用。"①我们从事美学与文学批评的人力量肯定有限,而且只能在我们的业务范围之内,但我们通过我们的教学科研,通过我们的学生培养,传达某种生态文化的创造性正能量,哪怕对于社会的生态文化建设起到一点点作用,这不也是一种适应时代需要的有益的事情吗?

人生也有涯,本人已经七十有二了。一生做了一些事情,其中不乏错事,但我想生态文化建设可能会是一件有益的事情。当然自己的能力也是有限的,只希望包括这个小刊在内的一些生态文化建设的工作能够有更多的同道一起努力。

---

① 转引自荆业平编选:《中外生态文学文论选》,浙江工商大学出版社 2010年版,第 11 页。

生态文明时代的美学转型①

　　哲学是时代精神的精华,而美学则是哲学的重要表征。美学发展的最大动力是时代和社会的需要。恩格斯说:"社会一旦有技术上的需要,则这种需要就会比十所大学更能把科学推向前进。"当前,人类社会逐步进入生态文明时代,我国也将生态文明建设作为重要任务。生态文明时代所强调的"尊重自然、顺应自然、保护自然"等一系列新观念,改变了工业文明时代"人与自然对立"的理念。由工业文明到生态文明的重要社会转型,必然要求美学随之发生必要的转型。从20世纪60年代开始日渐勃兴的环境美学、生态美学,就是生态文明时代美学的重要学术转型,体现了美学对社会现实的回应,意义十分重大。

　　生态文明时代美学的转型是传统美学哲学立场的转型,使之由传统认识论转变到生态存在论,由人类中心论转变到生态整体论。长期以来,由于工业文明时代唯科技主义的盛行,认识论哲学在美学中占据统治地位。在我国具有广泛影响的"实践美学",认为"美学科学的哲学基本问题是认识论问题""美是人的本质力量的对象化",并以"人本体"与"工具本体"作为其主导性理念。新的生态美学则是哲学立场的根本转变,由传统的"主体认识客

①原载《人民日报》2015年5月28日第16版。

体"以及"人类战胜自然"的认识论模式调整到"此在与世界"以及"人与自然共生"的"生态存在论""生态整体论"模式。在美学上则是由"人化的自然"的认识论美学转变到"诗意地栖居"的生态存在论美学。

生态文明时代美学的转型是传统美学观念的转型,使之由漠视自然的"艺术中心论"转变到自然潜在审美属性的重新发现,由形式的"静观美学"转变到"参与美学"的提出。长期以来,我国美学领域主导性的美学观念是将自然美视为"人化的自然","是人类征服自然的历史尺度",这是一种十分明显的人类中心论的观点;新的生态美学则强调自然的部分"复魅",即适度恢复自然的神圣性、神秘性与潜在的审美性。在主体与对象的审美关系上,传统美学强调一种静观的、仅有视听觉介入的距离之美;新的生态美学则强调主体与对象须臾难离的"间性"关系,是眼耳鼻舌身整个身体介入的"参与美学"。传统美学是一种过度强调对象的比例对称和谐的形式美学;新的生态美学则从人与世界的机缘性共在与生存生命的新视角,提出此前只初露端倪或从未有过的美学范畴,诸如家园、场所、栖居、游戏与参与美学、身体美学、生命美学等,在很大程度上改变了传统美学的面貌。

生态文明时代美学的转型是美学研究方法的转型,由传统美学的"主客二分"研究方法转变到新的"生态现象学"方法。传统美学的"人本体"与"工具本体"的哲学立场决定了它必然立足于一种"主客二分""感性与理性二分""人与自然对立"的美学研究方法,力倡审美是主体对于客体的"改造","判断先于快感","人类战胜自然"等;新的生态美学则力倡一种新的"生态现象学"方法,将一切主客二分、人与自然的对立加以"悬搁",主张一种人与自然的"共生"、感性与理性的"共在"、身体与世界的"间性"。

　　生态文明时代美学的转型也是美学资源的转型,由传统美学的"西方中心论"转变到东方特别是中国古代美学资源的重放光芒。传统美学资源主要来自西方,而中国古典美学则被西方权威学者视为"没有达到上升为思辨理论的地步"而基本上被排除在美学建设之外。新的生态美学的兴盛使以"天人合一"为其主要文化立场的中国古代美学重放光芒。它的"天人合一""生生之谓易""己所不欲,勿施于人""民胞物与""道法自然""心斋坐忘""万物齐一""善待终生"等古典形态的生态审美智慧很容易融入新的生态美学建设之中。

　　可见,生态文明时代的美学转型是经济社会与文化学术发展的必然趋势和紧迫要求,是一切美学工作者主动回应时代呼唤的自觉行动,也是中国美学得以走向世界的重要机遇。

论辩是生态美学前进的动力^①

2015 年 10 月 25—26 日,由国际美学学会与山东大学文艺美学研究中心联合举办"生态美学与生态批评的空间"国际学术研讨会。会议的论题之一是"生态美学的产生发展及其空间",本专题就是这一讨论的延续与发展。伯林特教授是这次会议的重要发起者,刊于本刊的文章就是他对本次会议的重要学术反映。刘毅青教授是本次会议的参加者,刊于本刊的这篇文章就是刘教授参加本次会议的论文,也是他大会发言的主要内容。

本专题的两篇文章涉及生态美学当前所面临的学术论辩。其实,生态美学自诞生之日起就面临着激烈的论辩。论辩是一切学术发展的根本动力,当然也是生态美学发展的根本动力。本专题的两篇文章涉及当前生态美学论辩的两个基本方面。其一是生态美学的外部方面,即生态美学的合法性与何以可能的问题;其二是生态美学内部方面,即生态美学的研究路径问题。

首先,对于生态美学之合法性进行质疑的学者不乏其人。主要原因是当前众多学者立足于认识论哲学立场,持实践论美学观,对"人类中心论"多有保留,由此认为对"人类中心论"持批判

---

① 本文是作者为《东岳论丛》2016 年第 4 期"生态美学研究"专栏所写的"主持人语"。

立场的生态美学难以成立。刘毅青教授的论文《作为美学转向的生态美学》就主要回答了这个问题。该文从美学的源头与转向说起,以康德美学的存在论本性与当代美学超越认识论走向存在论的必然性等方面论述了生态美学的合法性。众所周知,尽管"美"的问题早在古希腊就有讨论,但"美学"(aesthetica)出现却是近代,也就是1735年才由德国的鲍姆嘉登提出的,而真正给美学以科学阐释的则是康德。康德可以说是西方美学的蓄水池与通向美学之途的桥梁,将康德美学比作近代美学之源是没有问题的。康德在其著名的美学论著《判断力批判》中就高举批判理性主义认识论的大旗,公开质疑传统认识理性与道德理性的合理性与合法性;质疑现象界与物自体的二分对立;质疑美的认识本性,包括其感性认识本性。康德以判断力批判将以上理论加以"悬搁",以经典的"美是无目的的合目的性的形式"对传统的美的实体性加以解构,有力地论证了美的介于认识与道德之间的"桥梁"性质,并以"美是道德的象征"论证了美的存在论本性。正是从这个意义上说,康德开创了西方现代现象学与存在论哲学与美学的先河。由此说明,当代生态美学对于传统认识论的超越,从某种意义上说正是继承康德学术遗产的成果。刘毅青教授的这一认识是具有启发性的。因为,长期以来我们总是认为康德的无功利的静观美学是一种否认自然审美的艺术美学,而没有认识到康德的"判断力"概念是一种悬搁人与自然对立的现象学并通向存在论哲学与美学。更为重要的是《判断力批判》一书的后半部分"目的的判断力批判"由主观的合目的性转向客观的合目的性,解构人与自然的对立,探讨人与自然的统一性,从而通向生态哲学与生态美学。非常重要的是康德的先天综合判断是先天形式加上后天经验,这就为海德格尔的"此在与世界"之存在论在世模式的提出奠定了基础。因为,康德所谓"先天形式"的巨大构成能力成为海氏"此在"的巨大阐释能力的先驱,而"后天经验"无疑成为海氏模式中的"世界"。这就说明,康德的"先天综合判断"成为海德格尔"此在与世界"之存在论在世模式的先驱。由此说明康德美学是当代生态存在论美学的重要根据与资源,这就是刘毅青教授文章中给与我们的启示。而从当代美学由认识论到存在论的转型来说,也说明生态美学的诞生是时代的需要与学术发展的需要。工业文明时代的结束与生态文明时代的到来充分证明,包括实践美学在内的传统认识论所标举的"工具中心""人类中心"与"人化自然"等口号已经严重脱离时代要求,"人类中心"所造成的各种戕害已经成为令人痛恨的社会顽疾,而人与自然的共生所导致的美好生存成为人类追求的最重要目标。由此生态美学的产生成为历史发展的必然。从康德美学的生态美学意蕴出发论证当代生态美学的产生发展是具有相当的说服力的。刘毅青教授的努力必将为生态美学研究注入新的活力。

其次,关于生态美学发展路径的论辩,这是伯林特教授文章所着重讨论的问题。阿诺德·伯林特(Arnold Berleant)是美国著名环境美学家,他以现象学为其哲学立场,提出著名的"自然之外无它物"与"参与美学"思想,影响重大。他此次刊于本刊的《关于生态美学的几个问题》一文,是从 20 世纪后期以来持续争论的论题的继续。在国际生态美学界,当然也包括环境美学学界,在如何发展生态美学与环境美学的问题上一直存在现象学存在论与分析美学认知论之间的论辩,伯林特教授在本文中与程相占教授的认知论生态美学进行论辩,其论辩的目标其实还是环境美学领域分析美学认知论的坚持者——加拿大的卡尔松教授。从国际美学的视野来看,生态美学的产生有两条路径,一条是所谓"欧洲路径"，即是从 1900 年胡塞尔的现象学的提出为开端，到海德格尔 1927 年提出"此在与世界"之人与世界关系，1950 年提出"天地神人四方游戏"等，是生态的美学的产生与发展，胡塞尔和海德格尔都未明确提出"生态美学"之名称，但这种美学以现象学为哲学立场，批判人类中心论却是十分明显的；另一条路径即是所谓"美加路径"，以 1966 年美国美学家赫伯恩发表《当代美学及对自然美的遗忘》为其发端，直到加拿大美学家艾伦·卡尔松与芬兰美学家瑟帕玛相继出版著名的《环境美学》。这种环境美学以分析美学为其理论根基，以生态学知识为其武器，其主要内容是分析各种环境鉴赏模式，包括对象模式、景观模式、自然环境模式、参与模式、情感激发模式与神秘模式等。卡尔松以利奥波德的《沙乡年鉴》为范例强调一种"将恰当的自然环境鉴赏与科学知识最紧密联系在一起的模式：自然环境模式"。伯林特对此进行了自己的批评。他在发表于本刊的文章中指出，"本文的目的是倡导对科学在美学中的运用加以限定，质疑其作为具有普适性的诠释模型的大一统地位。这一提议是为了回应在运用科学的显著声望来解释审美方面已经形成影响力的一些做法。它针对的是卡尔松将科学认知主义自然审美的做法"。他更加明确地指出："实际上，'认知美学'这一概念是一个矛盾修辞法。这是因为，审美价值是以知觉为基础的，而认知价值是概念性的。正如康德告诉我们的，二者完全不同。"这里他所说的康德的话是"美是不涉及概念而普遍使人愉快的"；又说，"没有关于美的科学，只有关于美的评判，也没有美的科学，只有美的艺术。因为关于美的科学，在它里面就须科学地，这就是通过证明来指出，某一物是否可以被认为美。那么，对于美的判断将不是鉴赏判断，如果它隶属于科学的话。至于一个科学，若作为科学而被认为是美的话，它将是一个怪物"。在康德看来,美是一种知觉经验,与理论形态的科学是有着明显差异的,两者的混淆就是美的丧失。

从我个人的学术立场来看,我是同意伯林特教授的现象学存在论观点的,我将生态美学名之为生态存在论美学,其原因是这种观点比较符合审美的特点,也具有时代的先进性。因为,现象学存在论美学观是 20 世纪以降,美学界反思工业革命时代工具理性主客二分思维模式的成果,是一种对于人类中心论的突破,符合生态文明时代到来的时代与历史的要求。同时,这种现象学存在论美学还与中国古代美学有着密切的关系。从海德格尔开始,其"天地神人四方游戏"之说就借鉴了中国古代道家"域中有四大人为其一"的理论要素,是中西对话的成果。同时这种理论十分符合以"天人合一"为其文化追求的中国古代美学形态,它的研究有利于发扬中华美学精神,将中国美学通过生态美学聚到进一步介绍到世界,发扬于当代。当然,认知论生态与环境美学是当代西方环境美学的重要形态,目前仍然在发展当中,包含诸如分析美学等诸多重要成果,它的存在与发展,无疑同现象学存在论生态美学形成一种对话与交流的态势,有利于生态美学的丰富发展。本期专题刊载的两篇文章反映了这样的态势,希望发挥这样的效果,这是本刊物也是我本人的热切期望。

生态美学走向生活:新时代的 "简约生活"方式①

　　一种美学形态一旦与时代和生活紧密联结,必将具有广阔的空间。我国生态美学产生于 20 世纪 90 年代经济社会由工业文明向生态文明转型的重要历史时期。当前,我国已进入中国特色社会主义建设新时代,生态美学面临着前所未有的发展机遇。以1972 年斯德哥尔摩环境会议为界,人类进入了生态文明时代。我国作为后发展国家,真正的工业化始于 20 世纪 50 年代,而其蓬勃发展则是改革开放之后。我国的经济在短短 20 多年的时间内取得了巨大成绩,但也出现了工业革命惯有的生态环境污染问题。21 世纪初期,我国就提出了建设环境友好型社会的发展战略,最近,又正式提出了生态文明建设的重要课题。2013 年 7 月20 日,习近平主席在致生态文明贵阳国际论坛年会的贺信中指出:"走向生态文明新时代,建设美丽中国,是实现中华民族伟大复兴的中国梦的重要内容。"生态文明建设关系到中华民族的永续发展和"两个一百年"奋斗目标的实现,保护生态环境就是保护生产力,改善生态环境就是发展生产力。中国特色社会主义新时代为生态美学的发展开拓了广阔的空间,其中的一个重要维度就

---

① 原载《北京林业大学学报》2018 年第 2 期。

是促进生态美学走向生活，体现于人们的日常生活之中，其重要表现就是倡导人们自觉地选择一种人与自然共生的"简约生活"。

本来，审美就是人类的一种艺术的生活方式，"简约生活"就是生态审美的生活方式，标志着生态美学真正地走向了人们的日常生活。倡导"简约生活"，是实现我国生态文明建设宏伟规划的重要内容，也是生态文明建设的重要组成部分。2015年，国家颁布《关于加快推进生态文明建设的意见》，明确要求："广泛开展绿色生活行动，推动全民在衣食住行游等方面加快向勤俭节约、绿色低碳、文明健康的方式转变，坚决抵制和反对各种形式的奢侈浪费、不合理消费。"因此，对"简约生活"，应该从新的生态文明视野加以研究，从生态文明新时代的时代观、自然观、发展观、生态伦理观、生活观、文化观与美学观的不同角度加深理解。"简约生活"不仅仅是生活方式的转变，而且是时代观、世界观、道德观、发展观、生活观、文化观与审美观的转变。

一、中国走向生态文明
新时代的时代观

中国特色社会主义新时代的重要标志，就是走向生态文明新时代，绿色发展已成为经济社会发展的主旋律。坚持绿色发展，要求经济发展由资源消费型的量的增长转变到资源循环型的质的发展，在文化观念上，也要求由人与自然的对立转变到人对自然的尊重与顺应。这都必然地要求人的生活方式由人对自然资源的无度攫取过渡到"简约生活"。众所周知，审美是人的一种生存方式，简约生活就是一种符合人类发展与自然万物繁茂生长的艺术的生存方式，符合审美的规律与时代前进的方向，是时代的课题,时代的要求。"简约生活",说到底是一种绿色的生活方式。"绿色"是大自然的底色,是生命的象征。"绿色的生活方式"就是顺应自然的生活方式,就是有利于生命的生活方式,既有利于万物的生命繁茂,也有利于人类自身的生命健康。这种简约生活的绿色生活方式,也就是生态美学提倡的以自然作为人类的家园、诗意地栖居的生活方式。我们应以中国走向生态文明新时代的时代观推动人们形成绿色简约的生活方式。

二、新的"人与自然共生"的自然观

工业革命时代奉行人类中心主义,夸大人类改造自然的力量。康德所谓"人为自然立法",以及我国曾经流行的"人有多大胆,地有多大产"的口号等,成为人类追求靡费的生活方式的重要理论支撑。生态文明时代抛弃了传统的人类中心主义,倡导人与自然共生的生态整体主义。对人类中心论的批判实际上很早就开始了,美国诗人杰弗斯早在 1951 年的一封信中就指出,"人类是属于自然的一部分,而且是极其微小的一部分;在地球上人类最终会消亡,并且不留下丝毫的痕迹,而伟大的自然仍处在生生不息的循环中"①。法国哲学家福柯 1966 年在《词与物》中提出了"人的终结"即"人类中心主义"的终结的重要论断,他指出:"在我们今天,并且尼采仍然从远处表明了转折点,已被断言的,并不是上帝的不在场或死亡,而是人的终结。"②习近平主席 2013 年 7 月 20 日致生态文明贵阳国际论

①王诺:《生态批评与生态思想》,人民出版社 2013 年版,第 113 页。
②[法]米歇尔·福柯:《词与物》,莫伟民译,上海三联书店 2001 年版,第 503 页。

坛的贺信中，明确提出了生态文明新时代的理念，即"敬畏自然，尊重自然，保护自然"。这些，都宣告了人类中心主义的退场和生态共生论的成立。人类只有一个地球家园，人与自然万物都是这个家园的成员，爱护自然、保护自然资源就是爱护人类自己，简约生活就是关爱自然万物、保护自然资源的实际行动。这应成为人类抛弃与自然对立的、耗费自然资源的生活方式，选择"简约生活"的世界观基础。我们应用新的"人与自然共生"的自然观纠正人类对自然的无尽掠夺与耗费，使其成为简约生活的哲学根据。

三、新的"节约优先、保护优先、自然恢复为主"的发展观

在人类发展有无极限的重要问题上，生态文明时代将人类发展与自然资源的矛盾作为经济社会的重要矛盾之一，提出了控制"生态足迹"的重要思想。所谓"生态足迹"，是指满足一个人的需要及吸收其产生的废料所需要的土地面积。由于人类获取自然资源的步伐的加快，"生态足迹"已经显得愈来愈紧迫。著名的罗马俱乐部组织撰写的《增长的极限》报告指出，"我们都需要一个专门的术语来指代这个星球上的人类需求和地球能提供的容量之间的关系。因此我们将使用这样一个词——生态足迹（ecologicalfootprint）"。该书又指出："进入新千年的时候，人类需要的土地数量已经超过 1.2 倍于地球可获得的土地数量。简言之，人类已经处在地球极限的 20％ 以上了。"[1]有充分材料证明，目前人类

––––––––––

[1]［美］丹尼斯·米都斯：《增长的极限》，李涛译，机械工业出版社 2006 年版，第 3、52 页。

掠夺资源的速度是资源置换速度的 1.5 倍,无尽的掠夺与耗费自然资源将使人类面临严重的生态灾难。最近,法新社报道,数十名科学家在首份"土地状况全面评价报告"中指出,由于"富裕国家的高消费生活方式,以及发展中国家因收入和人口增长所带来的日益增长的需求,包括人类的不可持续的耕种、采矿活动、污染和城市扩张导致的土地退化,正在破坏约 32 亿人——占地球人口的 40%——的福祉"。甚至"从现在到 2050 年,我们估计需要迁徙的人数可能在 5000 万到 7 亿之间"①。这些活动还对食品安全、清洁水源、空气质量、动植物生长造成威胁。最终,人类的过度消费必将威胁到自身的生存。诚如印度哲人甘地所说,"地球上提供给我们的物质财富足以满足每个人的需要,但不足以满足每个人的贪欲"②。在这种情况下,中国政府明确提出了发展与环保双赢、环保优先的重要决策,明确要求"必须坚持节约优先、保护优先、自然恢复为主的方针"。这一"节约优先、保护优先、自然恢复为主"的发展观,将自然资源的保护与节约放到经济与社会发展的首位,已经成为我国在生态文明时代践行的新的发展观。这是当前提倡"简约生活"的经济学基础。

四、新的"人与自然是生命共同体"的生态伦理观

　　传统工业文明时代的道德伦理原则局限在人类范围之内,自

①《科学家警告土地威胁 32 亿人福祉》,http：// www.ckxx.net/keji/p/100828.html。

②[印]甘地：《甘地自传》,叶李、简敏译,长江文艺出版社 2007 年版,第 163 页。

然资源没有进入道德伦理范围。那个时代不承认自然的内在价值，因此也不存在对自然的伦理关怀。但在生态文明新时代，承认自然同样具有内在价值，人的价值只有在与自然共存的情况下才有意义，已经成为伦理学的重要信条。因此，保护生物共同体成为这个时代非常重要的价值标准。著名生态理论家利奥波德在《沙乡年鉴》中提出"土地伦理"的重要观点。他认为，"当一个事物有助于保护生物共同体的和谐、稳定和美丽的时候，它就是正确的，当它走向反面时，就是错误的"①。最近，我国政府将这种生物共同体的思想进一步发展为"人与自然是生命共同体"的理论，指出"人类只有遵循自然规律，才能有效防止在开发利用自然上的弯路，人类对大自然的伤害最终伤及人类自身，这是无法抗拒的规律"。这是从"构建生命共同体"的独特视角有力地论述了自然界特有的内在价值，是对生态伦理学的突破。自然界是包括人类在内的生命共同体的不可或缺的有机组成部分，没有了自然界就没有了人类，更遑论人类的美好生存。从这种崭新的生态伦理学出发，简约生活是道德的，靡费的生活则是不道德的。因此，新的"人与自然是生命共同体"的生态伦理观为"简约生活"提供了新的道德支撑。

五、新的"够了就行"的生活观

生态文明时代新的自然观与生态观的确立，必将从根本上改变人类的生活观，从以往的"愈富愈好"转变到"够了就行"。著名

---

① [美]奥尔多·利奥波德：《沙乡年鉴》，侯文蕙译，吉林人民出版社1997年版，第213页。

生态理论家梭罗 1845 年 3 月凭借最简单的劳动工具进入瓦尔登湖区,在此生活 26 个月,直至 1847 年 5 月。在此期间,他自己开荒生产,提供生活资料,并利用空闲时间读书和观察自然。在他看来,人类"大部分的奢侈品,大部分的所谓生活的舒适,非但没有必要,而且对人类进步大有妨碍。所以关于奢华与舒适,最明智的人生活得甚至比穷人更加简单和朴素"①。梭罗根据他在瓦尔登湖的生活经验与感悟,倡导一种简单而朴素的生活,即简约的生活。他的相关学说,成为生态文明时代新的生活观的重要理论来源。1973 年,著名生态哲学家阿伦·奈斯在《深生态学》中提出了著名的当代深层生态学行动纲领之一:"除非满足基本需要,人类无权减少生命形态的丰富性和多样性。"②此后,后现代思想家大卫·雷·格里芬以诗一般的语言说出了"够了就行"的哲理:"我们必须轻轻地走过这个世界,仅仅使用我们必须使用的东西,为我们的邻居和后代保持生态的平衡。这些意识将成为'常识'。"③这种"够了就行"的生活观,实际上已经成为发达国家的一种经济与生活原则。因为,发达国家的经济增长与生活水平的提高都是建立在资源消耗与环境破坏的基础上的。诚如芭芭拉·沃德和勒内·杜博斯在《只有一个地球》一书中所说,"对于发达世界,当然有理由抱着希望。首先,要求节制和谨慎的呼声比早期更为急迫。在发达国家中,很多基本的人类的需要和享

①[美]亨利·梭罗:《瓦尔登湖》,徐迟译,吉林人民出版社 1997 年版,第 12 页。
②雷毅:《深层生态学思想研究》,清华大学出版社 2001 年版,第 53 页。
③[美]大卫·雷·格里芬编:《后现代精神》,王成兵译,中央编译出版社 1998 年版,第 227 页。

受,是在与日俱增地付出环境损失的代价下得到满足的。严格说来,幸福已在'危险的边缘上'开始起变化。为了让多数人能摆脱贫困的痛苦,忍受煤烟和灰尘可能是值得的。可是为了富裕家庭再增添新汽车和新电视机,使湖泊变成死水,河流染成五颜六色,这样的代价已开始被认为是不合理的了"①。

事实证明,英美等发达国家在经历了伦敦雾等环境灾难后,已经有了环境保护法,人们以往的无度的消费行为也有了节制。无论是自觉还是不自觉,"够了就行"已经成为一种占据主流地位的生活观,起码在他们国内是这样的情形。当然,发达国家为了保护国内环境而向欠发达国家"输出污染"的行径,是必须受到指责的。但也应该看到,"够了就行"的生活原则在发达国家中确实得到了很好的认同和普及。我们在这些发达国家很少看到私人使用大排量的汽车,也很少看到对森林资源的过度采伐和超豪华建筑。可以这样说,社会的现代化必然包含生态的现代化。因此,在我国生态文明新时代,为实现经济社会的可持续发展,满足人民日益增长的美好生活的需要,必须首先在生活上树立"够了就行"的观念,使"简约生活"成为人民美好生活需要的重要组成部分。这种新的"够了就行"的生活观,是倡导"简约生活"最直接的理论依据。

六、新的"坚持中华文化立场"的文化观

中国古代文化历来倡导"以农为本",既积累了丰富的促进人

---

① [美]芭芭拉·沃德、勒内·杜博斯:《只有一个地球》,吕瑞兰、李长生译,吉林人民出版社1997年版,第170页。

与自然和谐统一的经验,又发展出非常深刻的古典形态的生态智慧。如,"天人合一""生生之谓易""万物齐一"等。但长期以来,中国传统文化一直被西方人视为非理性、非逻辑的,因而不被工业文明时代的工具理性文化所接受。新的生态文明时代具有后现代的特点,是对现代工业文明时代工具理性主义的反思与超越,因而,前现代的中国古代生态智慧得以在当代重放光彩。其中,就包括中国古代简约生活的重要智慧。儒家在中国传统文化中占据主流地位。儒家倡导"天人合一"与"仁者爱人",将勤俭节约看作与"天地合德",符合仁爱精神的道德规范。著名的"孔颜乐处"就是这种精神的体现。孔子自称:"饭疏食饮水,曲肱而枕之,乐亦在其中矣。"他在称赞颜回时说:"贤哉,回也,一箪食,一瓢饮,在陋巷,人不堪其忧,回也不改其乐。"[1]道家强调"道法自然""以辅万物之自然,而不敢为"。老子明确地将节俭作为治国与做人的"三宝"之一。他说:"我有三宝,持而保之:一曰慈,二曰俭,三曰不敢为天下先。慈,故能勇;俭,故能广;不敢为天下先,故能成器长。"[2]佛家提倡"清静无为"与"因果报应",提示信徒"五戒十善"。明莲池大师在《沙弥律仪要略》中说道:"必也知违佛制,生大惭愧,念饿鬼苦。常行悲济,不多食,不美食,不安意食。"[3]墨子在春秋时期站在平民立场上,强烈批判上层社会奢华靡费的生活方式,提倡"节用"。春秋时期,礼崩乐坏,统治阶级腐败靡费,导致社会物质财富和自然资源的极度浪费。在这种情况下,作为下层人民代表的墨子写了著名的《节用》篇,对统治阶级

---

①杨伯峻:《论语译注》,中华书局 1980 年版,第 70—71、59 页。
②(魏)王弼:《王弼集》,楼宇烈校释,中华书局 1980 年版,第 65、166、170 页。
③(明)云栖袾宏:《莲池大师全集》,上海古籍出版社 2011 年版,第 728 页。

的腐败靡费进行了无情的批判,指出:"今天下为政者,其所以寡人之道多。其使民劳,其籍敛厚。民财不足,冻饿死者,不可胜数也。"墨子主张"节用",认为在治政、宫室、衣服、饮食、舟车与丧葬等方面均要"节用","圣王为政,其发令兴事,使民用财也,无不加用而为者。是故用财不费,民德不劳,其兴利多也"。这就是"不加者去之",即将无用的去掉的原则。墨子所谓的"节用",用现在的话来说,就是过一种"简约"的生活。墨子认为,"去无用之费,圣王之道,天下之大利也"①,主张"节用"是圣王的根本之道,是大大地有利于国家人民之道。这种"以民为本"的节用观,应该成为当代"简约生活"原则的重要理论资源。

在中国古代社会,流行着很多倡导"节用"的格言与论述。如,唐代文学家白居易的"天育物有时,地生财有限,而人之欲无极。以有时有限奉无极之欲,而法制不生其间,则必物暴殄而财乏用矣"②的论断,明末清初朱伯庐《朱子治家格言》的"一粥一饭,当思来之不易;半丝半缕,恒念物力维艰"③的格言等。明代洪应明著的《菜根谭》指出:"俭,美德也。"又说:"居家有二语:曰惟恕则平情,惟俭则足用""夜眠八尺,日啖二升,何须百般计较"等④。树立文化自信意识,坚持中华文化立场,是新时代中国特色社会主义建设的文化观,也是生态文明新时代的文化观。因此,新的"坚持中华文化立场"的文化观为"简约生活"提供了重要

① 王焕镳:《墨子校释》,浙江文艺出版社1984年版,第166、168—169页。
② (唐)白居易:《白居易文集校注》,谢思炜校注,中华书局2011年版,第1448页。
③ 朱伯庐:《朱子治家格言》,卫绍生注译,中州古籍出版社2010年版,第77页。
④ (明)洪应明:《菜根谭》,毛德富、毛曼注译,中州古籍出版社2008年版,第94、149—150页。

的本土文化资源。

七、新的"美丽中国建设"的美学观

　　2012 年,我国在中国特色社会主义建设中首次提出"美丽中国"的建设原则,第一次将建设"美丽中国"写在中国特色社会主义建设的旗帜上。这是社会主义理论的重大突破与创新。近期,我国又将"美丽中国建设"作为建设现代化强国的主要目标,提出为建设"富强民主文明和谐美丽的社会主义强国而奋斗"。"美丽中国建设"对于我国当代美学建设意义重大,我们需要很好地消化理解,进而将其变成行动。笔者认为,这首先是理论上的重大突破。它突破了传统的人类中心论、艺术中心论与人化自然论,走向人与自然共生的整体论,走向艺术与自然之美共在论,走向自然是人类之母与生命之源论。"走向自然"应该是"美丽中国建设"的关键词,以尊重自然为前提的"简约生活"成为"美丽中国建设"的题中应有之义。其次是"美丽中国建设"使传统美学由书斋走向生活,走向伟大的社会实践。"美丽中国建设"是中国的伟大实践,体现为蓝天保卫战与环保督察等巨大的富有成效的行动。由此,倡导符合生态环境保护的简约生活方式,也成为"美丽中国建设"这一伟大社会实践的组成部分。再次,"美丽中国建设"也为美学增添了新的元素,使得传统的纯艺术的精神与形式之美走向绿色的生命之美。对于"美丽"的内涵,"美丽中国建设"的理论给予了全新的阐释,即"给自然留下更多修复空间,给农业留下更多良田,给子孙后代留下天蓝、地绿、水净的美好家园"。可见,所谓"美丽"就是"天蓝、地绿、水净的美好家园"。在这里,"绿色"与"美好家园"成为关键词,生命成为其必有的内涵。"简约生活"就是一种绿色的、有利于"美好家园"建设的新审美的生活方式;"美丽中国建设"在城市建设中也有重要贡献,那就是有关城市建设的要"看得见山,望得见水,记得住乡愁"的重要理论。它给当代城市美学的重要启示,就是要建设一种有机的、富有生命力的"简约生活"的城市。"美丽中国建设"理论明确提出了"节约高效""宜居适度"与"山清水秀"的空间建设要求,将简约生活、宜居生活与绿色生活均包括在内。在育人问题上,"美丽中国建设"最重要的是要培养自觉按照"人与自然生命共同体"原则生存奋斗的年轻一代,使遵循"简约生活"原则成为他们的自觉行动。

总之,"简约生活"是生态文明新时代一种符合绿色原则的生活观念与生活方式,是中华文化优秀传统的承传,是生态文明建设的组成部分,是我们在生态文明时代必须倡导的一种行为方式。让我们践行简约生活原则,为生态文明建设和美丽中国建设做出自己的贡献。

新时代美丽中国视野下的
中国生态美学

生态美学是 20 世纪初期兴起的一种美学形态。它最初兴起于欧陆，以现象学为其理论依据，海德格尔被称为形而上的生态理论家。20 世纪 60 年代，环境美学在英美出现，以加拿大的卡尔松和美国的伯林特为代表，他们以分析哲学为理论基础，以科学认知主义为其理论工具。目前在西方美学领域，生态美学与艺术哲学的美学、日常生活的美学呈三足鼎立之势。中国的生态美学产生于 1995 年，最初以引进介绍西方环境美学为主。20 世纪初期，中国学者开始了独立探索生态美学的历史进程，出版了自己的生态美学论著，并相继召开了一系列国际性的生态美学研讨会，开始了国际性的生态美学对话，并在国际上产生了一定影响。目前，中国生态美学在国际生态美学领域仍然缺乏自己的独立话语，在国内也不断遭到质疑。2012 年，我国将"美丽中国"原则正式列为中国特色社会主义建设的重要目标；2017 年 10 月，我国正式宣布要"把我国建成富强民主文明和谐美丽的社会主义强国"，并表明中国特色社会主义进入新时代。这个新时代的重要标志，就是中国进入生态文明新时代。生态文明新时代与美丽中国建设伟大目标给中国生态美学发展提供了新的机遇与广阔的天地。我们理应抓住这一大好时机，顺势而上，加强中国形态的生态美学建设，努力使之成为国际生态美学不可或缺的一翼。

新时代美丽中国建设使得生态美学由边缘话语成为主流话语。马克思曾言，哲学是时代精神的精华。美学作为哲学的重要组成部分，当然也应该是时代精神的体现。当前，我国已进入生态文明新时代，生态美学提倡人类与自然相亲和、人类与自然和谐共生的美学精神，是一种响应主流价值取向的话语体系，是生态文明新时代的具有标志性的美学形态，因而由边缘话语进入主流话语体系。每个时代都有自己的美学话语。中国革命的时代，面临着伟大的民族解放任务，因此，毛泽东的《在延安文艺座谈会上的讲话》将"为什么人的问题"提到无上的高度，提出了著名的"人民美学"；在如火如荼的建设时期，我们面临着发展生产，改造自然的问题，因此，在两次美学大讨论中产生了"人化自然"的"实践美学"；当代，我国进入生态文明新时代，开始了向生态文明时代的社会转型，因此，生态美学响应时代的呼唤，走到了美学的前沿，成为时代的必然产物。近年来，生态美学逐步受到学术界的重视，越来越多的学者接受并从事生态美学研究，为生态美学的逐步成熟并进一步走向世界创造了条件。新时代美丽中国的建设也需要生态美学这样的生态文化作为其理论支持。法国哲学家加塔利的《三重生态学》一书提出了精神生态学观念，认为自然环境、社会关系与人类主体性三重之间，彼此是一种"二律背反"的关系，三者任何一个领域取得长足进展，都会同时促进另外两个层面的完善，最终在外在生存环境和内在生命本体的双向互动中通达生态智慧，完成人类生态救赎。这里的"二律背反"，是指自然生态理论与社会生态理论及精神生态理论的相辅相成，三者内涵既有区别，又相互依靠、相互支撑，须臾难离。自然生态理论离不开精神生态理论，精神生态理论也缺少不了生态理论的素养。如果缺少那种亲近自然、爱护自然的审美情怀，自然生态的保护与美丽中国建设都会难以实现。

新时代美丽中国建设为生态美学奠定了人与自然共生的哲学基础。人与自然的关系是最基本的哲学出发点，长期以来，特别是工业革命时期，人类遵循人类中心论的原则，将自然与人相互对立起来，根据"人是万物的尺度""我思故我在""人为自然立法"等观念对自然进行无尽的索取、开发。唯物史观认为，任何理论都不是永恒的，都是在历史中产生，又必然随着历史的发展而转型。人类中心论虽然促进了人类的发展，但工业革命也带来了大肆破坏自然的严重教训，如著名的"伦敦雾""水俣病"等，因而逐步被生态整体论所取代。我国新时代的美丽中国建设，有自己的新的生态哲学原则："尊重自然，顺应自然，保护自然，保护优先。"这里的"尊重""顺应""保护"，把人与自然的关系由对立引向"共生"。"共生"，正是新时代美丽中国建设所遵循的基本的生态哲学精神。这一哲学精神为生态美学的进一步发展提供了最基本的哲学前提。众所周知，无论是欧陆现象学之生态美学还是英美分析哲学之环境美学，都力主人与自然的共生。海德格尔以"此在与世界"及"天地神人四方游戏"代替了传统的认识论美学，环境美学以自然审美的"环境模式"取代了"对象模式"与"景观模式"，提出"自然环境是环境，它是自然的"重要原则，从而将"人类中心论"排除在外。中国学者倡导的生态美学是一种后现代语境下的"生态存在论美学"，也是对于人类中心论与传统认识论美学的突破。其中，主要是突破了在中国具有广泛影响的"实践美学"之"人本体""情本体"与"工具本体"等，开创了中国美学的新时代。这也是新时代的生态美学强烈时代精神的体现，是其进入世界美学话语的哲学根基。

　　新时代美丽中国建设为新的生态美学确立了新的对象与内涵。长期以来，美学的对象都是艺术。黑格尔主张美学即"艺术哲学"，将艺术与艺术之形式美作为美学的基本对象。这一观点深深地影响着中国美学。但新时代美丽中国建设给予了"美丽"以新的界定，所谓"美丽"即是"绿色与生命"。这就赋予了生态美学以全新的审美对象与全新的美学内涵。就审美对象而言，美丽中国的绿色与生命就将"美丽洁净"的大自然作为最重要的审美对象之一；在美学内涵上，"绿色与生命"成为生态美学的基本内涵。中国生态美学在国际美学界首次鲜明地提出以绿色与生命作为美学的主要内涵。这就突破了传统美学的有关审美的论述，如，康德的"静观美学"与"无目的的合目的的形式之美"，黑格尔的"美是理念的感性显现"，也包括实践美学的美是人的"本质力量的对象化"的界定。因为，这些美学学说，都脱离了大自然与绿色生命，主张一种反自然的，或者说，改造（压迫）自然之美。

　　新时代美丽中国建设为新的生态美学赋予了新的"生命共同体"的价值伦理观念。传统美学的伦理观是人类中心论的，自然被视为附庸，自然只有在"朦胧预感"到人的特征与人的理性时才是美的。实践美学将人的社会性作为美的最主要标志，不承认大自然与生命自身自有其美，认为只有在人的社会实践达到之处才有自然与生命之美。相反，欧美一些美学家坚持"生态中心论"的哲学立场，提出"自然全美"与"荒野哲学"的著名观点。我国新时代美丽中国建设坚持人与自然是"生命共同体"的哲学与伦理学立场，坚持所有的"内在价值"都只有在"生命共同体"的范围内才有其价值与意义，从而以崭新的"整体论"取代了各有偏颇的人类中心论与生态中心论。这种"生命共同体"观是当代最先进的价值观与伦理观，是中国为世界贡献的最有价值的生态伦理与生态美学，成为中国生态美学的亮点之一。

　　新时代美丽中国建设为生态美学开拓了中国传统文化的最重要资源，使得生态美学的中国话语建设有了坚实的基础。长期以来，国外学者，甚至国内学者对中国有没有哲学，有没有美学，一直是持怀疑态度的。即使是坚持中国有自己的哲学、美学的学者，对中国哲学、美学的研究往往自觉不自觉地采取"以西释中"的研究范式。生态美学在中国提出之后，又有关于中国有没有生态美学的质疑。新时代美丽中国建设提出"文化的自信"，强调"坚守中华文化立场"，主张中华民族绵延五千年，繁衍生息，自有其独有的哲学、美学与生态美学。我们认为，人类文化的发展，不是西方在先，西方优越，中国在后，中国追随西方的线性发展，中西是两种不同类型的文化，各有千秋，各有特色，只能互补互证，相得益彰，不能互相取代，互相对抗。就生态文化来说，由于中国传统社会历来以农耕为最主要的生产方式，甚至是生活方式，因而，生产方式、生活习俗等与亚热带气候下的相对封闭的适宜农耕的地理环境相互"调适"，产生了"原生性"的生态文化，崇尚"天人合一"，追求人与自然的和谐。中国传统文化关于人与自然关系的观念，以"天人合一"为核心，集中体现在"生生"哲学上。因此，我们把中国传统的生态美学概括为"生生美学"，认为"生生之美"包含变易、创生、创新、仁爱等丰富的内涵，是中国传统文化对当代生态文明、生态美学的伟大贡献。在这方面，宗白华、钱穆、牟宗三、方东美等前辈学者已经做出了深刻阐发，值得充分重视。相对而言，西方自古希腊以来就是一种以实体性为其对象的科技文化，工业革命以后，科技文化发展到工具理性文化，造成严重的环境污染。当代西方学界在反思人类中心主义的基础上，受到东方文化,主要是中国文化的启发,提出了新的后生的、反思性的生态文化观念,包括生态美学与环境美学。从这个角度出发,我们可以看到,中国文化传统具有无穷的有机的"生生之美",完全可以与欧陆现象学之"此在与世界"的阐释之美、英美环境美学对审美模式进行恰当与不恰当判断的认知之美等构成对话关系。因此,新时代美丽中国建设的"文化自信"精神,促使中国传统的"生生美学"再现生机,发扬光大,也推动着中国生态美学走向世界。这无疑是生态美学发展的伟大机遇。

新时代美丽中国建设还为中国生态美学建设拓展了领域,使之由学院走向社会,走向中国特色社会主义建设的第一线。新时代美丽中国建设不是纸上谈兵,而是一种伟大的社会实践。从生态文明建设领域看,从 2012 年至今,特别是 2017 年以来,我国已经开展了规模宏大的蓝天保卫战、大气污染防治、土壤污染防治与环境保护督察等重要举措,取得了巨大成效。新时代美丽中国建设要求新时代的生态美学不仅要在理论建设方面迈出更大的步伐,而且要求生态美学走向社会实践的第一线,与大规模的城市建设、新农村建设以及经济建设紧密接轨,在社会实践上做出大的贡献。在这方面,当代中国生态美学建设应该改变过于学院派、"坐而论道"的局限,积极向英美环境美学学习参与生态文明建设的实践经验,学习他们将环境美学观念运用于景观建设、旅游设计、城市开发、农村发展、建筑规划等方面的积极成就。新时代的生态美学要想真正走向世界前列,就必须结合实际。因为新时代美丽中国建设是 14 亿人的前无古人的伟大实践,也是历史上空前的实践,一定会为学术建设提供无比丰富的资源。我们可以设想,到 21 世纪中叶,我国将建成富强民主文明和谐美丽的社会主义现代化强国,美丽中国目标得以实现,这将是人类社会的伟大创举,我们美学工作者能参与这一伟大实践,能够在这种伟大实践中学习体验,使得我们的生态美学在这一伟大实践中发挥一点作用,那将是我们美学工作者从未有过的幸福!

发展生态美学，
建设美丽中国①

　　新时代生态文明与美丽中国建设的伟大目标和伟大实践为中国生态美学发展提供新的机遇与广阔天地。我们应抓住这一时代机遇，乘势而上，推动发展完善中国形态的生态美学，为建设美丽中国提供更大智慧支持，努力使之成为国际生态美学不可或缺的一翼。

　　建设美丽中国要求生态美学不仅要在学术探讨方面迈出步伐，而且要走向社会实践第一线，与城市建设、新农村建设以及经济建设紧密接轨，做出新的更大贡献。

　　2012 年，"美丽中国"被正式列为中国特色社会主义建设重要目标之一；2017 年 10 月 18 日，习近平同志在中国共产党第十九次全国代表大会上作报告，提出"把我国建成富强民主文明和谐美丽的社会主义现代化强国"。新时代生态文明与美丽中国建设的伟大目标和伟大实践为中国生态美学发展提供新的机遇与广阔天地。

---

①原载《人民日报》2018 年 6 月 22 日第 24 版。

当代中国生态美学，反映新时代精神，重表人与自然关系

中国生态美学兴起于 1994 年，开始主要以介绍西方环境美学为主。21 世纪初期中国学者开始独立探索生态美学，出版中国生态美学论著，召开一系列国际生态美学研讨会，开始与国际生态美学对话。

新时代美丽中国建设使生态美学由边缘转向主流。马克思曾言，哲学是时代精神的精华。美学作为哲学重要组成部分，自然也是时代精神的体现。在新时代，生态文明建设被提高到前所未有的高度，生态美学反映当代中国人与自然和谐共生的美学精神，是一种反映社会主流价值取向的话语体系，是新时代具有标志性的美学形态。生态美学正由美学边缘进入美学主流。

其实，每个时代都有自己的美学话语。在战火弥漫的革命年代，毛泽东同志《在延安文艺座谈会上的讲话》中提出"文化和军事"两条战线，提出"文艺为工农兵服务"的美学思想；在如火如荼的社会主义建设时期，人们面临改造自然、发展工业农业的任务，在两次美学大讨论中产生了"人化自然"的"实践美学"；当前，我国社会正大踏步走进生态文明新时代，"人化自然"的实践美学已经不能完全满足时代需要，生态美学响应时代呼唤，走到美学前沿，这是时代发展的必然趋势。

生态美学也逐步受到学术界重视，可预见将有更多学者接受生态美学并从事生态美学研究，进而推动生态美学发展成熟，为新时代美丽中国建设提供哲学美学话语支持。法国哲学家加塔利在其《三重生态学》中提出精神生态学，认为自然环境、社会关

系与人类主体性是"二律背反"的关系,其中任何一个领域取得长
足进展,都会同时促进另外两个层面的完善,最终在外在生存环
境和内在生命本体的双向互动中通达生态智慧,改善人类生态。
这里的"二律背反"是指自然生态理论与社会生态理论及精神生
态理论的相辅相成,三者内涵既有区别又相互依靠、相互支撑,须
臾难离:自然生态理论离不开精神生态理论,离不开人的生态素
养;缺乏生态理论素养,特别是缺乏亲近自然、热爱自然的审美情
怀,自然生态保护与生态文明建设就难以落实。

　　新时代美丽中国建设为生态美学发展奠定了人与自然共生
的实践基础。人与自然关系是最基本的哲学出发点,长期以来特
别是工业革命以来,人类尊奉人类中心论的哲学原则,将自然与
人相互对立起来,无休无止地向自然索取,"人是万物的尺度""人
为自然立法"等人类中心论的理论观点,一度占据压倒性优势。
但从唯物史观看来,任何理论形态都不是永恒的,都在历史上产
生又在历史发展中转型。接受工业革命后大肆破坏自然的严重
教训,经历了伦敦雾与日本水俣病这样的生态灾难,人类开始反
思,人类中心论逐步被生态整体论代替。

　　我国新时代美丽中国建设提出自己新的生态哲学原则:尊重
自然、顺应自然、保护自然、保护优先。这里,尊重、顺应、保护,将
人与自然由对立引向"共生"。"共生"正是新时代美丽中国建设
所遵循的基本生态哲学原则。这个哲学原则为生态美学发展提
供最基本的哲学理论前提。众所周知,无论是欧陆现象学生态美
学还是英美分析哲学之环境美学,都是力主人与自然之共生。中
国学界推崇的生态美学倡导体现中国精神尤其中国生态精神,同
时也是对人类中心论与传统认识论美学的突破,是其进入世界美
学话语的哲学根基。

突破传统美学内涵，"整体论"
成为生态美学新亮点

　　新时代美丽中国建设为新的生态美学确立新的对象与内涵。长期以来，美学的对象都是艺术，黑格尔所谓美学即"艺术哲学"深深影响中国美学界，将艺术与艺术之形式美作为美学的基本对象与基本内涵。新时代美丽中国建设给予"美丽"以新的界定：所谓"美丽"即主要是"绿色与生命"。以此指导中国生态美学建设，就赋予生态美学以全新审美对象与全新审美内涵。就审美对象而言，美丽中国建设将人与自然的"绿色与生命"的审美关系作为最重要的审美对象之一，在国际美学界首次鲜明地以"绿色与生命"作为美学主要内涵。这就突破了传统美学有关审美内涵的论述，即主要突破了康德"静观美学"与"无目的的合目的的形式之美"、黑格尔"美是理念的感性显现"，当然也突破了中国实践美学的"本质力量对象化的美"，这些美学观基本都是人类中心论观念统摄下的"改造自然"之美。

　　新时代美丽中国建设为生态美学赋予新的价值伦理判断。传统美学的伦理判断是人类中心论的，自然被视为附庸，实践美学也是将人的社会性作为美的最主要标志，不承认大自然与生命的自身之美，认为只有在人的社会实践达到之处才有自然与生命之美，无法解释人类实践所达不到的自然现象。而英美一些美学家则持有"生态中心论"的哲学立场，提出"自然全美"与"荒野哲学"的判断。其实，无论人类中心论，还是生态中心论，都带有某种乌托邦色彩。我国新时代美丽中国建设坚持一种人与自然共生的哲学与伦理学立场，这就以一种崭新的"整体论"取代了各有偏颇的人类中心论与生态中心论,坚持所有"内在价值"都只有在这一范围内才有其意义。这种价值观与伦理观是当代最先进的价值观与伦理观,是中国为世界提供关于生态伦理与生态美学最有价值的思想方案,成为中国生态美学亮点之一。

构建生态美学中国话语,推动美丽中国建设伟大实践

新时代美丽中国建设为生态美学接通中国传统文化重要资源,使生态美学的中国话语建设有了坚实基础。长期以来,有一种观点认为文化发展是线性的,西方文化强于中国,所以必须"以西释中",甚至全盘西化。他们认为中国古代没有哲学、没有美学,也没有生态美学,只有所谓各种"智慧"。当我们在新时代更加平和、客观地反观自身时,就会获得应有的文化自信与中华文化立场,就会重新发现中华文明绵延生息过程中逐渐发展出来的独有的哲学、美学与生态美学。我们强调文化主要不是生产力,而是生活方式,在文化发展上坚持不同于"线性说"的"类型说",认为中西文化是两种不同的类型,各有千秋、各有特色,只能互补互证、相得益彰,不能互相取代、互相对抗。我们认为,生态文化对于以农耕为主的中国传统社会来说是一种在特定历史地理环境与生产习俗调适下发展出来的原生性文化,以"天人合一"为其文化模式,以阴阳相生为其基本内涵。所以我们提出"生生之美",包含变易、创生、创新、仁爱与心性等丰富内涵,这些亦是中国传统文化与美学中具有本体性的哲学与美学元素。众多前辈学者已经论述"生生之美"的内涵与价值。反观西方自古希腊以来就是一种以实体性为对象的科技文化,进而发展为工具理性文

化，造成严重环境污染，此后才在反思基础上，借鉴东方文明主要是中华文明，产生反思性生态文化。由此出发，我们可以看到中国具有有机性的"生生之美"，相对于欧陆现象学之"此在与世界"的阐释之美，以及英美环境美学对审美模式进行恰当与不恰当判断的认知之美，恰恰构成一种三角对话关系，使得中国"生生之美"具有走向世界、建设中国生态美学乃至美学重要话语体系的广阔空间。

新时代美丽中国建设还为中国生态美学建设拓展领域，使之由书本走向社会，走向中国特色社会主义建设第一线。新时代美丽中国建设不是纸上谈兵，而是13亿中国人前无古人的伟大实践。党的十八大以来，我国生态文明建设领域开展了规模宏大的蓝天保卫战、大气污染防治、土壤污染防治与环境保护督察等重要工作，取得重大成效。新时代美丽中国建设要求生态美学不仅要在学术探讨方面迈出步伐，而且要走向社会实践第一线，与城市建设、新农村建设以及经济建设紧密接轨，在社会实践上做出新的更大贡献。

21世纪中叶，我国将建成富强民主文明和谐美丽的社会主义现代化强国，美丽中国目标得以实现，这将是人类社会的伟大创举，我们美学工作者能参与这一伟大实践，能够在这个伟大实践中有所创造、有所贡献，那是我们美学工作者从未有过的幸福，也是我们毕生的追求。

我国自然生态美学的发展
及其重要意义①

——兼答李泽厚有关生态美学是
"无人美学"的批评

新中国成立以来，我国美学事业在老中青三代人的共同努力下有了长足的发展，其影响之大，从业人数之多，人民群众的接受与喜爱程度等，都是举世无双的。目前，国际美学呈自然生态美学、艺术哲学美学与日常生活美学三足鼎立发展之势。在生态文明新时代，我国当代生态美学也呈良好发展态势。但对我国生态美学的发展，目前学界的评价不尽相同。最近，李泽厚先生批评我国当代生态美学"以生物本身为立场"，是"无人美学"。② 本文拟通过对我国自然生态美学发展的回顾及其意义的阐发回应李泽厚先生的批评。

新中国成立以来，我国自然生态美学的发展，可以划分为新中国成立后的前 30 年、改革开放初期与生态文明新时代三个阶段。

---

①原载《文学评论》2020 年第 3 期。
②李泽厚：《从美感两重性到情本体》，山东文艺出版社 2019 年版，第 276 页。

一、新中国成立后前 30 年美学大讨论中马克思主义唯物主义自然美论的崛起与发展

从 1956 年起,我国开始了影响极为广泛的美学大讨论。这次美学大讨论是以批判朱光潜的唯心主义美学观为其开端的,而且也是以推行马克思主义唯物主义的教育为其目的,但在一定程度上贯彻了"双百"方针。这次大讨论以美的本质问题为指归,产生了著名的客观论、主观论、主客观统一论与社会论(后来称作"实践论")四派美学理论。从传统的意义上讲,学术界总体上比较赞成李泽厚代表的社会论及其"人化自然"美学观,认为其他各派美学理论均各有其局限。例如,将以蔡仪为代表的客观论视为机械唯物主义等。但 60 多年后的今天,重新回顾这场大讨论,特别是从当代自然生态美学发展来审视,我们感到应该有一个重新认识与评价。当然,这并不意味着要取代当时历史语境中的评价,实践论美学及其"人化自然"观仍然是那场美学大讨论最重要的理论成果,具有历史的必然性与理论的合理性、自洽性。但今天看来,实践论美学观的历史局限是十分明显的,尤其是其自然美论与"人化自然"的美学界定,显然具有明显的"人类中心论"的理论倾向。反之,被学术界多有诟病的蔡仪的"客观论"美学,特别是其自然美论,却显现出特有的理论价值。特别是,在 20 世纪 50 年代,自然生态美学在国际上也还处于萌芽状态。利奥波德 1948 年提出了著名的"大地伦理学",而蔡仪早在 1947 年出版的《新美学》中就提出了自然美论。此后,蕾切尔·卡逊 1962 年出版了著名的《寂静的春天》,赫伯恩 1966 年发表了《当代美学及其

对自然美的遗忘》。因此,蔡仪的客观派自然美论在 20 世纪 60
年代提出与发展,无论从国际还是国内美学领域来说,都是一个
有重要意义的学术事件,值得我们重视并给予重新评价。

今天回过头看,蔡仪的马克思主义唯物主义自然美论有这样
四个方面的学术贡献:

第一,坚持自然美是没有人力参与的纯自然产生的物的美。
蔡仪指出:"作为自然的美却不是'从外部注入自然界'的,也不是
人或神创造的——自然现象和自然事物的美,在于它们本身所固
有的性质,在于这些自然物本身所具有的美的规律。"①在"美学
即艺术哲学"的观点占统治地位的形势下,这一观点的唯物论的
立场是特别坚定的。西方 20 世纪 60 年代产生的"环境美学",其
要旨也是在于解决"自然美的遗忘"问题。蔡仪所坚持的自然美
的客观性对我们今天的生态美学建设是一种提示,那就是:尽管
美是一个关系性概念,但自然美的审美价值及其客观性因素却是
不可忽视和遗忘的。

第二,坚持自然美在于自然自身的价值。蔡仪指出,"自然界
的事物是由客观的物质性所决定的,并不依赖于人的意识而存
在,也不是由于有任何其他的原因而产生,当人类社会还未形成
的时候,就早已存在着自然世界"。又说:"自然事物或自然现象
之所以美,首先在于它们本身所固有的特殊性质,在于这些自然
事物或现象所具有的美的特性。"②这就坚持了自然美价值的自
在性。我这里用"自在性",而没有用目前生态伦理学常用的"内
在价值",是因为"内在价值"包含着某种"意识性"内涵,比较复

①《蔡仪文集》第 9 卷,中国文联出版社 2002 年版,第 24 页。
②《蔡仪文集》第 9 卷,中国文联出版社 2002 年版,第 187 页。

杂,而蔡仪并未涉及生态伦理学,所以用与"内在价值"大体同格的"自在性"概念。作为自然美特性的"自在性"已经鲜明地触及自然美固有的美学价值。这里还有一个"美"之界定问题。蔡仪认为,"自然美是一种客观的实体",但当前一般认为自然美是一种关系中的存在,美在关系几成共识。荒野哲学家罗尔斯顿认为,"有两种审美品质:审美能力,仅仅存在于欣赏者的经验中;审美特性,它客观地存在于自然物体内"。只有两者的结合,才能产生自然的审美。但审美特性"这些事件在人们到达以前就在那里,它们是创造性的进化和生态系统的本性的产物"。① 罗尔斯顿的《哲学——走向荒野》写于 20 世纪 60—80 年代,而蔡仪关于自然美的自在性的论述,则始于 1947 年的《新美学》,更早于罗氏。

第三,提出自然美是一种认识之美、典型之美,乃至生命之美。蔡仪主张,审美是一种反映或认识。他说:"美的本质是什么呢？我们认为美是客观的,不是主观的;美的事物之所以美,是在于事物本身,不在于我们的意识作用。但是客观的美是可以为我们的意识所反映,是可以引起我们的美感。而正确的美感的根源正是在于客观事物的美。"② 在此基础上,蔡仪认为,自然美是一种"典型之美"。他说,"所谓美原来就是'个别里显现一般'的典型,也就是事物的本质真理的具体体现";又说:"树木显现着树木种类的一般性的那种树木,山峰显现着山峰种类的一般性的那种

① [美]霍尔姆斯·罗尔斯顿:《从美到责任:自然美学和环境伦理学》,载阿诺德·伯林特主编《环境与艺术:环境美学的多维视角》,刘悦笛译,重庆出版社 2007 年版,第 158 页。
② 《蔡仪文集》第 1 卷,中国文联出版社 2002 年版,第 235 页。

山峰,它们的当作树木或山峰是美的。这样的人体的美,树木的美,山峰的美,便是自然美。"①那么,具体说来,自然美中这种"个别里显现一般"的"一般"是什么呢?蔡仪将之归结为植物的"苗壮蓬勃,欣欣向荣"、动物的"活力充沛,生气勃勃",等等。显然,蔡仪是将生命活力看作自然美的基本条件的。对于缺乏生命活力的生物,蔡仪认为,它们是"发展的不充分,没有典型特征的",因而是不美的,例如跳蚤等。② 这样,就回答了质疑者所提出有没有"典型的跳蚤"与"典型的苍蝇"的疑问。后来,蔡仪又将马克思《1844年经济学哲学手稿》之中的有关人也按照"美的规律建造"的"两个尺度"看作是与"典型"等同的美的内涵。这种将生命活力作为自然美的尺度的看法也是具有一定的价值与意义的。当前,我们从"人与自然的生命共同体"的角度来审视自然之美及自然的价值,应该是自然美生命论的进一步发展。

　　第四,坚定地批判了"人化的自然"的美学观点。蔡仪对李泽厚的美是"人化的自然"观点进行了深刻的反思与批判。他说:"把客观世界中的任何事物、包括自然事物都看作经过人的活动而成为'自然的人化'和'人的对象化'的成果,无异于把主观的人看作宇宙万物至高无上的创造主。而用这样的观点去说明美的本质、包括自然美的本质,不但在理论上是根本错误的,而且在实践上也是荒唐的。存在于自然界的许许多多美的事物,并非都是经过'人化'的产物。崇山峻岭中郁郁葱葱的原始森林,汪洋大海中奇特的贝藻、鱼虾,茫茫草原上的奇兽珍禽,甚至还有云南附近大片的石林,贵州安顺一带可能仍未发现的某些溶洞,皆属天然

①《蔡仪文集》第1卷,中国文联出版社2002年版,第331页。
②《蔡仪文集》第9卷,中国文联出版社2002年版,第202页。

存在的纯自然事物。它们既然不同于社会事物，又怎么可能具有社会性并决定着它们的美呢?"①以上论述，包含两个方面的重要内涵。首先，指出"人化的自然"的美学观实质上是"把主观的人看作至高无上的创造主"。这实际上是对这一观点的"人类中心论"立场的批判；其次，认为原始森林、奇珍异兽等人类没有涉足的自然事物是无所谓"自然的人化"的。这可以说击中实践美学的软肋。尽管李泽厚以所谓"广义的人化"即"人类征服自然的历史尺度"与共生、审美与相依等来阐释"广义的自然人化"，但未免堕入"移情"之说，成为理论的自毁。再就是，对于李泽厚所说的"人化的自然"之说来自马克思的《1844 年经济学哲学手稿》，蔡仪也给予较为有力的批判。他以充分的证据证明，该书所论"人化的自然"是在"异化劳动"部分，并非论述审美。他还指出，该书作为马克思早期论著，并没有列入马克思准备正式发表的文献，其中保留了较为明显的德国古典哲学，特别是费尔巴哈人本主义哲学的遗痕。

　　总之，蔡仪的自然美论，是迄今完全可以与国际学界同时出现的自然生态美学相比肩的，是我国美学大讨论的重要成果，在某些方面与加拿大环境美学家卡尔松的认知论环境美学有相同之处。特别要强调的是，蔡仪的自然美论是马克思主义唯物主义的自然美论。因此，曾经有学者在蔡仪美学学术研讨会上表示了对于蔡老的"迟到的敬意"。当然，李泽厚"美是人化的自然"之说仍然是美学大讨论最具代表性的理论成果，适应了那个工业革命时代人类改造自然、"人化自然"的时代需要，故而成为一个时代的美学标签。但蔡仪的自然美论的立场坚定性与时代超前性也是毋庸置疑的，应该被视为美学大讨论的另一重要学术成果，并

---

① 《蔡仪文集》第 9 卷，中国文联出版社 2002 年版，第 235 页。

得到重新认识与评价。当然，蔡仪客观论美学尽管具有其自洽性，其局限也是明显的。这主要表现为：由于对于"客观性"的突出强调，从而导致对主体性的忽视。这也就是李先生所说的一定程度上成为"无人美学"。不过，蔡仪后期运用马克思"按照美的规律造型"的论述，已经包含了隐藏的"人"的出场。尽管如此，仍然无法抹杀蔡仪的自然美学观在那个特殊时代的价值意义。

当前，我们已经进入后工业文明的生态文明时代，人的过分的"自然的人化"所造成的生态环境问题已经极大地威胁到人类自身，甚至导致了种种戕害人类的生态灾难。在这种情势下，不知李泽厚先生如何从历史的与时代的眼光看待这场大讨论，也不知李先生如何以此看待自己的"有人的""人本体"的"实践美学"，以及如何看待蔡仪对于"人本体"的"实践美学"是"把主观的人看作至高无上的造物主"的批评。众所周知，时代性与历史性是一切理论的价值坐标，对此李先生一定是认同的。

二、改革开放以来自然生态美学的引进与生态存在论等美学思想的提出

1978 年起，我国实行改革开放政策，执行"实事求是，解放思想"的思想路线，迎来了哲学社会科学的春天，极大地推动了哲学社会科学的发展。其中，就包括自然生态美学的发展。由于我国属于后发展国家，真正的工业革命实际上是从改革开放新时期开始的。但短时期的工业革命，在推动经济极大发展的同时却带来了严重的环境污染。因此，自然生态美学的发展是在环境污染较为凸显的 20 世纪 90 年代开始的，大体分两个阶段。首先是 90 年

代初期至 2001 年 10 月先后举办了"全国首届生态美学学术研讨会"等相关学术会议。这一阶段属于引进为主的阶段;第二阶段在 2002 年之后,属于反思建设阶段。引进阶段,陈望衡、王治和、刘蓓、李庆本、韦清琦与杨平等均做出重要贡献;反思建设阶段,一批中国学者出版了具有个人风格的自然生态美学论著。他们是徐恒醇、鲁枢元、王诺、曾永成、陈望衡、袁鼎生、程相占、王晓华、彭锋、章海荣、胡志红、赵奎英、王茜、胡友峰、李晓明等学者。其中,陈望衡的《环境美学》提出了"景观""乐居"与"乐游"等范畴;鲁枢元的《生态文艺学》提出了著名的生态学三分法:自然生态、社会生态与精神生态;王诺的《欧美生态文学》提出了著名的"生态整体论";曾永成的《文艺的绿色之思——文艺生态学引论》提出了"马克思主义实践唯物主义人学论及生命观",均有重要价值。本文着重概括论述生态存在论美学的立场与基本观点。

第一,从"后现代"出发的时代意识与"改善人的生存"的人文立场。

生态存在论美学是与时代紧密联系的。哲学是时代精神的精华,美学是时代精神的重要表征。每个时代都有反映自己时代精神的美学,生态存在论美学就是"后现代"即新的生态文明时代的美学。我们借用美国学者大卫·雷·格里芬的建设性后现代理论,认为生态存在论美学是一种以反思与超越现代性工业革命与理性主义为主的建设性后现代美学。我本人曾就此发表《生态美学:后现代语境下崭新的生态存在论美学》《当代生态文明视野中生态美学观》。"后现代"的反思与超越性决定了生态存在论美学包含着一系列由经济社会转型带来的哲学与文化转型。"这一转型具体包括由认识论转化到存在论;由人类中心转化到生态整体;由主客二分转化到关系性的有机整体;由主体性转化到主体间性;由轻视自然转化到遵循美学与文学中的绿色原则;由自然的祛魅转化到自然的部分复魅;由欧洲中心转化到中西平等对话。"①为了推进新时代的这种转型,山东大学文艺美学研究中心与首都师范大学合作于 2007 年底召开了"转型期的中国美学学术研讨会",深入探讨了一系列社会的、哲学的与美学转型的理论与学术问题。

　　生态存在论美学提出的另一个重要出发点是它的"改善人的生存"的人文立场。为什么要提出生态存在论美学?为什么要将"生态"与"存在"紧密联系?这主要是因为生态的破坏与环境的污染极大地威胁到人的生存状态与生存质量,甚至会影响到我们的后代。2009 年,我在吉林人民出版社再版《生态存在论美学论稿》时,在封面上加印了一段话:"生态美学问题归根结底是人的存在问题。因为,人类首先并必须在自然环境中生存,自然环境是人类生命之源,也是人类健康并愉快生活之源,同时也是人类经济生活与社会生活之源。而由'人类中心主义'所导致的日渐严重的资源缺乏和环境污染直接威胁到的就是人类的生存,这是使人类生存状态出现非美化的重要原因之一。而从环境污染的遏止与自然环境的改造来说,最重要的也不是技术问题与物质条件问题,而是文化态度问题。人类应该以一种'非人类中心'的普遍共生的态度对待自然环境,同自然环境处于一种中和协调、共同促进的关系。这其实就是一种对自然环境的审美的态度。"这一段话明确地标示了生态存在论美学的要旨,以及将生态与存在紧密联系的原因。生态存在论美学将人的存在放在生态美学的

---

① 曾繁仁:《生态存在论美学论稿》,吉林人民出版社 2009 年版,"序"第 4 页。

首位,这难道还是一种"无人美学"吗?

第二,马克思主义实践存在论与生态文明理论的指导。

生态存在论美学是以马克思主义理论为指导的。首先,生态存在论美学尽管借鉴了海德格尔的存在论"此在与世界"及"天地神人四方游戏"理论,但从根本上来说,是以马克思主义实践存在论为指导的。19世纪后期,哲学领域由对工业革命反思而发生由传统认识论到存在论的哲学转型。这个转型首先是由马克思所预见并论述的,马克思1845年的《关于费尔巴哈的提纲》批判费尔巴哈唯物主义强调客体而忽视人类实践,提出了包含人类自由解放的实践存在论。"首先,马克思的唯物实践观,是以个人的自由解放与美好生存为出发点的;其次,以整个无产阶级与人类的解放与美好生存为其理想与目标;最后,以社会实践为最重要的途径,包括社会革命(就是要推翻资本主义制度)和生产实践。只有这样,才能真正逐步克服人与自然的矛盾,人与自然的统一也只有在马克思主义实践存在论与社会实践的基础上才能实现。"①马克思的《1848年经济学哲学手稿》《资本论》,以及恩格斯《自然辩证法》,都包含着深刻而丰富的生态观与美学观。特别是恩格斯的《自然辩证法》,已经对工业革命导致的"人类中心论"的危害发出了惊心动魄的警告:"我们不要过分陶醉于我们对自然胜利。对于每一次这样的胜利,自然界都报复了我们。每一次胜利,在第一步,我们确实都取得了我们预期的结果,但是在第二步和第三步却有了完全不同的、出乎意料的影响,常常把第一个结果又取消了。"②工业革命以来的无数生态灾难,都证明了恩

①曾繁仁:《生态美学导论》,商务印书馆2010年版,第121页。
②《马克思恩格斯选集》第3卷,人民出版社1972年版,第517页。

格斯上述论断的无比正确,都在警示我们必须对自然常怀敬畏之心!

更为重要的是,生态存在论美学从根本上是立足于当代有中国特色社会主义创新理论的生态文明理论基础之上的。党的十八大之后,这种指导作用就更加明显,要求我们将人在优美生态环境中美好生存放在首要位置。

第三,"生态整体主义"哲学立场的建立。

生态存在论美学的基本哲学立场是对于人类中心主义的扬弃与生态整体主义哲学立场的建立。生态存在论美学认为,任何理论都是一种历史形态,在历史中产生并在历史中转型。人类中心主义实际上是工业革命的产物,是一种现代性的理论形态。随着"后现代"即"后工业社会"的到来,人类中心主义必将退出历史舞台。"人类中心主义的终结具有十分伟大的意义,标志着一个时代的结束。正如著名的绿色和平哲学所宣称的那样,人类并非这一星球的中心。生态学告诉我们。整个地球也是我们人体的一部分,我们必须像尊重自己一样,加以尊重。"这个绿色和平哲学将"人类中心主义"的瓦解说成是一场"哥白尼式的革命"①。实践美学的"美是人化的自然"其实是人类中心主义的典型体现。生态存在论美学的提出,意味着当代中国美学领域需要实现"由实践美学到生态美学"的转型。实践美学"以人化的自然为其理论标志,包括'人类本体''工具本体''积淀说'与'合规律与合目的的统一'等一系列观点,显然还是属于人类中心论的认识论美学"。②

---

① 曾繁仁:《生态美学导论》,商务印书馆 2010 年版,第 52 页。
② 曾繁仁:《生态美学基本问题研究》,人民出版社 2015 年版,第 21 页。

　　与人类中心主义相对立的是生态中心主义,生态中心主义强调自然生物的绝对价值,必然导致对于人的需求与价值的彻底否定,从而走向对于人的否定。这也是一条走不通的道路。既然人类中心主义与生态中心主义都是走不通的路,那就只剩下一条道路,就是生态整体主义,也可以称为新的生态人文主义。生态整体主义成为生态存在论美学的最基本的哲学立场。生态存在论美学认为:"正确的道路只有一条,那就是生态人文主义的原则下只承认两方价值的相对性并将其加以统一,这才是一条共生的可行之路。"①由此,我们认为,作为"有人的美学"的"实践美学"实际上是一种"人本体"的"人类中心论"美学。这种"人类中心论"是工业革命的产物,是一种罔顾人与万物必须保持生态平衡的理论形态,是与生态文明时代相背的,应该代之以"生态整体论"的生态美学!

　　第四,中西对话交流中生态存在论美学范畴的建设。

　　生态存在论美学不同于传统的作为艺术哲学的美学,传统美学所包含的静观的对象性的形式美学以及以人为主导的移情的美学,应该加以摒弃。生态存在论美学在坚持生态整体主义哲学立场的同时通过范畴建构发展自身,其主要途径是中西哲学—美学的交流与对话。生态存在论美学根据中国当下生态美学建设的需要,对于欧陆现象学生态美学、英美环境美学、文学生态批评以及中国传统美学等所包含的有关美学范畴加以选择性阐释,初步建构了自己的美学范畴,包括:作为基本美学范畴的"生态存在之美",作为生态美学对象的生态系统的审美,以及生态审美本性论、诗意地栖居、四方游戏、家园意识、场所意识、参与美学、生态

①曾繁仁:《生态美学导论》,商务印书馆2010年版,第65页。

文艺学、阴柔与阳刚两种生态审美形态、生态审美教育等内涵。①
这些范畴,主要突出了人在生命中显现的生命之美、人与自然四
方游戏的共生之美与人在自然家园中诗意栖居之美,与传统的艺
术哲学,特别是实践美学具有不同的面貌与内涵。

第五,生态存在论美学的文学与艺术根基的探寻。

生态存在论美学在近 20 年的研究中还努力挖掘生态存在
论美学的文学与艺术根基,进一步证实理论形态的合理性。首
先,从中国传统艺术开始,因为中国传统社会是农耕社会,中国
传统艺术基本上是一种自然生态的艺术,所以,中国传统艺术恰
与生态存在论美学贴近。例如,作为中国最古老的诗歌总集的
《诗经》契合了中国传统的"中和之美"。其中,具有浓郁家园意
识的"归乡"之诗,反映了"饥者歌其食,劳者歌其事"与桑间濮上
之爱情的风体诗,表现古典生态平等的"比兴"手法,追求环境
"宜居"的"筑室"之诗,反映农业生产的"农事"诗,敬畏上天的
"天保"诗,以及古代巫乐诗舞相统一的"乐诗"等,无不反映了中
国古代的生态审美意识。从西方文学来看,虽然主要体现了人
类中心为主的人文主义传统,但也不乏歌咏自然的浪漫主义的
作品。例如,著名的《查泰莱夫人的情人》就是"对于原始自然持
肯定态度"的小说,对工业革命所造成的生态病症进行了严厉的
批判,对大自然进行了热情的歌颂,对符合人的生态本性的性爱
进行了执着的歌颂与对于同机械生存相对立的田园式的生存
进行了热烈的追求等。生态存在论美学通过对中西有关文学
作品和艺术的具体分析,力图发挥本身所具有的强大的理论阐
释力。

①参见曾繁仁《生态美学导论》,商务印书馆 2010 年版,第 279—362 页。

当然,生态存在论美学还是处于建设之中,需要进一步的完备补充,使之具有更好的理论自洽性。

三、生态文明新时代自然生态美学中国话语的自觉建设时期

2012 年党的十八大以来,我国逐步进入中国特色社会主义建设新时代,生态美学在这一时期得到长足发展,进入中国话语自觉建设时期。首先,生态文明新时代的来临,意味着包括生态美学在内的生态文明理论成为反映时代精神的主流话语,也是反映主流价值取向的哲学与文化理论,得到更多的支持与发展空间。据统计,这一时期发表生态文明方面的论文 24609 篇,比上个时期增加了三倍还多。其中,生态美学方面的学术论文 1100 篇,生态美学方面的硕士、博士论文 194 篇,也有明显增长。有关生态美学的学术研究也得到前所未有的大力支持,目前已经有多项与生态美学有关的国家重大攻关项目与一般项目。其次,新时代社会主义生态文明理论与美丽中国建设目标给予生态美学建设以理论的支撑,并指明了发展方向。这包括:"尊重自然,顺应自然,保护自然,保护优先"的生态文明基本理念,"美丽中国建设"的发展目标以及"环境就是民生,青山就是美丽,蓝天也是幸福"的理念,"绿水青山就是金山银山"的两山理论,"建设人与自然生命共同体"与实现"人与自然和谐共生",等等。这些理论给予生态美学建设以重要的理论根基与丰富的资源,成为当代生态美学发展的重要保证,也成为中国生态美学建设独特的优势所在。再就是,国家关于确立"文化自信"与"坚守中华文化立场"的一系列重

要理论,给当代中国生态美学研究者建设中国自己的生态美学话语以信心与力量,给未来发展建设指明了方向,即努力建设具有中国作风、中国气派的中国生态美学话语。很多同行学者都在这方面有许多新的探索,值得我们好好学习,现在简要论述有关"生生美学"的基本问题。

第一,"生生美学"既来源于中华文化传统,也是现代学者美学探索的结果。

"生生"一词来源于《周易·易传》,所谓"生生之谓易"(《周易·系辞上》)、"天地之大德曰生"(《周易·系辞下》),后来成为中国传统文化之关键词。诚如蒙培元所说:"中国哲学就是'生'的哲学,从孔子、老子开始,直到宋明时期的哲学家以至明清时期的主要哲学家,都是在'生'的观念之中或者围绕'生'的问题建立其哲学体系并展开其哲学论说的。"[①]"生生"之学,内涵极为丰富,包括"万物化生"、"元亨利贞"四德之生、"日新其德"之生、"天地位焉,万物育焉"的"中和"之生,以及"仁是造化生生不息之理"的仁爱之生等。道家、佛学对"生生"之学也有深刻阐释,道家之"养生"与佛家之"护生"等均包含"生生"之内涵。现代以来,中国学者一直努力以"生生"为出发点创建具有中国特色的哲学与美学。首先,方东美论述了"生生之德"与"生生之美",认为,"生生"一词将"生"字重言,具有了生命创生之意,指出:"一切艺术都是从体贴生命之伟大处得来的。"[②]宗白华从 20 世纪 30 年代起就开始对中国传统美学之"气本论生命美学"进行探讨,1979 年发表的《中国美学史中重要问题的初步探索》一文,再次论述了中国传统

①蒙培元:《人与自然:中国哲学生态观》,人民出版社 2004 年版,第 4 页。
②方东美:《中国人生哲学》,中华书局 2012 年版,第 57 页。

艺术特别是绘画的"生命之美"的特点。他说:"艺术家要进一步表达出形象内部的生命。这就是'气韵生动'的要求。'气韵生动',这是绘画创作追求的最高目标,最高境界,也是绘画批评的主要目标。"①蒋孔阳在"文革"尚未结束时所写的《先秦音乐美学思想论稿》对孔子音乐思想的"生生之美"进行了论述。他说:"孔丘在《易·系辞下》说'天地之大德曰生',又说'生生之谓易'。他用'生'来解释天地万物,又用'生'来作为他的音乐思想的哲学基础。凡是合乎'生'的,他都认为是好的;凡是与'生'相反的,也就是'杀',他就加以反对。南方合乎'生',所以他赞成南方的音乐,认为是美的;北方'杀',不合乎'生',他就反对北方的音乐,认为不美。"②刘纲纪1992年出版《周易美学》,着重阐释了《周易》所代表的中国传统生生美学。他说:"如果说'无为'是道家认识天地的核心观点、硬核之所在,那么'生'则是《易传》认识天地的核心观点所在。因此,从近代哲学观点来看,我认为《周易》哲学乃是中国古代的生命哲学,这是《周易》哲学最大的特点和贡献所在。"③朱良志1994年出版《中国艺术的生命精神》,专题论述"生生美学"精神。他说:"在中国人看来,生为万物之性,生也是艺术之性。艺术是人的艺术,表现的是人对宇宙的认识、感觉和体验,所以表现生命是中国艺术理论的最高原则。"又说:"中国哲学认为,这个世界是'活'的,无论你看起来'活'的东西,还是看起来不'活'的东西,都有一种'活'的精神在。天地以

---

① 王德胜编选:《中国现代美学家文丛·宗白华卷》,中国文联出版社2017年版,第225页。
② 《蒋孔阳全集》第1卷,安徽教育出版社1999年版,第570页。
③ 刘纲纪:《周易美学》,武汉大学出版社2006年版,第37页。

'生'为精神。"①方东美有关"生生之美"的论述出现较早,对"生生之美"的广泛重视和研究是改革开放以来学术界的一种共同的努力。今天在生态文明新时代,我们接着这个话语继续发展,正当其时。

第二,"生生美学"的中国文化根基。

"生生美学"是植根于中国深厚文化土壤之中的哲学与美学话语,具有非常浓厚的中国作风与中国气派。我们认为,"生生美学"的文化根基体现为四个"基本特点":其一,"天人合一"的文化传统是"生生美学"的文化背景;其二,阴阳相生的古典生命美学是"生生美学"的基本内涵;其三,"太极图式"的文化模式是"生生美学"的思维模式;其四,线性的艺术特征是"生生美学"的艺术特性。这些基本特点也正是中国传统美学与西方美学的相异之处。

第三,"生生之谓易"通过"保合太和,乃利贞"而成为"生生之美"。

《周易》以"生生之谓易"为代表的"生生"之学是"生生美学"的根基。《周易·易传》提示了"生生"与"美"的关系的。《周易·文言》提出:"乾始能以美利利天下。"如何能够做到这一点呢?《周易·乾卦·象》曰"保合太和,乃利贞"。这里的"太和"即"中和",意味着阴阳各在其位,风调雨顺,万物繁茂,农业丰收。这就是乾所能"以美利利天下"之所在。《礼记·中庸》指出:"中也者,天下之大本也;和也者,天下之达道也。致中和,天地位焉,万物育焉。"这里,"万物育"就是乾始能"以美利利天下"的体现。因此,这种天地各在其位,从而阴阳相生的状况,就是一种美的状况。《周易·文言》曰:"阴虽有美,含之以从王事,弗敢成也。地

---

① 朱良志:《中国艺术的生命精神》,安徽教育出版社 2006 年版,第 5 页。

道也,妻道也,臣道也。"坤(阴)虽然也包含着美,但不敢自成其美,因为坤是一种辅助位置的"地道""妻道"与"臣道",只能在与乾之结合中才能有美。又云:"君子黄中通里,正位居体,美在其中,畅于四肢,发于事业,美之至也。"这意味着,阴阳正位居体,才能风调雨顺,如久旱之逢甘雨,久渴而饮甘露,心神无比舒畅,农事终于有成,是最高的美。这也就是《周易》泰卦所谓"天地交而万物通,上下交而志同"的美的状态。由此可见,生生之美,是一种天地各在其位的"中和之美",是特有的中国古典形态之美。

第四,生生美学建立在坚实的中华传统艺术的基础之上。

中国传统美学相异于西方美学,宗白华认为,西方美学主要体现在各种理论形态之中,而中国传统美学则体现在各种传统艺术形态之中。因为中国传统艺术至今仍然是活着的,生生美学也仍然具有无限的生命活力。传统诗歌之"意境"与"意象",国画之"气韵生动",书法之"筋血骨肉",园林之"因借"与"体宜",戏曲之"虚拟表演",古乐之"历律相合",年画之"吉祥安康",建筑之"法天相地"等,无不包含着"天人相和"与"阴阳相生"的生生美学。

第五,努力建设一种特有的"生生美学"的中国话语。

目前,国际美学在自然生态美学领域,已经有欧陆现象学之生态美学与英美分析哲学之环境美学两种自然生态美学模式。生态美学在中国传统农业社会是一种原生性的理论话语,并有着极为丰富的理论资源。中国学者早在20世纪90年代就努力运用中国传统文化中的生态审美资源,建立具有中国特色的生态美学话语,但由于缺乏必要的学术自信,以及学术话语建设之事本身的繁难,因而成效不太显著。2012年,国家倡导文化自信与坚守中华文化立场,给我们以信心与勇气,认识到这其实是一种时代的责任。目前恰恰给了我们一个极好实现理论创新的机遇。

我想,这种探索是有其特殊的价值与意义的。"生生美学"以"生生"这种"天人相和"的"中和论"审美模式作为一种自然生态美学模式,将之推向国际学术领域。与欧陆现象学生态美学之"家园"模式,英美环境美学之"环境"模式,共存互补,交流对话。

"生生美学"来自中国悠久的传统文化,特别是《周易》。冯友兰先生生前曾经预言:"中国哲学将来一定会大放光彩。要注意《周易》哲学。"①以《周易》作为"生生美学"的理论起点,是有理论自洽性与巨大阐释空间的。我们注意到,当年冯友兰先生的预言是对李泽厚先生与陈来先生说的。我们也注意到,李先生曾经以"天地境界"作为自己美学理论的另一种表达。不知李先生如何将之与"人本体"与"人化自然"的理论相融?

总之,自然生态美学从新中国成立以来,特别是改革开放以来,经历了曲折的发展历程,取得初步成果,已经逐步走向世界。最近,由加拿大艾伦·卡尔松撰写的《斯坦福哲学全书》"环境美学"词条收录了上海大学出版社出版的山东大学文艺美学研究中心主编的英文刊物《批评理论》的"生态美学与生态批评",专刊中三位中国学者的生态美学论文,一定程度上表明了中国生态美学的国际影响力。我们相信,在未来新的形势下会发展得更好,为我国美学事业增添更多色彩。

四、当代生态美学的重要价值意义

当代生态美学作为新时代先进文化的重要组成部分,具有极

---

① 参见蔡仲德《冯友兰先生年谱初编》,河南人民出版社 2001 年版,第784 页。

其重要的价值意义。

第一,生态美学在"美丽中国"建设中具有重要的理论与实践的价值意义。

我国已经将"美丽中国"建设列入中国特色社会主义建设的伟大规划之中,"美丽"的基本内涵就是"绿色"与"生命"。这是人的美好生存的基本内涵,也是当代生态美学的应有之意。生态美学在"美丽中国"建设中具有广阔的发展空间与重要价值意义。

第二,生态美学在应对当代生态灾难中具有的重要作用。

马克思在《政治经济学批判导言》中提出了"艺术生产"的重要论题,指出伟大的艺术不仅可生产出伟大的精神产品,而且可生产出具有良好素养的人才,精神同样可以转变为物质的力量。当前环境压力巨大,人类面临一系列生态灾难的袭击。在这种情况下,生态美学以及与之有关的文艺作品,可以生产出一批又一批以审美的态度对待自然生态的人才,特别是青年一代,从而在很大程度上帮助人类避免和应对生态灾难。

第三,"生生美学"为中国美学重放光彩提供了可能。

长期以来,以黑格尔为代表的西方学者站在西方理性主义立场否定中国有自己民族的美学与美学史。"生生美学"以《周易》"生生"之学为出发点,依托光辉灿烂的中国传统艺术,为中国美学闪耀于世并走向世界提供了可能。

以上就是我们对新中国成立以来自然生态美学发展的一种回顾,同时也以之回应李泽厚先生有关"无人美学"的批评。李先生是我们非常尊重的前辈学者,我们都曾从其学术成果中受益颇多,正因此,我们对李先生的批评就愈发重视。李先生的批评有关学术要旨,因此通过对我国自然生态美学发展历程的回顾,对李先生作一种回应。生态美学本身作为崭新的新时代生态文化的组成部分,已经并愈加起到启发广大人民以审美的态度对待自然生态的极为重要的教育与感染作用。以审美的态度对待自然,就必须敬畏自然,关爱自然,走向人的美好生存! 生态美学不是"无人美学",而是使人在与自然的和谐共生中诗意栖居的美学!

第 三 编

生生美学建构

中国古代道家与西方古代基督教
生态存在论审美观之比较^①

　　人类从 20 世纪 60 年代以来,逐渐认识到资本主义现代化的种种弊病,它不仅存在着难以克服的经济危机、战争危机,而且存在着十分严重的生态危机。人类对于自然的滥发和无度的掠取,造成严重的环境破坏和资源短缺,人与自然的关系处于严重的失调和对立的状态。造成癌症、艾滋病、"非典"、禽流感等严重疾病对人类的严重威胁,形成人的生存质量的下降和非美化。而生态危机说到底是"文明危机"和"文化危机"。当今时代要求人类超越"工业文明"的种种弊端,进入崭新的"后工业文明时代"和"生态文明时代"。如果说"工业文明时代"要求人类确立一种与之适应的"理性的"文化态度的话,那么"后工业文明时代"却要求人类确立一种完全崭新的"生态审美"的文化态度。从而走向德国哲人海德格尔所说的人的"诗意地栖居"^②即"审美的生存"。由此为了适应时代的需要,就必须建立当代生态审美观。为此,需要借助古今中外种种文化资源。包括中国古代道家思想和西方古代基督教文化。本文试图通过比较的方法对于以上两种生态存

①原载《湖南师范大学学报》2004 年第 6 期。
②[德]海德格尔:《荷尔德林诗的阐释》,孙周兴译,商务印书馆 2000 年版,第 180 页。

在论审美观进行必要的阐述。

一

　　中国古代道家思想大约产生于 2400 多年前的战国时期。而西方古代基督教文化则稍晚一些,大约产生于 2000 年前的古罗马时期。其时处于人类早期的农业文明,人与自然的关系在人类的生产和生活中占据着十分重要的位置,东西方均形成了比较完备的与时代相适应的自然观。这种自然观均在中国古代道家思想和西方古代基督教文化中有着比较充分的体现。而其时,人类的生存境遇、特别是下层人民的生活境遇处于十分困难的境地。中国古代的战国时期,诸侯纷争,战争频仍,人民流离失所,朝不保夕。而西方古代作为基督教源头的犹太教则充分反映了古代整个犹太民族的艰难处境,亦即不断的遭遇战争、灾荒和民族迁徙的多难之秋。而基督教产生的罗马帝国初期,也是民族纷争、宗教纷争和贫富纷争不断。对人与自然关系的高度重视以及人的生存问题的突出,使得中国古代道家和西方古代基督教都超越了通常的认识论,而从古代存在论的视角来审视人与自然、社会以及人自身的关系,构建古典存在论生态审美观。中国古代道家存在论哲学—美学理论最基本的命题就是"道法自然"(《老子·二十五章》)①。这种东方古典形态包含浓郁生态意识的存在论命题,深刻阐释了宇宙万物生成诞育、演化发展的根源和趋势,完全不同于西方古希腊文化中"模仿说"和"理念论"等以主客二分对立为其特点的认识论思维模式。正因为是古代存在论哲学—

————————
① 《老子》各段均引自李先耕《老子今译》,中国社会科学出版社 2000 年版。

美学命题，才能从宇宙万物与人类生存发展的宏阔视角思考人与自然的共生关系，从而包含深刻的生态智慧，而不是从浅层次的认知的角度论述人对于自然的认识与占有。"道法自然"中的"道"，乃是宇宙万物诞育的总根源，实际上就是宇宙万物与人类最根本的"存在"。老子说，"道可道，非常道"（《老子·一章》）。这里，把"可道"，即可以言说之道与"常道"，即永久长存、不能言说之道加以区别。"可道"属于现象层面的在场的"存在者"，而"常道"则属于现象背后不在场的"存在"。道家的任务即通过现象界、在场的存在者"可道"，去探索现象背后不在场的存在"常道"。而所谓"自然"即是同人为相对立的自然而然、无须外力、无形无言、恍惚无为。这乃是"道"之本性。正如庄子在《田子方》一文中借老子之口所说"夫水之于汋也，无为而自然矣"。也就是说，所谓自然好像水的涌出，不借外力，无所作为。"自然"即"无为"。老子又说"故常无欲，以观其妙"。"无欲"是指保持其本性而无感于外物之状态。"观"指"审视"，既不同于占有，也不同于认知，而是保持一定距离的观察体味。"观其妙"是指，只有永葆自然无为的本性才能观察体味到"道"之深远高妙。这里的"无欲"，已经是一种特有的既不是占有也不是认知，既超然物外又对其进行观察体味的审美的态度。老子还说"无为无不为"。（《老子·四十八章》）也就是说，老子认为只有无为才能做到无不为；相反，如果做不到无为也就做不到无不为。他还说，"万物作而弗始，生而弗有，为而不持，功成而弗居。夫唯弗居，是以不去"。（《老子·二章》）这就表达了人类对于自然应有的态度：任凭自然万物兴起而不人为的改变，促进万物的生长而不占有，对自然的丰富发展有所作为而不自持，更不能因对自然的发展有功而自傲；正因为不自傲于自然，人类应有的地位反而可以保持而不失

去。老子还提出了一个十分重要的"不争"的观念。他说"水善利
万物而不争"（《老子·八章》）。这就是说，道同水一样滋润万物
却从不同其相争。正因为"不争"，"故天下莫能与之争"（《老子·
六十六章》）。老子还在"道法自然"的基础上提出了"域中有四
大，而人居其一"的重要观点。他说"故道大、天大、地大、人亦大。
域中有四大，而人居其一焉"（《老子·二十五章》）。他认为，道天
地人，人只是其中之一。从而确定了人类与宇宙万物的平等地
位。庄子则提出了著名的"万物齐一"和"道无所不在"的观点。
他在《知北游》中记载了与东郭子的一段对话，东郭子问于庄子
曰："所谓道，恶乎在？"庄子曰："无所不在。"东郭子曰："期而后
可。"庄子曰："在蝼蚁。"曰："何其愈下邪？"曰："在梯稗。"曰："何
其下邪？"曰："在瓦甓。"曰："何其愈甚邪？"曰："在屎溺。"这就说
明，道甚至存在于通常被看成十分低级的各种事物之中。从这些
事物也体现了道的角度说，它们同人类之间也是平等的。其意义
还在于具有某种生态存在论的内涵。因为以上论述说明，这些事
物都是多姿多彩的生态世界中不可缺少的一员，因而有其存在之
"内在价值"。以上就是中国古代道家十分重要的古典形态的生
态存在论审美观的精华之处。

　　西方基督教文化从总体上来说也是一种古典形态的存在论
生态审美观。但其不同于道家之处在于，基督教文化是一种"上
帝中心"的"万物同造同在论"，而道家是一种更为彻底的"生态中
心论"。在对基督教文化自然观的评价上，学术界分歧颇大。美
国史学家林恩·怀特（Lynn White）1967 年发表文章认为，基督教
文化是"人类中心主义"，成为"生态危机的思想文化根源"[1]。我

---

①转引自王诺《欧美生态文学》，北京大学出版社 2003 年版，第 61 页。

们不否认,经过文艺复兴和启蒙运动,在对基督教经典《圣经》的阐释上附加了诸多"人类中心主义"的内容。但追寻其原典《圣经》之本意,应该说还是"上帝中心"的人与万物同造同在之古典神学存在论生态审美观。这正是著名宗教哲学家祁克果(Soren Aahye Kierkegaard)和著名神学家蒂利希(Puul Tillich)的观点。亦即"因道同在"这一基督教神学存在论生态审美观之基点。其最基本的内容是主张上帝是最高的存在,是创造万有的主宰。基督教文化、特别是《圣经》的重要内容就是上帝创世。《圣经》的首篇是创世记。记载了上帝六日创世的历程:第一日,上帝创造天地;第二日,上帝创造穹苍;第三日,上帝创造青草、菜蔬和树木;第四日,上帝创造了太阳、月亮和星星;第五日,上帝创造了鱼、水中的生物、飞鸟、昆虫和野兽;第六日,上帝按照自己的形象造人;第七日为安息日。这样,从天地万物与人类同是被造者的角度他们之间的关系应该是平等的。有的学者强调了上帝规定人有管理万物的职能,从而说明人类高于万物。的确,《圣经》记载了上帝要求人类管理万物的话:"我们要照着我们的形象,按着我们的样式造人;使他们管理海里的鱼、空中的鸟、地上的牲畜,以及全地,和地上所有爬行的生物。"①以上,成为许多理论家认为基督教文化力主"人类中心"的重要依据。其实,从同为被造者的角度人类并没有成为万物之中心,人类所担负的管理职能也并不意味着人类成为万物之主宰,而只意味着人类承担着更多的照顾万物之责任。至于上帝把菜蔬、果子赐给人类作食物,同时把青草和菜蔬赐给野兽、飞鸟和其他活物作食物。包括《圣经》中对于人类宰牲吃肉的允许,以及对安息日休息和安息年休耕的规定,都说

──────────

①《圣经》各段均引自《圣经》新译本,香港天道书楼1993年版。

明基督教文化在一定程度上对生物循环繁衍的生态规律之认识。由此说明,基督教文化中人与万物同样作为被造者之平等也不是绝对的平等,而是符合万物循环繁衍规律的相对平等。而且,人与万物作为存在者也都因上帝之道而在。亦即成为此时此地的具体的特有物体。《圣经》以十分形象的比喻对此加以阐释,认为人与万物都好比是一粒种子,上帝根据自己的意思给予不同的形体,而不同的形体又都以不同的荣光呈现出上帝之道。为此,《圣经》指出,人与万物作为呈现上帝之道的存在者也都同有其价值。《圣经·路加福音》有一句名言:"五只麻雀,不是卖两个大钱吗?但在上帝面前,一只也不被忘记。"因此,即便是不如人贵重的麻雀,作为体现上帝之道的存在者,也有其自有的价值,而不被上帝忘记。综合上述,从人与万物作为存在者因道同在的角度,《圣经》的主张是:人与万物因道同造、因道同在、因道同有其价值。

二

作为古典生态存在论审美观,中国古代道家思想和西方基督教文化都是以超越物欲与人的内在精神提升为前提的超越美、内在美。中国道家倡导一种超越物欲的"逍遥游"。"逍遥游"按其本意是通过无拘无束的翱翔达到闲适放松的状态。庄子特指一种精神的自由状态。他的"逍遥游"分为"有待之游"与"无待之游"两种。所谓"有待之游"即有所凭借之游。日常生活中所有的"游"都是有待的,无论是搏击万里的大鹏,还是野马般的游气和飞扬的尘埃,其游都要凭借于风。而只有"游心",即心之游才能做到"无待",即无须凭借,从而达到自由的翱翔。《庄子·应帝王》中说:"游心于淡,合气于漠,顺物自然而无容私焉。"也就是说,所谓"游心"即使自己的精神和内气处于淡漠无为的状态,顺应自然,忘记了自己的存在。这就是精神丢弃偏私之挂碍,走向自然无为。这也是一种由去蔽走向澄明的过程,是一种真正的精神自由。《庄子·秋水》篇中讲述了一段著名的"庄子与惠子游于濠梁之上"的故事:庄子与惠子游于濠梁之上。庄子曰:"鱼出游从容,是鱼之乐也。"惠子曰:"子非鱼,安知鱼之乐?"庄子曰:"子非我,安知我不知鱼之乐?"惠子曰:"我非子,固不知子矣;子固非鱼也,子之不知鱼之乐,全矣。"在这里,庄子因游于心,思想自由驰骋,因而可以体悟到鱼之乐。而惠施因遵循常规的认识方法,故而不能了解庄子对鱼之乐的体悟。所以,"逍遥游""游心"是对道家"道法自然"命题中"无为"内涵的深化与发展,包含着深刻的由去蔽走向澄明,从而达到超然物外的精神自由的审美的生存状态。再就是通过内在修养而达到的抛开外在物欲与普通认知的精神过程。这就是老子所说的"守中",特别庄子所说的"坐忘"和"心斋"。所谓"坐忘"就是《庄子·大宗师》中所说的"堕肢体,黜聪明,离形去知,同于大通"。这是指通过精神修炼丢弃生理和精神上的一切负担,超越物欲和日常知识,才能与自然虚静之道相通。而所谓"心斋"即是《庄子·人间世》中所说,"无听之以耳而听之以心;无听之以心而听之以气。——气也者,虚而待物者也,唯道集虚"。这就是说,所谓"心斋"就是,不要用耳朵去听而要用心去听,更进一步还要用气去体悟,因气虚静空明能够感应体悟到事物的真谛。由此可见,中国古代道家就是通过这种"坐忘"与"心斋"的内在修养过程,超越处于非美状态的存在者,直达诞育宇宙万物之道,获得审美的生存。老庄道家的"坐忘"与"心斋",同当代现象学中本质还原的方法是十分接近的。实际上,这是一种将现象界中之外物与知识加以"悬搁",通过凝神守气而去体悟宇宙万物之道的过程，最后达到"无待"逍遥游的"至乐"之境。这是用通常认识论中可知与不可知等范畴无法理解的。

基督教文化是一种超越之美，是由其神学存在论美学之特点决定的。作为神学存在论美学，面对灵与肉、神圣与世俗、此岸与彼岸等特有矛盾，通过灵超越肉、神圣超越世俗、彼岸超越此岸之过程，实现上帝之道对万有之超越，呈现上帝之道的美之灵光。《圣经·加拉太书》引用上帝的话说："我是说，你们应当顺着神灵行事，这样就一定不会去满足肉体的私欲了。因为肉体的私欲和神灵敌对，使你们不能作自己愿意作的。但你们若被神灵引导，就不在律法之下了。"在这里，《圣经》强调了面对肉欲与神灵的矛盾，应在神灵的引导下超越肉欲，才能遵循上帝的律法达到真理之境。《圣经》又以著名的"羊的门"作为耶稣带领众人超越物欲，走向生命之途、真理之境的形象比喻。《圣经·马太福音》引用耶稣的话说："我实实在在告诉你们，我就是羊的门。所有在我以先来的都是贼和强盗；羊却不听从他们。我就是门，如果有人藉着我进来，就必定得救，并且可以出，可以入。也可以找到草场。贼来了，不过是要偷窃、杀害、毁坏；我来了，是要使羊得生命，并且得的更丰盛。"在这里盗贼代表着物欲，耶稣即是圣灵，进入羊的门即意味着圣灵对于物欲的超越。《圣经》认为，只有通过这种超越，才能真正迈过黑暗进入真理的光明之美境。《圣经·约翰福音》中耶稣对众人说："我是世界的光，跟从我的，必定不在黑暗里走，却要得着生命的光。"又说："你们若持守我的道，就真是我的门徒了；你们必定认识真理，真理必定使你们自由。"基督教神学存在论所主张的这种引向信仰之彼岸的超越之美，为后世美学之超功利性、静观性提供了宝贵的思想资源。同时，这种超越之美也为生态美学中对"自然之魅"的适度承认提供了学术的营养。

科学的发展的确使人类极大地认识了自然之谜,但自然的神秘性和审美中的彼岸色彩却是挥之不去的重要因素。而基督教文化中实现这种超越之美的具体途径则是"因信称义"。它是基督教文化不同于通常认识论之信仰决定论的神学理论。正如《圣经·加拉太书》所说"既然知道人称义不是靠律法,而是因信仰耶稣基督,我们也就信了基督耶稣,使我们因信基督称义"。所谓"称义"即得到耶稣之道。《圣经》认为,它不是依靠通常的道德理性之律就可达到,而必须凭借对于基督耶稣之信仰。而信仰是一种属灵的内在精神之追求,必须舍弃各种外在的物质诱惑和内在的欲念,甚至包括财产,乃至生命等。《圣经·加拉太书》说"属基督耶稣的人,是已经把肉体和邪情私欲都钉在十字架上了,如果我们是靠圣灵活着,就应该顶着圣灵行事。我们不可贪图虚荣,彼此触怒,互相嫉妒"。而这种"义"所追求的是耶稣的"爱"。这就要求"除去身体和心灵上的一切污秽",成为同耶稣合一的"新造的人"。具体的则要依靠基督教文化中特有的灵性修养过程,包括洗礼、祷告、忏悔等。最后实现上帝之道与人的合一,即"道成肉身"。在这里,基督教文化的"因信称义"及与之相关的属灵的修养过程,实际上成为一种神学现象学。也就是通过属灵的"因信称义"的祈祷忏悔过程,人们将各种外在的物质和内在的欲念加以"悬搁",进入一种神性生活的审美的生存状态。这同中国古代道家的"心斋""坐忘"有不少相似之处,说明中西古代智慧之相通。

三

中国古代道家思想和西方古代基督教文化还有一个共同的特点,那就是都贯穿着一种对人类前途命运终极关怀的精神,对生态灾难的前瞻性，以及对人类未来的美好憧憬。因而，东西方的这两种古典形态的生态审美观都渗透着特有的悲剧色彩与理想之美。在中国古代道家思想中就是著名的"天难"之说和"至德之世"的理想。战国之时，由于达官贵人的穷侈极奢，贪婪腐败，形成贫富悬殊，田野荒芜，生态破坏等严重情形。老子和庄子对这种"非道"的行径给予了有力的抨击，并预见到生态和社会危机的到来。《老子·三十九章》说："其致之也，谓天无以清，将恐裂；地无以宁，将恐废；神无以灵，将恐歇；谷无以盈，将恐竭；万物无以生，将恐灭；侯王无以正，将恐蹶。"这就是说，只有顺"道"而行事，天地社会才得安宁。如果天失去道就无以清明并将崩裂；地失去道就无以安宁并将荒废；庄稼失去道就无以充盈并将亏竭；自然万物失去道就无法生长并将灭亡；君王失去道就无以正其朝纲并将垮掉。这就是对"非道"所必然形成的生态和社会危机的现实描述和预见。《庄子·在宥》篇中由"非道"所形成的"天难"，即以生态危机为主的社会危机。他借鸿蒙之口说道："乱天之经，逆物之情，玄天弗成；解兽之群，而鸟兽夜鸣；灾及草木，祸及止虫。噫，治人之过也。"庄子在这里写的更多的是人与自然的关系，指出在"非道"的错误理论指导下必然有错误的行动，从而破坏人与自然的关系，造成"天难"这样的生态危机。其结果是扰乱了野兽的群居状态使之离散，使鸟儿失去常规而半夜啼鸣，并使草木昆虫遭受灾殃。不仅如此，庄子还预言了千年之后的社会和生态危机。他在《庄子·庚桑楚》中借庚桑楚之口说道："吾语女，大乱之本，必生于尧、舜之间，其末存乎千世之后。千世之后，其必有人与人相食者也。"这里所说千年之后的人与人相食，可以理解为灾荒之年严重饥饿之中的情形，也可理解为严重生态危机人类自己破坏了自己最基本的生存条件。作为伟大的哲人，庄子还对未来理想的"至德之世"的生态文明寄予了自己的期望。《庄子·马蹄》篇指出："夫至德之世,同与群兽居,族与万物并,恶乎知君子小人哉!同乎无知,其德不离;同乎无欲,是谓素朴。素朴而民心得矣。"在这里,庄子为我们勾勒了"至德之世"之中人与自然、人与人同秉"无为无欲"之道而普遍共生、友好相处的美好图景,实是一幅理想的生态社会之蓝图。

西方基督教文化也是渗透着一种特有的悲剧之美。"救赎论"是基督教文化中最主要的内容和主题,也是神学存在论生态审美观最重要的内容,构成了它最富特色并震撼人心的悲壮的美学基调。它由原罪论、苦难论、救赎论与悲壮美等四个相关的内容组成。上帝救赎是由人类犯罪受罚、陷入无法自拔的灾难而引起。因而,必然要首先涉及其原罪论。《圣经·创世记》第三章专门讲了人类始祖所犯原罪之事。主要是人类始祖因贪欲被蛇引诱而违主命偷食禁果,并因此而被逐出美丽富庶、无忧无虑的伊甸园。因此《圣经》认为人类的原罪是本原性的,而且人类的后代在原罪的驱使下所做的坏事超过了他们的前人。基督教文化的这种强烈的自责性是其极为重要的特点。它总是将各种灾难之根源归咎于自己的原罪。《圣经·诗篇》第二十五篇写道:"耶和华啊!因你名的缘故,求你赦免我的罪孽,因为我的罪孽重大。"这种强烈的自责情绪同古希腊文化形成鲜明的对比。众所周知,古希腊文化是将一切灾难和悲剧之根源都归结为客观之命运的,很少有基督教文化这种深深的自责之情。它们两者产生的效果也是截然不同的。命运悲剧使人产生无奈的同情,但原罪之悲剧却能产生强烈的灵魂之震撼。因为,如果犯罪的根源在于每个人心中都会有的原罪,这就使人不仅自责而且产生强烈的反省。当前,面对现代化和工业化过程中生态灾难的日益严重,我们人类应该更加重视基督教文化中的原罪之悲剧精神，更多一点自责和反省。同原罪论相联的是苦难论。由于基督教文化承认人的原罪，所以为了避免原罪就出现了一个人类与上帝之约的"十诫"。但人类终因原罪深重而不断违诫，因而不断受到惩罚而陷入苦难之中。首先是被赶出伊甸园，被罚"终生劳苦"。接着又被特大的洪水淹没。还有其他种种灾难。而且，基督教文化还预见到未来人类会有更为深重的灾难。《圣经·提摩太后书》提示我们："你应当知道，末后的日子必有艰难的时期到来。那时，人会专爱自己，贪爱钱财、自夸、高傲、亵渎、背离父母、忘恩负义、不圣洁、没有亲爱良善、卖主卖友、容易冲动、傲慢自大、爱享乐过于爱上帝。"基督教文化两千年前发出的这些警示，对于我们今天仍具有重大的现实意义。基督教文化还把上帝对于人类苦难的救赎放到非常重要的地位。它认为，上帝对于人类的救赎，成为人类的避难所，完全是由上帝慈爱的本性决定的。基督教文化中上帝对于人类的救赎不同于一般的扶危济困，而是一种对于人类前途命运的终极关怀，是在人类生死存亡之关键时刻伸出拯救人类的万能之手。按照《圣经》记载，在人类初期当大洪水泛滥之际，上帝命人建造诺亚方舟，使人类躲过这万劫之难。其后，在人类又要面临大难之际，上帝又派他的独子基督耶稣降生接受痛苦的赎罪祭，并复活传福音。这尽管有着明显的迷信色彩，但却表现了基督教文化的对人类的关怀情怀。《圣经》还提出了著名的"眷顾大地"的伦理思想，突出了大自然作为存在者之应有的价值。《圣经·诗篇》第六十六篇写道："你眷顾大地，普降甘霖，使地基肥沃；上帝的河满了水，好为人预备五谷；你就这样预备了大地。你灌溉地的犁沟，润平犁脊，又降雨露使地松软，并且赐福给地上所生长的。"这就是说，基督教文化中的救赎论包含上帝将大地、阳光、雨露、五谷等美好丰硕的大自然赐给人类,使人类得以美好生存。同时,这也说明人类同自然万物须臾难离、休戚与共的关系。总之,《圣经》以生动形象、震撼人心的笔触为我们刻画了一幅幅灾难与救赎的画面,渗透着浓浓的悲剧色彩。从诺亚方舟颠簸于滔滔洪水,到耶稣基督被钉在十字架上的苦难画面,乃至对未来世界七个惩罚的可怖描绘,都以其永恒的震惊的形象留在世人心中,的确是一种具有崇高性的悲剧之美。

四

无论是中国古代的道家思想,还是西方古代的基督教文化,都是发生在两千多年前的思想文化现象。尽管它们都达到非常高的水平,具有极其重要的理论价值和现代意义,但历史毕竟已经大踏步地向前发展。因此,我们还是要根据当前的现实情况对于这些历史遗产进行必要的改造,实行当代转换。对于中国古代的道家思想,当代理论家给予很高评价。澳大利亚环境哲学家西尔万(Richard Sylvan)和贝内特(David Bennett)认为,"道家思想是一种生态学的取向,其中蕴涵着深层的生态意识,它为顺应自然的生活方式提供了实践基础"①。著名哲学家海德格尔所提出的"天地神人四方游戏说"②这一当代生态存在论审美观也受到道家思想的重要影响。但我们对其研究介绍得很不够。在当今"后工业文明时代",建设新的生态文明已经提到重要议事日程。

---

① 转引自余谋昌《生态哲学》,陕西人民教育出版社 2000 年版,第 212 页。
② [德]海德格尔:《荷尔德林诗的阐释》,孙周兴译,商务印书馆 2000 年版,第 199、220 页。

在这种情况下,道家思想具有其特殊的价值。因其是一种渗透于民间的非主流文化形态,它作为多元文化之一种,在维持当代文化精神生态平衡中具有主流文化所不具有的特有作用。而西方基督教文化在西方当代也经过了认真的研究和阐释,包括当代许多神学理论家提出的生态神学、创造论神学,还有的神学理论家提出增加保护环境、维护生态平衡之第十一诫,都具有强烈的当代意义与价值,必将在新时代包括生态存在论审美观在内的生态文明建设中发挥重要作用。

生态美学的中国话语探索①

——兼论中国古代"中和
论生态—生命"美学

一

　　生态美学在中国的发展已经历经了将近 20 年的时光，目前在"生态文明建设"的氛围中呈现出良好的发展态势。当前生态美学进一步发展的重要课题之一就是中国话语的建设。所以，寻找到一种中西都感兴趣的作为"中介"的生态美学话语正是当前生态美学研究所亟须解决的重要问题。

　　目前，我们在生态美学研究中基本上使用的是西方话语，主要是西方三个方面的理论资源。其一是以分析美学为背景的"环境美学"，以加拿大卡尔松、芬兰的瑟帕玛为代表；其二是以现象学与存在哲学为背景的"环境美学"，主要是美国的伯林特，当然还有尽管没有标示出生态美学但却是被公认为"形而上的生态学家"的海德格尔；其三是早期的生态理论家，例如著名的美国生态哲学家利奥波德的《沙乡年鉴》提出著名的"生物共同体"思想以及"保护生物共同体的和谐、稳定和美丽"的重要理念。这些理论

①原载《中国文化研究》2013 年春之卷。

为当代生态美学建设奠定了初步的基础,有其积极的意义。但这些话语在相当程度上与中国传统文化与现实存在诸多差异,甚至有些西方话语与我们的文化传统与现实生活难以兼容,就是俗话讲的有点"水土不服"。其表现之一是:西方"环境美学"与"环境批评"中仍保留了的某些"人类中心主义"遗痕,所谓环境美学之"环境",按照这些环境美学家对于"环境"的解释就是"环境围绕我们,我们作为观察者位于它的中心,我们在其中用各种感官进行感知,在其中活动和存在",①这种观念的"人类中心主义"的色彩非常明显。表现之二是:它们的分析哲学的理论背景,诚如瑟帕玛在《环境美学》中所言,"我这本书的目标是从分析哲学的基础对环境美学领域进行一个系统化的勾勒"②。众所周知,分析哲学是一种以语言分析作为哲学方法的现代西方哲学流派或思潮,与中国古代与当代审美文化是有着较大差异的。表现之三是:有关"自然全美"论述中的生态中心主义,著名环境美学家卡尔松认为,"全部自然界是美的。按照这种观点,自然环境在不被人类触及的范围之内具有重要的肯定美学特征……。简而言之,所有原始自然本质上在审美上是有价值的"③。显然,这种"自然全美"的肯定美学完全忽略了审美中的人的因素,也是难以被我们接受的。表现之四是:自然审美中借用艺术美学的"艺术中心论"的"景观式"欣赏习惯等,环境美学家们将环境审美概括为对象模式、风景模式或景观模式和环境模式,而其实风景模式或景观模式就是带有边框的风景画的欣赏模式,仍然没有摆脱艺术审

---

① [芬]约·瑟帕玛:《环境之美》,湖南科学技术出版社2006年版,第23页。
② [芬]约·瑟帕玛:《环境之美》,湖南科学技术出版社2006年版,"导言"。
③ [加]艾伦·卡尔松:《环境美学》,四川人民出版社2006年版,第109页。

美的窠臼。

从目前我们掌握的情况来看,西方真正的生态哲学与美学话语大多受到了东方儒道佛文化的影响。因此,探索生态美学的中国话语不仅是发掘中国文化宝藏的需要,还是真正弄清西方生态美学真谛的需要。

二

现在我们需要回过头来探索中国古代美学中的生态审美智慧。事实告诉我们,中国古代美学从某种意义上说就是一种"中和论生态——生命论美学"。当代,人类在经济与文化危机的形势下普遍地到"轴心时代"去寻找理论资源。中国先秦时代就属于人类的重要"轴心时代",是提供人类前行智慧的不竭源泉。而且,正因为中国先秦时代理论的独特性及其"天人相和"的哲学特点以及"保合太和"的生存论内涵,所以一直未曾被工业革命时期强调逻辑与理性的西方所接受,但它在反思与超越现代性的当代即"后现代"的"生态文明"时代却有其特殊价值。

中国古代哲学与美学的诸多形态与诸多"后现代"理论具有少有的相合性,这是已经被证实的。中国古代的生态理论就是如此。蒙培元认为,中国古代哲学就是深生态学,与当代生态哲学有其相通之处。他说,"通过认真的反思,我们发现,中国哲学是深层次的生态哲学"①。这是一种极有见地的看法。尽管真正的学科的建立是现代以来的事情,但以"天人合一"为其基本内涵的中国古代哲学为当代西方生态哲学的建设贡献了理论资源并与

----

①蒙培元:《为什么说中国哲学是深生态学》,《新视界》2006年第6期。

其有着相通之处，这是没有问题的。而且，中国古代人几千年来均以这种"天人合一"为其思维方式与生存方式，从这个意义上说中国古代哲学是一种古典形态的生态哲学，应该是没有问题的。由此，我们也认为，与哲学紧密相关的中国古代美学在某种意义上也就是前现代形态的生态美学。其原因是由先秦时期的农耕文化类型决定的。文化人类学告诉我们，特定的地域对于文化具有一种"调适"的作用，使之形成特定的文化形态（即文化区）。所谓"在特殊地区，生活在类似环境中的人们往往相互借用在那些环境中看来很有效的风俗习惯。一旦获得成功，调适可能长时期明显地稳定下来，甚至数千年不变"。① 中国的内陆地域与农业经济决定了中国古代是一种"天人相和"的生态文化，生态文化是中国的"原生性文化"。而古希腊由于濒临地中海，是一种海洋文化、商业文化与科技文化。冯友兰先生认为，中国哲学家在社会、经济思想中，有他们所谓的"本"与"末"之区别。"本"指农业，"末"指商业。农民时时跟自然打交道，所以他们赞美自然，热爱自然。② 正是在这种地理环境与经济文化背景下才产生了中国古代特有的"天人相合"的生态哲学与亲和自然生态的生态美学与艺术。这就是文化人类学所谓地域对人的调适所形成的"原生性文化"，具有特殊的魅力。而西方的"原生性文化"则是科技文化，其生态文化则是后生性文化，在很大程度上是受包括中国在内的东方影响的结果。例如，海德格尔"天地神人四方游戏"生态美学之受《老子》影响、怀特海有机论"过程哲学"对于中国儒家文

---

① ［美］威廉·A.哈维兰：《文化人类学》，瞿铁鹏、张钰译，上海社会科学院出版社 2006 年版，第 161 页。
② 冯友兰：《中国哲学简史》，北京大学出版社 1996 年版，第 15 页。

化的吸收。

由此可知,中国古代哲学是一种以"天人合一"为其基点的生态哲学,而其美学则是一种生态的美学。那么,如何对这种古典形态的生态美学话语进行必要的归类与阐释呢? 当然,我们应从"轴心时代"的先秦时期寻找这样的话语,并在中西互证、互应与交流对话中建设一种亦中亦西,甚至是不中不西的当代生态美学话语,做到既具有明显的中国文化元素与中国文化之根,又能够为世界学者所理解,所欣赏。

我们先来看基本的生态哲学话语;主要是"天人之和"的生态——生命论哲学与美学思想。主要是作为"六经之首"《周易》提出的"生生之谓易"(《系辞上》)。易者,简也,变也,道也。这说明,所谓"易"就是中国古代以最简洁的方式揭示有关天地人宇宙万物变化发展的学问,即是中国古代的元哲学。而这种"元哲学"就是"生生"。作为使动结构,此句可解为"使万物生命蓬勃生长旺盛"。这就是中国古代最基本的"生生之学",用当代哲学的基本表述,就是一种生态的生命哲学。这种生态与生命的"生生"之学可以理解为中国哲学的统领性概念,贯彻于儒道佛各种学术之中。从儒家来说,其"仁爱"思想体现了一种"仁者爱人"的"爱生"的思想。因为,在"天人合一"之中,儒家更加偏向于人,由对于人的关爱发展到对于万物生灵的关爱。所谓"己所不欲,勿施于人"(《论语·卫灵公》)的"恕道"思想,正是对于人与万物的关爱的"爱生"思想的表露。发展到宋代,则形成张载的"民胞物与"思想。"生生"在道家中的表现即为"自然",所谓"道法自然"。这里的自然即为"道也",是一种"道生一,一生二,二生三,三生万物,万物负阴而抱阳,冲气以为和"(《老子·四十二章》),反映了"阴阳相生"的"生生"的规律。而"生生"之生态与生命论哲学表现在佛学之中则是"慈悲"的"普度众生"的"护生"的佛学思想。佛学在印度本为"出世"之学，但传到中国之后加强了人文情怀，表现出浓郁的"护生"思想。由此可见，"生生"的生态与生命论哲学是贯通中国古代各家各派哲学思想的统领性概念，是中国哲学之根。但"生生"之学的根源却在"天地交感"之"中和论"哲学。《礼记·中庸》："中也者，天下之大本也；和也者，天下之达道也。致中和，天地位焉，万物育焉。"在这里，"中和"被提到"大本"与"达道"的高度，而其内容则为"天地位""万物育"。也就是说，天地各在其位，相交相感，万物诞育。对于这种"天地位，万物育"的形态，《周易》有着专门的表述。泰卦卦辞："泰，小往大来，吉，亨。"泰卦《象传》云："天地交而万物通也，上下交而志同也。"这告诉我们，"乾下坤上""天下地上"的泰卦为天地交感之象，在"易者变也"的天地乾坤往复运动中，就会天地交感，上下志通，是一种风调雨顺的天象，丰收安康的年景。这种"天地交感"也可以解释为"阴阳交感"，也就是《老子》所谓的"万物负阴而抱阳，冲气以为和"。正是根据于这种天地交感，中国"中和论生态与生命哲学"包含着丰富的美学内涵。所谓"保合太和，乃利贞，首出庶物，万国咸宁"（《周易·乾·象》），呈现一种万物繁茂，喜获丰收，举国安宁的景象，是一种生命的与生存的美好状态。这就是中国古代"中和论生态与生命美学"的基本内涵，与西方古希腊"比例，对称与和谐"的实体之美有着明显差异。

可以说，这种"天人之和""阴阳相交"的生态与生命论美学思想是贯穿整个中国古典哲学与美学的，构成了中国古代哲学与美学在"天人"关系中的特有的生命意蕴，渗透于中国艺术与生活的各个方面，成为特殊的东方审美境界，包含着基本的古典形态的生态美学话语：第一，是有关生态共同体与生态家园的理论，这就是著名的"天地人三才说""天父地母""天圆地方"等,是将宏阔的宇宙作为人类的"家园",将人类与"天"与"地"紧密相连,须臾难离。第二,是有关生命论美学的理论。包括大家熟知的"生生之谓易""天地之大德曰生""阴阳相生""四时与养生"等。非常重要的是,中国古代中和论生态——生命论哲学之中引入了"时"的内涵。《周易》诸卦的《象传》有非常明显的重"时"观念,如"时义""时用""随时"等,而《黄帝内经》也将"四时养气"作为重要的养生法则。这是一种生命在时间中生存与流动的生命论哲学,与西方主客二分的实体论哲学与"静观"的模仿论美学相异。第三,是有关生存论美学的话语。《周易》所提"元亨利贞"的"四德"之美,相异于西方古代的形式之美。第四,是有关生态美学审美类型的理论。《周易》包含着明显的"阴柔之美"与"阳刚之美"的区分,所谓"天行健,君子以自强不息"(《周易·乾·象》),"地势坤,君子以厚德载物"(《周易·坤·象》),可与西方的优美与崇高相比较与对话。第五,是有关生态语言学之理论。先秦时期以来的"比德"观,所谓"仁者乐山,知者乐水"(《论语·雍也》),将美好的品德与自然山水相比附;《毛诗序》提出著名的"风雅颂赋比兴""六义",也都是与自然生态密切相关。所谓风","从虫,凡声","风动虫生,故虫八日而化"(《说文解字》),又曰"比,密也"(《说文解字》),"其本义为相亲密也"(段玉裁《说文解字注》),"兴者,托事于物"(郑众《周礼·大师注》)等,均说明中国古代诗歌语言是与自然生态相亲和的。第六,是生态哲学与美学之古代现象学方法。《老子》有"守中"说,《庄子》有"心斋""坐忘"说。中国道家与佛家都以"清净无为"为基本修炼方法,都有"堕肢体,黜聪明,离形去知,同于大道"(《庄子·大宗师》)之意,与当代现象学的"悬搁"具有几乎相当的内涵。

　　下面,我们再来分析基本的生态艺术话语:第一,从绘画艺术来看,就是著名的"气韵生动"说与"散点透视"方法。所谓"气韵生动",按照宗白华的理解,是讲一种"有节奏的生命",①是生命论美学的典型表述。而"散点透视"则是一种包含生命活动的透视之法,所谓"人随景迁,景随人移,步步为美",是人随风景在行动中的欣赏,是一种时间中的介入。例如著名的《清明上河图》,纵20.8厘米,横528.7厘米,反映了北宋清明时节汴京汴河两岸的风光与生活场景。该画是一种散点透视的,所涉及的每一个场景都是一个视点,而我们的欣赏也是人随景走,仿佛进入景中,边行边看,是一种时间中的流动。因此,中国画是一种生命的渗透与活动。相异于实体性的西方绘画。第二,从音乐艺术来看,主要是力主"律和声"(《尚书·舜典》),"大乐与天地同和","乐者天地之和"(《礼记·乐记》),"和实生物"(《国语·郑语》)等。在这里强调一种"和"的意蕴,所谓"和"其实最早就与生命生殖的活动紧密相关。所谓"同姓不番",是对于先民族内婚、同姓通婚造成后裔退化的矫正,强调异姓通婚。此后,又通过烹调的生命活动说明多种味道与物品的相杂才能产生美味的道理,并运用于音乐,说明由此产生一种天地相和与阴阳相生的生命之乐。古代诗乐舞不分,甲骨文中的"舞"字即为一位巫者手持牛尾翩翩起舞。是一种生命的生存活动。第三,中国诗学中的"诗言志""意象""滋味"与"神韵"等,强调一种"象外之象""言外之意"与"味在咸酸之外"等,不是对于在场的实体之物的感受,而是对于不在场的生命意蕴的体悟与感受。而言与志、意与象等也包含了"天人"与"阴阳"的复杂关系。第四,民间艺术中所体现的吉祥安康,风调

---

① 《宗白华全集》第2卷,安徽教育出版社2008年版,第109页。

雨顺,瑞雪兆丰,年年有余等,都是一种生命的生存美学的直接体现。第五,建筑艺术之中的"法天象地"与"利生"等更是明显地体现了生命与生存美学的意蕴。事实告诉我们,中国古代的中和论生态与生命美学是一种具有自己特殊优势的美学形态,在某些方面优于西方古代的静观的形式的美学。中和论生态与生命美学是一种活生生的美学,在中国古代哲学、美学与艺术中所表现的永远是活泼泼的生命,从不表现没有生命的静物,更不表现死物;中和论生态与生命美学还是一种时间的美学,不是无时间性的静态的美学与艺术,因为所有的生命都是在时间之中生存与活动的。

　　总之,中国古代的中和论生态与生命美学是相异于西方传统美学的特殊形态,诚如刘纲纪所言,中国古代恰是在没有"美"字的地方常常有丰富的美学。因此,这是一座有待进一步开发和认识的美学富矿。

三

　　中国古代生态美学如何走向现代呢？首先,对于中国古代的"中和论生态——生命美学"资源应该有着清醒的认识,要有一种文化的自觉性。那就是,要认识到它是一种普世价值与迷信色彩及地方性表达的同在。中国古代的"中和论生态——生命美学"当然具有某种普世价值,它的那种亲和自然,敬畏自然,顺应自然以及天人相和、阴阳相生的生命论与有机论思想恰恰是当代唯科技时代所欠缺的,特别在当前生态文明新时代,更加具有极为重要的思想资源价值。同时,它还是一种具有明显中国风格地方色彩的文化表达,许多话语形式具有广泛的群众基础,是我们建设新的生态文化的话语基础之一。但我们也要充分看到这是前现代的产物,是"万物有灵"科技落后时代的产物,具有很多的封建迷信色彩,需要对其进行批判的继承。

其次,应该在深入研究的基础上进行现代阐释。因为一切历史都是现代史,不能拘泥于以古论古,自说自话,要在这种现代阐释的基础上创造新的具有现代性的生态美学话语。

再次,其创造过程是一种改造(剔除糟粕,吸收精华)、互证(与西方有关话语互证)、借鉴(适当吸收西方有关话语内涵与表达)与创造新的话语的过程。在这里,需要特别强调中西的对话与吸收。一百多年前,梁启超在著名的《清代学术概论》中提出,"欲以构成一种'不中不西即中即西'之新学派"。① 其实,我们的老一代学术前辈都在进行这种努力,但目前仍在路上。我们在 19 世纪末与 20 世纪初曾经遭遇了一种中西文化的交流对话。但那时正值鸦片战争之后,国家贫弱,中西文化的对话处于一种极不平等的状态,是一种"西学东渐",连我们的许多学术前辈都缺乏文化自信,相对看低了我们的传统文化的价值,在一定程度上走上了"以西释中"的道路,这就是长期在讨论的所谓"失语症"问题。一百多年后的 20 世纪 80 年代至今,我们又迎来一场新的中西文化的交流对话。特别是当前,在中华民族走向复兴的伟大道路上,中西文化的交流对话的语境与形势发生了较大变化。我们应该有着充分的文化自信,相信中国五千年文化自有其特有的魅力与生命,从而将这种特有的魅力与生命发掘出来。而且,在这一轮中西文化交流对话中形势也有了变化,开始由 19 世纪后期的单纯的"西学东渐"转变到在后现代背景下西方到包括中国的

①《梁启超论清史二种》,复旦大学出版社 1985 年版,第 79 页。

东方寻找有价值的智慧以弥补纯工具理性的弊端。例如,海德格尔对于道家思想的吸收,走出人类中心提出"天地神人四方游戏"的崭新理论;德里达对汉字的充分肯定,以汉字文化的哲学意蕴弥补西方语音中心主义的不足。特别需要说明的是,在进入后现代的今天,美学领域已经发生重大变化,那就是对于传统形式论美学的超越,从静观的美学发展到生命的生存的美学。在西方当代很多美学家看来,生命论与生存论美学要高于传统的形式论与认识论美学。这一点不仅在西方生命论、经验论、生存论美学中已经得到证明,即便在西方环境美学中也得到证明。加拿大著名环境美学家卡尔松将审美分为"浅层含义"与"深层含义"的区分,形式之美属于"浅层含义"的美,而生命之美则是"深层含义"的美。他说,"当我们审美地喜爱对象时,浅层含义是相关的,主要因为对象的自然表象,不仅包括它表面的诸自然特征,而且包括与线条、形状和色彩相关的形式特征。另一方面,深层含义,不仅仅关涉到对象的自然表象,而且关系到对象表现和传达给观众的某些特征和价值。普拉尔称其为对象的'表现的美',以及霍斯普斯谈到对象表现'生命价值'"[①]。由此说明,中国古代中和论生态与生命美学在当代美学建设中的特殊意义与价值。当然在未来的生态文化与生态美学建设中还会有更多的学者看到包括中国古代文化在内的东方文化的极大价值。西方同行们希望看到中国学术同行能够在自己传统生态文化研究中做出有更多价值的成绩。在这种情况下,我们还应有宽阔的胸怀,大胆地吸收西方所有的有利于我们文化建设的东西。

---

① [加]艾伦·卡尔松:《环境美学》,杨平译,四川人民出版社 2006 年版,第206、207 页。

　　最后,是形成一种崭新的生态美学的话语形态,经过理论阐释与文化吸收,逐步走向理论形态的建构,并走向世界。例如,中国古代的"生生为易"的生命论哲学、"气韵生动"的艺术理论与"四时养气"的养生理论等生态的生命论哲学与美学都可以在经过适当改造后介绍到世界。当然我们并不要求国际学术界立即接受我们的中和论生态的生命美学,但我们起码要争取做到"各美其美,美美与共"。

"天 人 合 一"①

——中国古代的"生命美学"

生态美学有两个支点:一个是西方的现象学。现象学从根本上来说是生态的,因为它是对工业革命主客二分及人与自然的对立的反思与超越,从认识论导向生态存在论。另一个是中国古代的以"天人合一"为标志的中国传统生命论哲学与美学。"天人合一"是对人与自然和谐的一种追求,是一种中国传统的生态智慧,体现为中国人的一种观念、生存方式与艺术的呈现方式。它尽管是前现代时期的产物,未经工业革命的洗礼,但作为一种人的生存方式与艺术呈现方式,它仍然活在现代,是具有生命力的,是建设当代美学特别是生态美学的重要资源。

一、"天 人 合 一"

——文化传统

"天人合一"是中国古代具有根本性的文化传统,是中国人观察问题的一种特有的立场和视角,影响甚至决定了中国古代各种文化艺术形态的产生发展和形态面貌。它最早起源于新石器时

---

①原载《社会科学家》2016 年第 1 期。

代的"神人合一"，西周时代产生"合天之德"的观念，《诗经·大雅·烝民》的"天生烝民，有物有则。民之秉彝，好是懿德。天监有周，昭假于下"，是这一观念的典型表现。战国至西汉产生"天人合德"（儒）、"天人合道"（道）、"天人感应"（儒与阴阳）的思想。董仲舒在《春秋繁露》中提出"天人之际，合二为一"。此后，宋代张载提出"儒者则因明至诚，因诚至明，故天人合一"（《正蒙·乾称》）。

　　甲骨文的"天"字，形如一个保持站立姿势突出头部的人。"天，颠也"（《说文解字》），即指人的头部。到了周代，"天"字从象形变成指事，成为人头顶上的有形的自然存在即天空。"人"字在钟鼎文中是侧面站立的人形。这样，"天人合一"就成为人与天空即人与世界的关系。这种关系不是西方的认识论或反映论关系，而是一种伦理的价值论关系，是指人在"天人之际"的世界中获得吉祥安康。在这里，"天人之际"是人的世界，"天人合一"是人的追求，吉祥安康是生活目标。张岱年认为，中国传统哲学中本体论与伦理学有着密切的关系。"天人合一"即是对于世界本源的探问，更是对于人生价值的追求。"天人合一"又保留了原始祭祀的祈求上天眷顾万物生命的内容。

　　在"天人合一"观念的发展中，西周以来逐步提出了"敬天明德"与"以德配天"思想。"以德配天"的观念，体现了浓郁的生态人文精神。《周易·易传》提出天地人"三才"之说，指出："夫大人者与天地合其德"（《周易·乾·文言》），包含了人与天地相合之意；《礼记·中庸》篇对人提出"至诚"的要求，认为只有"至诚"才能"赞天地之化育，则可以与天地参"。因此，中国古代的"天人合一"论，包含着要求人类要以至诚之心遵循天之规律，不违天时，不违天命，从而达到"天人合一"的目标。这是一种古典形态的生态人文精神。

对于"天人合一"这一命题,学术界争论较多,主要是对"天"的理解上,有自然之天、神道之天与意志之天等不同的理解。冯友兰指出,"在中国文字中,所谓天有五义:曰物质之天,即与地相对之天;曰主宰之天,即所谓皇天上帝,有人格的天、帝;曰运命之天,乃指人生中吾人所无可奈何者,如孟子所谓'若夫成功则天也'之天是也;曰自然之天,乃指自然之运行,如《荀子·天论篇》所说之天是也;曰义理之天,乃谓宇宙之最高原理,如《中庸》所说'天命之为性'之天是也"①。我们所讨论的"天人合一"观念,基本上遵循先秦时期的,特别是《周易·易传》中有关"自然之天"的解释,但这也不否认"天人合一"之"天"确实包含着某种神道与意志的内容。

从中国古代文化传统来看,"天人合一"是中国古代农业文化的一种主要传统,是中国人的一种理想与追求。钱穆先生说,"天人合一"是中国古代文化的归宿处,是符合实际的。② 即便是认为"天人合一"论具有极大随意性的刘笑敢先生也认为,明清时期将"天人合一"视为最后的原则、最高的境界和最高的价值。③ 众所周知,司马迁将中国古代文人的追求概括为"究天人之际,通古今之变,成一家之言",这说明"天人合一"是中国古代知识分子穷尽一生追求的终极目标。从古代社会文化与艺术的实际情况来

---

① 冯友兰:《三松堂全集》第 2 卷,河南人民出版社 2001 年版,第 281 页。
② 钱穆:《世界局势与中国文化》,台湾联经出版事业公司 1998 年版,第 419 页。
③ 刘笑敢:《天人合一:学术、学说和信仰——再论中国哲学之身份及研究取向的不同》,《南京大学学报》2011 年第 6 期。

看,对"天人合一"的追求的确是中国文化的主要传统。如甲骨文中的"舞"字,就是两人手持牛尾翩翩起舞,显然是巫师在祭祀中向上天祈福;中国传统建筑取法天象地原则,如天坛、地坛;现在的陕北秧歌在整齐的舞队之首有一人打伞一人打扇,显然是来源于祈雨习俗。再如民间俗语中的"瑞雪兆丰年"等。这些,都说明"天人合一"是中国文化由古至今、生生不息的一种文化传统。中国传统艺术发源于远古的巫术,中国古代的文化艺术中几乎都不同程度地包含着人向天的祝祷与祈福的因素,也就是包含着一定程度的"天人关系"的因素。因此,研究中国古代美学首先要从"天人合一"这一文化传统开始。西方,特别是欧洲的文化传统,遵循着古希腊以来的对于"逻各斯中心主义"的追求。尤其是工业革命以来,由于唯科技主义的发展,使得"逻各斯中心主义"发展成为一种明显的"天人对立"的"人类中心主义"。康德的"人为自然立法",即是一种典型的"天人对立"的、人对于自然的争胜观念。只是在 20 世纪以后,西方才随着对于工业革命的反思与超越,逐渐开始出现以"天人合一"代替"天人对立"的观念。海德格尔于 1927 年提出以"此在与世界"的在世模式与"天地神人四方游戏"代替"主客二分"。当然,海氏这一思想是受到中国老子"域中有四大人为其一"的影响,是中西文化互鉴与对话的结果。西方现代现象学将西方工业革命之"天人对立"加以"悬搁"而走向"天人"之"间性",为西方后现代哲学的"天人合一"打下基础。

　　"天人合一"作为中国的文化传统体现在儒、道、释各家学说之中。儒家倡导"天人合一"而更偏重于人,道家倡导"天人合一"则偏向于自然之天,中国佛教倡导"天人合一"则偏向于佛学之"天"。但总的来说,诸家都是在"天人"的维度中探索文化、艺术问题。正因为如此,李泽厚先生近期提出审美的"天地境界"问题。他认为,蔡元培的"以美育代宗教"命题的有效性就是中国古代的礼乐教化能够提升人的精神达到"天地境界"的高度,这样就将"天人"问题提到美学本体的高度来把握。他说,"天地境界的情感心态也就可以是这种准宗教性的悦志悦神"①。总之,从审美和艺术是人的一种基本生存方式来看,将"天人合一"这一文化传统视为中国古代审美与艺术的基本出发点,应该是没有问题的。

二、阴 阳 相 生

——生命美学

"天人合一"与生命美学有什么关系呢?从人类学的角度来看,中国古代原始哲学可以说是一种"阴阳相生"的"生"的哲学。《周易·泰·象》云:"天地合而万物兴。"兴者,生长也。《周易》是中国最古老的占卜之书,也是最古老的思维与生活之书,是一种对事物、生活与思维的抽象,是一种东方古典的现象学。"易者,简也"。《周易》将纷繁复杂的万事万物简化为"阴"与"阳"两卦,阴阳两卦相生相克,产生万物,因而提出了"生生之谓易"(《周易·系辞上》)、"天地之大德曰生"(《周易·系辞下》)等观念。《周易》是中国哲学的源头,也是中国美学的源头,其核心观念就是"生"。与之相关的是老子的"道生一,一生二,二生三,三生万物。万物负阴而抱阳,冲气以为和"(《老子·四十二章》),其核心也是一个"生"字。王振复认为,"天人合一"的"一"说的就是"生",即生命。他说,"试问天人合一于何?答曰:合于'生'。

---

① 刘悦笛主编:《美学国际——当代国际美学家访谈录》,中国社会科学出版社 2010 年版,第 77 页。

'一'者,生也"①。所以,"天人合一"作为美学命题所指向的就是"生生为易"之中国古代特有的生命美学。我国现代美学的两位著名代表人物方东美与宗白华都倡导生命美学。宗白华1921年就指出,生命活力是一切生命的源头,也是一切美的源头。方东美于1933年出版《生命情调与美感》一书,阐发了中国古代生命美学的特点。

　　"天人合一"走向生命哲学与美学有一个中间环节——"气"。老子的"万物负阴而抱阳,冲气以为和",即言天地间阴阳二气冲气以和,诞育万物,阴阳二气为"天人"之中间环节。这种以"气"为天地万物成就、生长、化育之根本的观念,奠定了中国古代特有的"气本论的生命哲学与美学",明显区别于古希腊的物本论的形式美学。"气本论的生命哲学与美学"首先出现在道家思想当中。不仅老子有"冲气以为和"的思想,庄子也指出:"人之生,气之聚也。聚则为生,散则为死。若死生为徒,吾又何患! 故万物一也","通天下一气耳"(《庄子·知北游》)。庄子明确地将"气"与生命加以联系,认为万物都根源于"气",都处于"气"之聚散的循环之中,因此"万物一也"。此外,《管子》也有"有气则生,无气则死"(《管子·枢言》)的看法。

　　综括"气本论的生命哲学与美学",可以得出这样几个基本观点。其一是"元气论"。中国古代哲学与美学认为,"气"是万物之源,也是生命之源。南宋真德秀说:"盖圣人之文,元气也。聚为日月之光,耀发为风尘之奇变,皆自然而然,非用力可至也。"(《日湖文集序》)对"气"之形态作用,唐人张文在《气赋》中作了形象地

---

① 王振复:《中国美学范畴史》第1卷,山西教育出版社2006年版,"导言"第6页。

描述:气之形态为"辽阔天象,中虚自然","聚散无定,盈亏独全","惟恍惟惚,玄之又玄",是一种无实体的混沌之态;气的作用是"变化千体,包含万类","其纤也,入于有象;其大也,入于无边",无论是日月星辰、山河树木、虹楼宸阁、春荣秋衰、早霞晚霭,"圣人遇之而为主,道士得之成仙"……总之,一切天上人间之生命万象均由"元气"化出,元气乃宇宙之本,生命之源。具体到文学观念,则有曹丕之"文气论"与刘勰《文心雕龙》之"养气说"。曹丕在《典论·论文》中指出"文以气为主,气之清浊有体,不可力强而致。譬如音乐,曲度虽均,节奏同检,至于引气不齐,巧拙有素,虽在父兄,不能以移子弟",说明文章的生命力量都在于"气"。这"气"是一种先天的禀赋,不可由后天强力获得,即便是同曲度同节奏的音乐也因先天禀气之不同而有不同的生命个性。这是以生命论之"文气"对作品风格与创作个性的深刻界说。刘勰在《文心雕龙·养气》篇中对作家之创作进行了深入的论述,他说:"纷哉万象,劳矣千想。玄思宜宝,素气资养。水停以鉴,火静而朗。无忧文虑,郁此精爽。"刘勰强调在纷纭复杂的文学创作活动中必须珍惜元神,滋养元气,保持平静的心态,培育强化精爽的创作精神。这是十分重要的作家论,强调以"停"与"静"来排除干扰,保持生命之本然状态,从而使作品充满"精爽"之生命之气。综上所述,可见"元气"在中国生命论美学中的重要地位,审美与艺术的根本是保有纯真之元气,为此除先天之禀赋外还要通过养气之过程培养元神元气使文学艺术作品充满生命活力。

另外一个重要观点是中国古代哲学与美学中借以产生生命活力的"气交"之说。所谓"气交"是指万物生命与艺术生命之产生是由天与地、阴与阳两气相交相合而成。"气交"的提出是《黄帝内经》,其中的《六微旨大论》篇借岐伯与黄帝的对话提出了"气交"之说。"岐伯曰：言天者求之本，言地者求之位，言人者求之气交。帝曰：何谓气交？岐伯曰：上下之位，气交之中，人之居也。故曰：天枢之上，天气主之；天枢之下，地气主之；气交之分，人气从之，万物由之。"所谓"气交"，就是认为包括人在内的天地万物都是由"气交"而成，人居"气交之中"，而"万物"亦"由之"。《黄帝内经》的"气交"说之源头可以追溯到《周易》。《周易·泰·象》指出"天地交而万物生也，上下交而其志同也"。泰卦乾下坤上，阴上阳下，象征着阴气上升阳气下降，两气相交而生万物。两气相交就是"天人合一"。《周易·系辞上》指出："一阴一阳之谓道。继之者善也，成之者性也。"天地万物都由阴阳二气相交而成，天地万物的生长、发育就是阴阳之气的"继之""成之"的过程，这就是"道"。在《周易》看来，阴阳之气相交的前提是阴上阳下各在其位。就"天人"关系来说，"圣人""大人"与"君子"之职责是"赞天地之化育"，这就要求他们"与天地合其德，与日月合其明，与鬼神合其吉凶"（《周易·系辞上》），这样才能做到"天地位焉，万物育焉"（《礼记·中庸》）。这种境界就是《礼记·中庸》篇所说的"致中和"。而在《周易》中，这种观念则通过《周易·坤·文言传》表现出来。坤卦六五爻居上卦之中，其爻辞是"黄裳，元吉"。《周易·坤·文言传》就此指出："君子黄中通理，正位居体，美在其中，而畅于四肢，发于事业，美之至也。"这是《周易》集中并直接论美的一段话。所谓"正位居体"，即体居正位，是一种"执中"之象，所以有"黄中通理"之美。在《周易》的观念中，只有处于"执中"之位，才能"与天地合其德，与日月合其明，与鬼神合其吉凶"，从而促进阴阳之"气交"，"赞天地之化育"，达到"中和"之境界。所以，在中国古代"天人合一"之哲学与美学看来，只有"中和""执中"才是一种反映万物繁茂与诞育的生命之美。

　　阴阳相生的生命之美的另一种深化,就是一种对于"生"的善的祝福。这集中表现为《周易》乾卦卦辞"元亨利贞"的"四德"之美。《周易·乾·文言传》指出:"元者,善之长也;亨者,嘉之会也;利者,义之和也;贞者,事之干也。"这一"四德"之美,体现了以"生"之哲学为核心的对生命的存在、繁育之"善"的祝福。这种观念,表现在中国古代艺术中,特别是民间艺术中,就产生了大量的对吉祥安康的善的祝福。如春节时张贴可怖的门神、绘画中钟馗之类的可怖的形象,等等,都包括着避邪趋福的内涵。古代画论中,晋代谢赫在《古画品录》中提出绘画之"六法","六法"之道为"气韵生动"。清人唐岱的《绘事发微》指出:"画山水贵乎气韵生动。气韵者,非云烟雾霭也,是天地间之真气,凡物无气不生……气韵由笔墨而生,或取圆浑而雄壮者,或取顺快而流畅者,用笔不痴不弱,是得笔之气也。用笔要浓淡相宜,干湿得当,不滞不枯,使石上苍润之气欲吐,是得墨之气也。"唐岱提出"气韵生动"的实质是天地万物之中的生命之"真气"的流行。在绘画中,这种"真气"通过笔墨的强与弱以及用色之浓与淡的对立对比而表现出来。可见,所谓"气韵生动",正是"一阴一阳之谓道"之观念在艺术创作中的表现。庄子善言"养生",其《庄子·刻意》篇讲到"吹呴呼吸,吐故纳新,熊经鸟申,为寿而已矣",即主张通过吹呴呼吸与吐故纳新之类的导引之术使生命之气得以强化,从而达到延长生命寿限的目的。从这个角度说,艺术创作中通过阴与阳、笔与墨、浓与淡、疏与密的安排,使"气"流行于其间,同样是一种生命气息的导引,可以表现出一呼一吸、吐故纳新的有节奏的生命活动。所以,宗白华说,所谓"气韵生动"即是一种"生命的节奏"或"有节奏的生命"。①

─────────────────

① 《宗白华全集》第 2 卷,安徽教育出版社 2008 年版,第 109 页。

综上所述，生命美学是中国传统美学与艺术的特点，也是中国传统美学区别于西方古典形式之美与理性之美的基本特征。但20世纪以降，在西方现象学哲学对主客二分、人与自然对立的工具理性批判的前提下，生命美学也成为西方现代美学特别是生态美学的重要理论内涵。海德格尔在《物》中论述了物之本性是阳光雨露与给万物以生命的泉水，梅洛-庞蒂对身体美学特别是"肉体间性"的论述，伯林特对"介入美学"的论述，卡尔松对生命之美高于形式之美的论述，等等，这些相关看法的提出，说明中西美学在当代生命美学中相遇了。因此，当代生命美学就是生态美学的深化，它为中国古代生命美学的发展开拓了广阔的空间。

三、"太 极 图 式"

——文化模式

"天人合一"在中国传统艺术中成为一种文化模式，中国传统艺术都包含着一种"天人关系"，如形与神、文与质、意与境、意与象、情与景、言与意等，由此构成了形神、文质、意境、意象、情境、言意等特殊的范畴。对这些范畴，决不能像解释西方"典型"范畴那样将之理解为共性与个性的对立统一，或将之解释为两者的所谓"统一"，它们都具有更为丰富复杂的东方内涵，只能以中国古代特有的文化模式"太极图式"加以阐释。

宋初周敦颐援道入儒，改造了道教的演示其通过炼丹以求长生不老之说的"太极图"，画出了新的"太极图"，并写了《太极图说》，建构了宋明理学重要的宇宙观。他的"太极图"以及《太极图说》所体现的思想，发展成为此后中国传统文化艺术中极为重要的"太极图式"，构成了一种特有的中国传统文化的"太极思维"。

这种"太极图式"很难用西方的"对立统一"的形而上学观念予以阐释，必须回归到中国传统文化的语境中才能理解。这种"太极图式"起源于中国古老的以图像和符号为其表征的"卜筮文化"与"卜筮思维"，此后经过儒、道等传统文化的改造浸润熏陶，而更显精致化并带有一种东方的理性色彩，成为中国古代特有的生命论美学的文化与思维方式。很明显，"太极图式"继承了《周易》有关"太极"的观念："是故易有太极，是生两仪。两仪生四象，四象生八卦，八卦定吉凶，吉凶生大业。"(《周易·系辞上》)周敦颐在此基础上加以发挥，形象而生动地阐释了"太极图式"这一生命与审美思维模式的内涵。首先是回答了什么是"太极"，所谓"无极而太极"。这里的"极"是"至也，极也"之意。"太极"即指"没有最高点，也没有任何极边"。所以，不是通常的"主客二分"，但却是万事万物生命的起源，是"道法自然"之"道"，"一生二"之"一"。其次，探讨了太极的活动形态，所谓"太极动而生阳，动极而静，静而生阴，静极复动。一动一静，互为本根"，形象地阐释了《老子》的"万物负阴而抱阳，冲气以为和"的观念，说明"太极"是一种阴阳相依相融、交互施受、互为本根的状态。这实际上是对生命之诞育发展过程的模拟和描述。生命的诞育发展就是天地、阴阳的互依互融交互施受的过程，有如《周易》所说的"天地氤氲，万物化醇；男女构精，万物化生"(《周易·系辞下》)。周敦颐指出："二气交感，化生万物，万物生生而变化无穷焉。惟人也得其秀而最灵。""太极"是万物生命产生的根源之，阴阳二气之"交感"，化生了天地万物，而"人得其秀而最灵"。而在这"太极化生"的宇宙大化中，圣人所起"赞天地之化育"的重要作用，"定之以中正仁义""无欲故静""与天地合其德"。因此，"原始反终，故知死生之学，大哉易也，斯其至矣"。这就是周敦颐根据易学的关于生命产生与终止，循环往复，无始无终的"太极图式"，是一种对生命形态的形象描述。这种观念几乎概括了中国古代一切文化艺术现象，其中包含了天与人、阴与阳、意与象的互依互存互融，是一种活生生的生命的律动，中国传统美学的"大美无言""大象无形""象外之象""言外之意""味外之旨""味在咸酸之外""情景交融""一切景语即情语"等观念，都可以说是这种"太极图式"与"太极思维"的具体呈现，体现了中国古代"天人合一"生命论美学的重要特征。

由此可见，所谓"太极图式"实际上是一种东方古典形态的现象学。所谓"易者，易也；易者，简也"，《周易》将复杂的宇宙人生简化为"阴阳"两卦，演化为六十四卦，揭示了宇宙、人生、社会与艺术的发展变化，呈现一种生命诞育律动的蓬勃生机的状态。这不是主客二分思维模式下的传统认识论所能把握的，就像中国诗歌之"味外之旨"，国画之"气韵生动"，书法之龙飞凤舞，音乐之弦外之音。中国传统艺术中的这种"天地氤氲，万物化醇"的太极之美是玄妙无穷，变化多端的。这种一动一静的"太极图式"表现在中国艺术中是一种"一阴一阳之谓道"的艺术模式：如绘画中的画与白，产生无穷生命之力，如齐白石的《虾图》，以灵动的虾呈现于白底之上，表现出无限的生命之力；再如中国戏曲中的表演与程式，一阴一阳产生生命动感，如川剧《秋江》的艄翁与陈妙常通过其独到的表演呈现出江水汹涌之势等。不过，这种"太极化生"的审美与艺术模式倒是与现代西方的现象学美学有几分接近。现象学美学通过对主体与客体、人与自然之二分对立的"悬搁"，在意向性中将审美对象与审美知觉、身体与自然变成一种可逆的主体间性的关系，既是对象又是知觉，既是身体又是自然，相辅相成，互相渗透，充满生命之力，呼吸之气，如梅洛-庞蒂所论雷诺阿在著名油画《大浴女》中表现的原始性、神秘性与"一呼一吸"

之生命力。梅洛-庞蒂在《眼与心》中所说的"身体图示"倒很像中国的"太极图式"。① 东西方美学在当代生态的生命美学中交融了。

　　需要说明的是,"太极图式"作为古典形态的现象学毕竟是前现代农业社会的产物,尽管十分切合审美与艺术的思维特点,但历史证明它是不利于科技发展的,它与西方后现代时期对工业文明进行反思的现代现象学还是有很大区别的。"太极图式"之中也混杂有不少迷信与落后的东西,须经现代的清理与改造。

四、"线 性 艺 术"
——艺术特征

　　中国传统艺术由其"天人合一"之文化模式决定是一种生命的线性的艺术、时间的艺术,而西方古代艺术则是一种块的艺术、空间的艺术。因为生命的呈现是一种时间的线性的发展模式。而线性的时间的艺术又呈现一种音乐之美的特点,如绵绵的乐音在生命的时间之维中流淌。在中国传统艺术中,一切空间意识都化作时间意识,一切艺术内容都在时间与线性中呈现。

　　关于中国古代艺术的线性特点及其与西方古代块的艺术的区别,宗白华曾指出:"埃及、希腊的建筑、雕刻是一种团块的造型。米开朗基罗说过:一个好的雕刻作品,就是从山上滚下来滚不坏的。他们的画也是团块。中国就很不同。中国古代艺术家要打破这团块,使它有虚有实,使它疏通。中国的画,我们前面引

①[法]梅洛-庞蒂:《眼与心》,刘韵涵译,中国社会科学出版社1999年版,第137页。

过《论语》'绘事后素'的话以及《韩非子》'客有为周君画荚者'的故事,说明特别注意线条,是一个线条的组织。中国雕刻也像画,不重视立体性,而注意在流动的线条。"①李泽厚则认为,中国艺术"不是书法从绘画而是绘画从书法中吸取经验、技巧和力量。运笔的轻重、疾涩、虚实、强弱、转折顿挫、节奏韵律,净化了的线条如同音乐旋律一般,它们竟成为中国各类造型艺术和表现艺术的魂灵。"②宗白华指出了中国古代艺术的线性特点,李泽厚则同时指出了中国古代艺术的线性和音乐性特点。其实,线性就是时间性,也就是音乐性。宗、李两位的论述都是十分精到的。

对于中国传统艺术的线性特点,我们按照宗白华的论述路径在中西古代艺术的比较中展开。

首先是从哲学背景来看,西方古代艺术的哲学背景是几何哲学,而中国古代艺术的哲学背景则是"律历哲学"。宗白华说道:"中国哲学既非'几何空间'之哲学,亦非'纯粹时间'(柏格森)之哲学,乃'四时自成岁'之历律哲学也。"③所谓"律历哲学",是指中国古代以音乐上的五声配合四时、五行,以音乐的十二律配合十二月。古人认为,音律是季节更替导致天地之气变化的表征,所以以律吕衡量天地之气,以候气来修订历法,从而使律吕之学成为沟通天人的一个重要渠道。而古希腊则因航海业的发达使观测航向的几何之学成为希腊哲学的重要依据。由此,律历哲学成为中国古代"线的艺术"的文化依据,而"几何哲学"则成为古希腊"块的艺术"的哲学根据。

---

①《宗白华全集》第3卷,安徽教育出版社2008年版,第462页。
②李泽厚:《美的历程》,生活·读书·新知三联书店2014年版,第45、46页。
③《宗白华全集》第1卷,安徽教育出版社1994年版,第611页。

其次,从艺术与现实的关系看,古希腊艺术与现实的关系是一种对客观现实的"模仿",无论是柏拉图还是亚里士多德都对"模仿说"有所论述;而中国古代则是一种"感物说"。《乐记》有言:"乐者,音之所由生也,其本在人心之感于物也。"《周易·咸·象》云:"咸,感也。柔上而刚下,二气感应以相与……天地感而万物化生,圣人感人心而天下和平。观其所感,而天下万物之情可见矣。"古希腊之"模仿说"更偏重在"客体之物",着眼于物之真实与否;而中国古代之"感物说"则更偏重于"主体之感",着眼于被感之情。总之,"物"化为实体,"感"则化为情感。

从代表性的艺术门类看,古希腊代表性的艺术门类是雕塑,而中国古代代表性的艺术门类则为书法。中国书法是中国古代特有的艺术形式,发源于殷商之甲骨文与金文,成为中国传统艺术的源头和灵魂。李泽厚在谈及甲骨文时说道:"它更以其净化了的线条美——比彩陶纹饰的抽象几何纹还要更为自由和更为多样的线的曲直运动和空间构造,表现出和表达出种种形体姿态、情感意兴和气势力量,终于形成中国特有的线的艺术:书法。"①

最后,从绘画艺术的透视法来看,古希腊艺术,特别是此后的西方古代绘画艺术,是集中于一个视点的焦点透视,而中国古代艺术,特别是国画则是一种多视点的散点透视,是一种"景随人移,人随景迁,步步可观"的形态,在人的生命活动中、在时间中不断变换视角。如《清明上河图》对汴河两岸宏阔图景的全方位展示,实际上是一种多视角表现方法,仿佛一个游人在汴河两岸行走,边走边看,景随人移,步步可观,构成众多视点,从而将汴河全

---

①李泽厚:《美的历程》,生活·读书·新知三联书店 2014 年版,第 42 页。

景纳入整个视野。这其实是一种生命的线的流动过程。再如传统戏曲中虚拟性的表演,以演员边歌边舞的动作,即以行动中的散点透视形象地表现极为复杂的场景和空间,所谓"三五步千山万水,六七人千军万马""走几步楼上楼下""手一推门里门外",等等,都是一种化空间为时间的艺术处理,这在中国艺术中司空见惯。只是到了20世纪后半期,西方现代美学与现代艺术才打破传统的焦点透视模式而走向散点透视,这在西方现代派艺术,特别是绘画艺术中表现得尤为明显。而当代西方美学领域,也开始对于焦点透视作为"人类中心""视点中心"之表现的批判。总之,当代中西在绘画艺术视角之表现上又相遇了。当然,这并不会因此而模糊中西美学与艺术的区别。

生生美学具有无穷生命力^①

中国到底有没有自己的美学？如果有，其形态又是什么？这是我国美学界经常讨论的话题。由于长期以来受"欧洲中心论"与"以西释中"影响，我国美学研究对中华民族的审美理论缺乏必要的自信，常常以"审美智慧"称之，没有足够勇气将其称为中国的美学理论。其实，审美是一种生活样式，是一种艺术的生存方式。中华民族有 5000 多年的文明史，有引以自傲的民族艺术。因此，中国必然拥有本民族的美学，这种美学就是"生生美学"。

"生生美学"这一概念来自《周易》，所谓"生生之谓易""天地之大德曰生"。"生生"意即"生命的创生"，是我国古代哲思与艺术的核心所在。长期以来，许多哲学界与美学界的前辈学者就"生生"作了自己的探索。我国著名哲学家方东美明确将中国哲学精神概括为"生生"即"生命的创生"，而一切艺术均来源于体贴生命的伟大。这种阐释形成"生生美学"的雏形。此外，宗白华、刘纲纪等诸多学者还论述过中国传统美学的"生命美学"特征。"生生美学"是一种相异于西方古典认识论美学的中华民族自己的美学形态，独具特色与魅力。而且，体现这种"生生美学"的中国传统艺术如国画、书法、戏曲、琴艺与民间艺术至今仍具有无穷

①原载《人民日报》2017 年 10 月 20 日第 17 版。

生命力，它们就存在于现实生活之中，因此这种"生生美学"也是鲜活的。

"生生美学"是一种古典形态的"天人相和"的生态之美。过去，我们认为"天人相和"是前现代的产物，所以没有勇气说这就是中国的生态美学，只说是生态审美智慧。但事实告诉我们，中国长期的农业社会以及由此产生的"天人合一"文化形态，决定了尊重自然、顺应自然的生态观在中国具有原生性特点。这种原生性的生态文化，曾经极大地影响了现代西方学者生态观的形成。"天人相和"的生态之美不仅仅是一般的生态智慧，而是具有原生性并活在当代的生态理论。"天人相和"所构成的人与自然亲和的"中和之美"，与古希腊强调科学的、比例对称的"和谐之美"是不同的。所谓"天人相和"具有明显的"生命创生"的内涵，天地相交、风调雨顺、万物生长就是一种美的形态。这种生态之美仍然存在于我国诸多民间艺术之中，例如年画之"瑞雪兆丰年"与"大丰收"等。

"生生美学"是一种"阴阳相生"的生命之美。"生生美学"是一种东方的生命之美。这种生命之美包含万物化生、宇宙变化等极为丰富的内涵，而且体现出"天地与我为一，万物与我并存"的理念，是一种古典的生态整体论与生态平等论。特别可贵的是，《周易》揭示了包括艺术创造在内的万事万物生长演化的规律，即"一阴一阳之谓道"。这不仅是万物生长之道，而且是艺术创造之道。中国艺术是一种虚实相生的生命艺术，形成特有的艺术生命体。阴阳之道还概括了艺术创造特有的规律，即凭借阴阳虚实的对比产生一种艺术生命力。例如，国画就是通过白与黑、浓与淡的对比形成一种艺术生命力。像齐白石的虾图，以其"为百鸟传神，为万虫写照"的精神，仅寥寥几笔，以大片的空白将几只小虾在水中活泼的生命力表现无遗。

"生生美学"还是一种"日新其德"的含蓄之美。"生生美学"作为一种含蓄的美,体现中国传统艺术的无限风光,是一种"言外之意""象外之象"与"味外之旨"。诗歌之"意境"、绘画之"气韵"、山水园林之"写意"、书法之"神韵"等,说的都是中国传统艺术的含蓄之美,可以说是意味无穷。

"生生美学"化育于十几亿中国人的生活,蕴含在让我们流连忘返的无数民间艺术之中,寄托着我们绵绵的乡愁与无尽的情思,需要我们好好体悟、好好研究。

解读中国传统"生生美学"①

中华优秀传统文化的现代转换历来是一个艰苦的创造性过程,我想从坚守中华文化立场出发,从跨文化研究的视角探寻生态美学的中国民族形态。这次,我将自己的一得之见呈现出来,做一次抛砖引玉的尝试。

一、生态美学的中西差异

中国文化与西方文化是两种不同的类型。中国作为农业社会属于传统的自然友好型生态社会;古希腊以商业与航海为生,遵循战胜自然的科学的文化模式。由此,中西方文化具有共生互补性。

生态美学是 20 世纪初兴起的一种美学形态,在西方包括欧陆现象学之生态美学与英美分析哲学之环境美学。中国生态美学开始于 20 世纪 90 年代初期,以引进介绍西方环境美学为其开端。但从 21 世纪初期起,中国学者就开始关注中国本土传统生态审美智慧,并开始与西方的对话,即进入跨文化研究。生态美学以生态哲学与生态伦理学为其重要理论支撑,反对人类中心

①原载《光明日报》2018 年 1 月 7 日。

论,力主生态整体论以及人与自然的和谐共生,将自然视为人类的家园。由工业革命时期人类为自然立法发展到生态文明时期尊重自然,顺应自然,人与自然共生。

中西之所以在生态美学领域能够形成跨文化研究,首先是因为两者具有共同性。共同性之一是生态问题是中西学者共同关心的问题。自1972年斯德哥尔摩国际环境会议之后,西方已经将生态环境问题提到重要议事日程。中国从20世纪90年代以来生态环境问题日渐严重,西方发达国家200年间形成的环境问题在中国短短的二三十年中集中发生了。此外,中国是一个资源紧缺型国家,人口众多,人均可耕地、淡水与森林等资源偏少,保护自然环境成为紧迫的社会问题。另一个共同性就是中西生态美学都具有某种反思性与融合性,即对于传统工业革命人类中心论的反思与超越,并且倡导一种人与自然的融合性,中国到21世纪初已经提出建设环境友好型社会。目前又明确提出"美丽中国"建设目标。

其次,是相异性。相异性使得跨文化对话具有足够的空间,也使得中国生态美学得以发展。总之,中西生态美学在相同性前提下具有明显的相异性。

其一,近十多年来中西方存在"生态"与"环境"之辩。西方学者特别是英美学者力倡环境美学,并且对于"生态"一词多有异议。美国著名环境批评家劳伦斯·布伊尔在《环境批评的未来》一书中明确表示:我特意避免使用生态批评,因为生态批评是一种知识浅薄的自然崇拜者的俱乐部,而环境更能够概括研究对象,体现文学与环境研究的跨学科性。中国学者则认为生态美学与环境美学之争涉及人类中心与生态整体两种不同的哲学理念。历时十年,中国学者从三个方面论证了"生态"一词优于环境之处。一是字义上"环境"（Environment）具有"包围、围绕、围绕物"之意，是外在于人的二元对立的。而"生态"（Ecology）则具有"生态的、家庭的、经济的"之意，是对于主客二分的解构。二是从内涵上说，环境一词具有人类中心论的内涵，而生态则是一种生态整体论。三是从中国传统文化来说，生态一词更加契合中国古代"天人合一"文化模式，而环境美学则与中国传统文化不相接轨。

其二，从生态文化的发生来说，在中国传统文化中生态文化是一种原生性文化或者叫做"族群原初性文化"，是在原始形态农耕文化中形成的亲和自然的文化形态。而在西方文化中生态文化是一种反思的后生性文化。中国传统农业社会中强调"天人合一"，因而生态文化是中国古代的原生性文化。中国哲学以"天人相和"为其文化模式，中国古代艺术基本上就是一种自然生态的艺术，山水画自魏晋以后成为画之正宗，山水诗山水游记甚为发达。甚至传统艺术之工具文房四宝以及古琴、竹笛等材料均来自自然界。而西方古代是一种科技文化，它的生态文化是20世纪产生的反思的后生性文化，是对于工业革命破坏自然进行反思的产物。在很大程度上借鉴了包括中国文化在内的东方传统文化。德国著名的生态哲学家海德格尔对于老子《老子》"道大，天大，地大，人亦大，域中有四大，而人居其一焉"加以借鉴，提出"天地神人四方游戏"；美国著名生态文学家梭罗在《瓦尔登湖》中对于孔子与孟子"仁爱"思想的借鉴，提出著名的"人与自然为友"的主旨等。梭罗在《瓦尔登湖》中引用《论语》"子为政，焉用杀。子欲善，而民善矣"，作为其亲和自然之依据。

其三，从生态美学的话语来说中西方有着差异。首先需要说明的是审美是人的一种特定的生存方式与生活方式，人的审美具有共通性也具有民族的相异性。西方人称"美是理念的感性显现",而中国人则称"生生为美"。所以在生态美学之中各个民族之间都有自己特殊的话语。欧陆现象学之生态美学主要使用"阐释学"的方法与话语。英美分析哲学之环境美学则主要使用科学的"分析"的方法与话语。而中国古代"天人合一"的生态审美智慧则使用"生生"的古典形态的特殊话语,所谓"天地之大德曰生""生生之谓易"。这里的"生生"是动宾结构,前一个"生"是动词,后一个"生"是名词,即使得万物获得旺盛的生命,也就是"生命的创生",是一种东方文化特有的"有机性"内涵。"生生"之生命创生内涵使得"生生"与"生态"具有内在的相融性。"生生之谓易"的文化传统渗透于人民生活与传统艺术之中目前仍有其生命活力,可以充实到当代中国生态文明与生态文化建设当中。我们以此概括中国传统生态审美智慧,将之概括为中国传统的"生生"美学。"生生"美学是一种"天人相和"的整体性与有机性的文化行为,相异于英美环境美学"分析"之科学性,也相异于欧陆现象学美学"阐释"之个人性。由此,西方之"阐释""分析"与中国之"生生"就构成一种跨文化对话的关系。其实,诸多前辈学者已经较多地论述了中国传统美学的生命论特点,方东美就以"生生"概括中国传统哲学精神,称为"万物有生论",并将中国艺术称之为"主要是生命之美"。宗白华则对中国传统生命论美学也有较多论述。我对"生生美学"的解读对前辈学者多有借鉴。

二、"生生美学"的基本特点

"生生美学"产生于丰厚的中国传统文化土壤之中,具有明显的区别于西方美学的中国气派与中国风格。

　　第一，"天人合一"的文化传统是"生生美学"的文化背景。

　　"天人合一"是中国古代具有根本性的文化传统。诚如司马迁所言，"究天人之际，通古今之变，成一家之言"，成为中国人观察问题的特有立场和视角，影响甚至决定了中国古代各种文化艺术形态的产生发展与基本面貌，构成"生生"美学之文化背景。"天人合一"最早来源于原始宗教的"神人合一"，发展为老子的"道法自然"、《易传》的"与天地合其德"、董仲舒的"天人感应"等。宋代张载明确提出"天人合一"。"天人合一"体现了中国传统文化对于天人关系的理解，也体现了中国传统美学追求一种宏阔的东方式"中和之美"的诉求，相异于西方古代希腊对于微观的物质的"和谐之美"的诉求。

　　第二，阴阳相生的古典生命美学是"生生美学"的基本内涵。

　　"天人合一"之"一"就是"生"，即生命也，"天人合一"构成了人与自然的生命共同体。《周易》泰卦所谓"天地交而万物通也，上下交而志同也"，天地交万物通是说风调雨顺万物繁茂，生命繁盛。"生"的甲骨文即为"生"，草生地上，万物繁育。这里的"生"有一个中间环节就是"气"，阴阳二气相交，万物诞育。《老子》有言，"道生一，一生二，二生三，三生万物，万物负阴而抱阳，冲气以为和"。《周易》咸卦《彖传》："天地交而万物化生。"由此说明，阴阳之气为生命化生之本，阴阳之气交感诞育万物生命，成为宇宙人生的根本规律。《周易·系辞上》言道"一阴一阳之谓道，继之者善也，成之者性也"，阴阳之道成为万事万物社会人生，包括艺术创作的基本规律，继承这一规律是最高的至善，运用这一规律则是人性之必然。在这里，阴阳之道成为中国传统文化中美善的统一体，人性的必然体现，也是中国古代生命哲学的艺术体现，成为中国古代艺术包含无限意蕴之"言外之意，味外之旨"的根本动因。这种阴阳之道,在中国传统艺术中无所不在,书法的黑白对比、绘画的线条曲折伸张、诗文的比兴、文辞的抑扬顿挫、音乐戏曲的起承转合等无不是阴阳相生的体现,成为中国特有的美学智慧。

第三,"太极图式"的文化模式是"生生美学"的思维模式。

"天人合一"文化传统中的阴阳之关系呈现一种极为复杂的"太极图式"。宋初周敦颐在《太极图说》中阐述了太极的基本特点。首先,关于什么是"太极",所谓"太极而无极",即指太极无边无际,无所不在。其次,回答了太极的活动形态,阐述了"太极"是一种阴阳相依,交互施受,互为本根的状态。这是对于生命的产生与终止、循环往复,无始无终的形态的现象描述,是中国的哲学思维与艺术思维之所在,中国传统艺术均表现为一种圆融的包含生命张力的形态。有学者将之视为艺术的圆形思维模式,其言有理。这种圆形艺术思维使得艺术极富张力,如嫦娥之奔月,飞天之以 S 形升空,汉画像中两只拱背相向蓄势待发的虎豹等。

第四,线型的艺术特征是"生生美学"的艺术特性。

根据宗白华的论述,中国传统艺术是一种线性的艺术,时间的艺术;而西方古代艺术总体上说是一种块的艺术、空间的雕塑的艺术。线性艺术呈现的是一种生命的时间音乐之美,一切都犹如乐音在时间中流淌,一切艺术内容都在时间与线性中呈现,化空间为时间。国画中的多点透视,《清明上河图》在动态的多点透视中呈现了清明时节汴河两岸的完整的风情画面。而最能反映线性艺术特点的是书法,被称为中国文化核心的核心,是一种时间之流中笔的生命之舞,成为中国传统线性艺术的典型代表。

三、"生生美学"的广阔范畴

众所周知,西方美学主要体现在各种经典的理论著作之中,例如柏拉图的《文艺对话集》、亚里士多德的《诗学》、康德的《判断力批判》、黑格尔的《美学》以及杜威的《艺术即经验》等论著之中。当然,中国也有自己的美学论著,例如集乐舞诗一体的《乐记》,还有《文心雕龙》与《二十四诗品》等。但中国美学则主要不是体现在论著之中,而是体现在国画、戏曲、古琴、园林、建筑与民间艺术等各种传统艺术之中。宗白华认为,中国传统美学思想更多是总结的艺术实践,因此"研究中国美学史的人应当打破过去的有些成见,而从中国极为丰富的艺术成就和艺人的艺术思想里去考察中国美学思想的特点"。由此,我们在研究中国"生生美学"之时必然将对于中国传统艺术与艺术理论的考察放到更加重要的位置,从中总结概括出有关的"生生美学"范畴。

诗歌之"意境"。"意境"是中国传统艺术中一个最基本的美学范畴,是"生生美学"的重要内涵,反映了"意"与"境"、"天"与"人"的有机统一,相反相成,生成象外之象,意外之韵的生命力量。唐代王昌龄首先提出"意境"范畴。这种"意境"在司空图看来即是一种可望而不可置于眉睫之前的象外之象,景外之景,正是中国生生美学的特殊性所在。"东城渐觉风光好,縠皱波纹迎客棹。绿杨烟外晓寒轻,红杏枝头春意闹。"本诗先以记事开头,记述了早春时光驾船湖中划波游春之事;后即借景抒情,以绿杨在晓寒中轻摆与红杏在枝头开放相对,抒发对于春景的热爱与歌颂。王国维曾在《人间词话》写道"红杏枝头春意闹",着一"闹"字而境界全出。"闹"字不仅写出了红杏与绿杨相对的艳丽色彩,而且点出了红杏之闹与晓寒之轻的声音对比,此时无声胜有声。因而,在诗中充分抒发了诗人对于早春特有之春景的欣赏,对于勃勃生机的歌颂,一个"闹"字写出了生命的色彩与声音,化静为动,化视觉为听觉,是一种艺术的"通感",写出了自然的生命力量。

书法之"筋血骨肉"。"筋血骨肉"是中国书法艺术特有的美学范畴,东方传统文化中的身体美学。这是通过书法抽象的点线笔画与雄健笔力形成一种艺术想象中的筋血骨肉。魏晋书法家卫夫人在《笔阵图》中指出,"善笔力者多骨,不善笔力者多肉;多骨微肉者谓之筋书,多肉微骨者谓之墨猪;多力丰筋者圣,无力无筋者病"。这里的所谓"骨"指笔力强劲;所谓"肉"指笔力贫乏;所谓"筋书"指多骨微肉笔力强劲;所谓"墨猪"指多肉微骨笔力软弱之书,犹如一头肥胖乏力的墨猪。而所谓"血"乃要求水墨"如飞鸟惊鸿,力道自然,不可少凝滞,仍不得重改"。筋血骨肉彰显了中国传统艺术特有的顶天立地,骨力强劲的生命之美。

古琴之"琴德"。"琴德"是中国琴艺的重要美学范畴,是传统文化对于文人顺天敬地效仿圣贤的高尚要求。嵇康在《琴赋》中提出"愔愔琴德"之说。所谓"琴德"乃是和谐内敛顺应自然的愔愔之德,要求达到体清心远,良质美手,艺冠群艺,敬畏雅琴,以至人为榜样的境界。诚如《乐记》所言,"大乐与天地同和"体现了生生美学的"天地境界"。这其实是传统文化对于文人的普适性要求,传统文人应该达到的"与天地合德"的境界,这也是一种生生美学的境界。有种说法是,嵇康清高孤傲不向权势低头最后为司马昭所杀,临刑前他抚琴弹奏著名的《广陵散》,激昂高扬,听者无不为之动容。《广陵散》为我国十大古琴曲之一,以聂政为父报仇毁容弹琴刺韩王为其背景,抒发激越慷慨之情,是生命之歌,嵇康成为生命的歌者。

国画之"气韵生动"。"气韵生动"是国画的基本美学范畴,也是中国生生美学最重要的美学范畴之一。南朝谢赫在《古画品录》中提出"画有六法",第一即为"气韵生动"。明代唐志契在《绘画微言》中对之进行了阐释:认为"气韵生动与烟润不同,世人妄指烟润为生动,殊为可笑。盖气者有气势,有气度,有气机,此间即谓之韵,而生动处则又非韵之可代矣。生者生生不穷,深远难尽;动者动而不板,活泼迎人"。说明气韵生动是一种由象征生命之力的气势形成的生命的节奏韵律,是活泼感人的生命力量。宗白华简约地概括道,气韵生动就是"一种生命的节奏或有节奏的生命"。齐白石的《虾图》以其"为万虫写照,为百鸟传神"的精神,将充满生命力量的虾呈现在纸上,画作里并没有水,但一只只虾却俨然于大江大河之中。

戏曲之"虚拟表演"。"虚拟表演"是中国传统戏曲的重要艺术特点,是其相异于西方戏剧实景实演之处,是一种虚实相生、演员与观众一体的东方戏曲模式。在中国传统戏曲之中,布景、景致与空间都是虚拟的,完全通过演员的表演将之表现出来。这就是所谓"实景清而空景现",运用清简的实景给予想象以广阔的空间。万水千山只是跑龙套的在舞台上走几步,千军万马只是几个小兵与将官的活动,上楼下楼只是小姐端着灯模拟着走几步,如此等等。这就是通常所说的"三五步千山万水,六七人千军万马"。当然,中国传统戏曲仅仅利用这种虚拟表演,光靠演员在舞台上的如此简略的动作表演是完成不了戏曲任务的,还必须要依靠观众的介入。依靠观众通过这种简略的表演而进行的想象来完成戏曲的任务,有学者将之称作是一种"反观式审美",即观众调动自己的艺术想象力,与演员共同完成艺术的创造。这就是所谓"真景逼而神景生",即由简略的真景引起观众想象的神景,犹如画之留白,给予想象以无限的空间,无限的余地,神妙无比。川剧《秋江》陈妙常渡江追赶潘必正的戏剧情节中,舞台上只有陈妙常与老艄翁两人,全凭老艄翁一支桨及其左右划桨,以及两人起伏上下的舞蹈表演,使得满江秋水波涛起伏,甚至给人以晕船之感。这一切就是依靠观众的反观式审美所产生的"真景逼而神景生"的效果,中国传统生生艺术之奇迹。

园林之"因借"。"因借"是我国园林艺术极为重要的因应自然实现自然审美的美学与艺术原则,具有极为重要的价值意义。"因借"是明代著名造园家与造园理论家计成在《园冶》中提出,所谓"巧于因借,精在体宜"。这里所谓"因"指造园时对自然环境的充分因顺借助,在此前提下适当创造。所谓"借"就是指突破园林自身的空间,不分内外远近,均可借景,有远借、仰借、邻借、应时而借等。借景既是景致的丰富,更是中国园林不是静态观赏,而是动态中多视角融入式观赏,是一种以动观静,恰与当代西方环境美学之融入式审美相切合。苏州留园之近借西园,远借虎丘山。中国园林之"因借"也是一种多视点的动态中的审美,犹如国画之"四面八方看取",以及"景随人迁,人随景移,步步可观",是一种生命活动的呈现。

年画之"吉祥安康"。前已说到,中国传统美学渗透于老百姓的日常生活,反映于普通的节庆与民间艺术之中。其中,年画就既是一种节庆活动,同时也是一种老百姓的日常生活。年画是中国传统文化中的一种装饰性艺术,主要是春节过年之用,发端于汉代,发展于唐代,成熟于清代。其主要内容为驱凶避邪与祈福迎祥两大主题。来自于中国传统文化中对于"元亨利贞"美好生存的追求。首先是驱凶辟邪之贴门神。年画之门神逐渐从神荼、郁垒演变而为人格神钟馗、秦叔宝、张飞、尉迟恭等,以这些被人

们敬畏的神与半神守卫在门，保佑着老百姓的平安吉祥。年画的
另一个主题是祈福迎祥，祝福吉祥安康，包括五子夺魁、鲤鱼跳龙
门、福禄寿三星、年年有鱼、倒写的"福"字与百子图等等；另外就
是反映生产丰收的诸如牧牛图、五谷丰登、大庆丰年等。这些都
是对于美好生活的期盼，是生生美学在日常生活与节庆中的
体现。

　　建筑之"法天象地"。建筑是中国传统艺术的重要形式，包括
宫殿宗庙、寺观庙宇、人居庭院与园林别业等。它们典型地体现
了中国传统文化"天人合一"的传统以及人与自然相亲相和的审
美追求，中国传统建筑的核心观念即为"法天象地"。天坛就是
"法天象地"的典型代表。天坛为明代所建，是帝王祭祀皇天，祈
求五谷丰登之所，包含圆丘与祈谷两坛，坛墙南方北圆，象征天圆
地方，是一种与天地相应的建筑。

　　中国古代以"天人合一"为之文化传统的"生生美学"及其艺
术呈现，反映了中国人特有的生存与审美方式，它是一种活着的
有生命力的艺术与美学。它已经成为当代美学特别是当代生态
美学建设的重要资源，并且已经在与欧陆现象学美学及英美分析
哲学之环境美学进行跨文化的对话。通过这种跨文化对话会有
更多的中国学者投入中国传统生生美学及其艺术呈现的研究之
中。这对于当代美学发展，对于建设"望得见山，看得见水，记得
住乡愁"的富有生命活力的"美丽中国"具有重要的价值作用。

改革开放进一步深化
背景下中国传统生生
美学的提出与内涵①

生生美学作为生态美学的中国形态,具有极为重要的价值意义。本文试图从改革开放进一步深化背景下生生美学的提出与内涵的角度对其加以论述。

一、生生美学产生的背景是
改革开放的进一步深化

生生美学是一种来源于《周易》"生生之谓易"的生态—生命美学形态,我们力图使之走向世界,成为与欧陆现象学生态美学与英美分析哲学之环境美学三足鼎立的一种美学形态。生生美学的正式提出尽管早在 20 世纪初期,但并未真正走向学术舞台并引起学术界的更多重视,近期才逐步成为一种更受关注的学术论题。这与社会背景紧密相关,应该说,生生美学的提出是我国生态美学领域的一种探索中国形态的新尝试。它包含在生态美学之中,都是我国改革开放的新成果。

---

① 原载《社会科学辑刊》2018 年第 6 期。

　　首先,生态美学的产生是改革开放的"实事求是,解放思想"思想路线倡导的文化的反思性与超越性的成果。1978年的改革开放是对于以阶级斗争为纲的传统思想的反思与超越,前所未有地赋予文化以反思性与超越性。生态美学在我国产生于1994年前后,恰恰是对于工业革命与人类中心论破坏自然、污染环境之弊端的一种反思与超越。批判了传统的"人化自然"观念,提出了人与自然的"共生"以及"家园""场所""参与""四方游戏"等重要美学概念,是一场美学领域的革命,意义深远。

　　其次,改革开放大潮推动国外新的美学思潮的引进以及国际学术对话,是生态美学的提出与发展的文化背景。作为生态美学的重要理论资源,欧陆现象学之生态美学与英美分析哲学之环境美学在改革开放大潮中迅速引进,催生了中国生态美学的兴起,而学术与文化开放提供的文化背景又使得国际学术的交流对话成为可能,进一步促进了中国生态美学的发展建设。仅山东大学文艺美学研究中心召开的生态美学的国际会议就有四次之多,国际上研究生态美学的专家多次到中国参加会议,进行学术交流。

　　再次,改革开放结束了以阶级斗争为纲,将举国中心工作迅速转移到经济与文化建设上,国家加大了对高校的特别是人文学科的投入,建设了教育部百所人文社科研究基地,为生态美学研究提供了物质的保证。其中山东大学文艺美学研究中心成立生态文明与生态美学研究中心,设立研究课题,培养生态美学研究生,都是在国家和教育部的支持下进行的,确保了生态美学研究的可持续发展。

　　最后,非常重要的是,党的十八大后习近平同志更加明确地提出生态文明建设,提出著名的"两山"理论。特别是提出了彻底的生态哲学原则:敬畏自然、顺应自然、保护自然、保护优先。党的十九大更加明确提出进入生态文明新时代并将美丽中国建设纳入现代化的建设目标,给予生态美学建设以新的方向和理论的指导。同时习近平同志又明确提出文化自信问题,使得我们丢掉了长期占据统治地位的文化不自信问题以及以西释中的惯性,在内心真正承认中国有自己的美学,也有自己的生态美学,生生美学作为中国生态美学形态的一种探索从而问世。

二、生生美学的提出

生生美学的关键词"生生"揭示了中国传统哲学、美学之东方生命论的本质,涵盖中国传统文化、艺术与生活方式之真谛,包含极深的哲理与极高的智慧,标志着中华民族两千多年前所达到的艺术与智慧水平,完全可以造福于当代,福及人类。当然,也完全可以作为中国哲学与美学的核心范畴,用于新时代中国哲学与美学的建设。

很多前辈学者已经在生生哲学、美学方面进行了辛苦耕耘,建树多多,给我们以教育与启迪。早在 1921 年,梁漱溟就在《东西文化及其哲学》一书中将孔子学术之要旨概括为"生","这一个'生'字是最重要的观念,知道这个就可以知道所有孔家的话。孔家没有别的,就是要顺着自然道理,顶活泼顶流畅的去生发。他以为宇宙总是向前生发的,万物欲生,即任其生,不加造作必能与宇宙契合,使全宇宙充满了生意春气"①。牟宗三在《中国哲学的特质》一书中指出:"中国哲学以'生命'为中心。儒道两家是中国所固有的。后来加上佛教,亦还是如此。儒释道三教是讲中国哲

---

① 梁漱溟:《东西文化及其哲学》,商务印书馆 1999 年版,第 126、127 页。

学所必须首先注意与了解的。两千多年来的发展，中国文化生命的最高层心灵，都是集中在这里表现。对于这方面没有兴趣，便不必讲中国哲学。对于以'生命'为中心的学问没有相应的心灵，当然亦不会了解中国哲学。"①

　　当代生生美学的最早提出，当是程相占教授。2001年10月，他在参加陕西师范大学召开的"美学视野中的人与环境——首届全国生态美学学术研讨会"时，发表论文《生生之谓美》指出："从生态角度思考美学问题，正是出于对于人类前景的严重关切。必须改变'杀生'的文明模式，以新的文明理念挽救人类自己。这一新的文明理念就是'生生'。我们倡导生生本体论，将以之为基础的美学称为'生生美学'：它不仅关注人类的生存，而且关注人类的'优存'——优化人类的存在。这表明，我们最终要论证一种新的文明理念。生生美学就是以'生生之德'为价值定向、以天地大美为最高理想的美学。"②笔者在2018年1月7日《光明日报》"光明讲坛"上发表《解读中国传统生生美学》一文，提出：生生美学是一种"天人相和"的整体性与相容性文化行为，相异于英美环境美学"分析"之科学性，也相异于欧陆现象学美学"阐释"之个人性。由此，西方之"阐释""分析"与中国之"生生"就构成一种跨文化对话的关系。

　　当代对"生生"之美的卓越性论述来自方东美、宗白华等。方东美认为，中国文化有两个重要传统，一个是《尚书·洪范》，强调德治，为其后之礼乐教化打下基础；再就是《周易》。他说："《易

①牟宗三：《中国哲学的特质》，上海古籍出版社2007年版，第6页。
②程相占：《生生美学论集：从文艺美学到生态美学》，人民出版社2012年版，"自序"第2页。

经》这一部伟大的著作,它是中国哲学思想的源头。"①《周易》综合儒道,揭示了"生生之德"。"德者,得也",是人的一种获得感,是一种善的内涵。由于中国传统文化的融贯性特点,美善交融,"生生之德"也就转化为"生生之美"。

"生生"一词,将"生"字重言,具有"生命创生"之意,具有本体论的内涵。"生生之德"的生命本体论,是方东美论述中国传统哲学与美学的出发点。他指出:"就形上学意义言,基于时间生生不已之创化历程,《易经》哲学乃是一套动态历程观的本体论,同时亦是一套价值总论。……生命大化流衍,弥贯天地万有,参与时间本身之创造性,终臻于至善之境。"②这里所说之"本体论",即生生不已的创化历程。"生生"不是物质实体,乃是一种创化之历程。《周易·系辞下》说:"易穷则变,变则通,通则久。"生生不已之创化历程,无止无尽,创造不已,生生不息。方东美自豪地宣示:"在我们中国人看来,永恒的自然界充满生香活意,大化流行,处处都在宣畅一种活跃创造的盎然生机,就是因为这种宇宙充满机趣,所以才促使中国人奋起效法,生生不息,创造出种种伟大的成就。"③《周易·易传》论"生",内涵极为丰富,如乾元之"大生"、坤元之"广生"以及君子合天地之德以化育生长万物等。方东美指出:"系辞大传中所说:'乾''乾元'代表'大生之德','坤''坤元'代表'广生之德',……人处在天地之间就成为天地的枢纽,用孟子的一句话,就是'大而化之之谓圣'。"④对于"生生"之内涵,

①方东美:《生生之德:哲学论文集》,中华书局2013年版,第223页。
②方东美:《生生之美》,李溪编,北京大学出版社2009年版,第144页。
③方东美:《生生之美》,李溪编,北京大学出版社2009年版,第115页。
④方东美:《生生之美》,李溪编,北京大学出版社2009年版,第311、312页。

方东美指出："生含五义：一、育种成性义；二、开物成务义；三、创进不息义；四、变化通几义；五、绵延长存义。"①"生生不已"是一种价值总论，真与美在此是统一的。因此，方东美认为，生生不息即为美。他说："一切美的修养，一切美的成就，一切美的欣赏，都是人类创造的生命欲之表现。"②又说："天地之大美即在普遍生命之流行变化，创造不息。圣人原天地之美，也就在协和宇宙，使人天合一，相与浃而俱化，以显露同样的创造。换句话说，宇宙之美寄于生命，生命之美形于创造。"③艺术的根本也是生命，"一切艺术都是从体贴生命之伟大处得来的"④。生命之伟大处统一了真善美。总之，在方东美看来，中国传统文化的内涵是生命的，同时也是审美的与艺术的。方东美说："吾人对影自鉴，自觉其懿德，不寄于科学理趣，而寓诸艺术意境。"⑤这也是他引为自豪之处。

1976 年，方东美在台湾辅仁大学作了一个题为"从新儒家哲学赞叹我民族之美质感"的讲演。在讲演中，他提问："我们优美的青年人具此高贵的民族禀性，何以不自信而自卑如是？"⑥针对中国人"一到了外国，好像人家叫他'Chinaman'就引以为耻！都变做了'We Americans'"⑦的问题，方东美指出："国家无教育，则

---

①方东美：《生生之德：哲学论文集》，中华书局 2013 年版，第 122 页。
②方东美：《中国人生哲学》，中华书局 2012 年版，第 58 页。
③方东美：《中国人生哲学》，中华书局 2012 年版，第 55 页。
④方东美：《中国人生哲学》，中华书局 2012 年版，第 57 页。
⑤方东美：《生生之德：哲学论文集》，中华书局 2013 年版，第 100 页。
⑥方东美：《新儒家哲学十八讲》，中华书局 2012 年版，第 76 页。
⑦方东美：《新儒家哲学十八讲》，中华书局 2012 年版，第 75 页。

中兴无人才;文化无理想,则民族乏生机"①,要求年轻人"能自信有立国的力量,民族有不拔的根基"②。方东美对"生生之美"的阐释,就是建立在对这种民族自信力的倡导之上的,而他对"生生之美"的理解又以对《周易》"生生"之学的感悟为根基。《周易》所开拓的"生生"之学的生命论思想,是方东美提出"生生之美"的哲学根据。在方东美的视野中,"生生之美"是兼含真善美的融贯之美,融贯性是中国传统哲学与美学的特点。方东美说:"中国人评定文化价值时,常是一个融贯主义者,而绝不是一个分离主义者。"③这意味着,分离主义是西方哲学与美学的基本特征,融贯主义则是中国传统文化的特征。方东美从宏阔的世界文化的背景上将中西哲学与美学进行比较,指出:"(一)从希腊人看,人和宇宙的关系是'部分'与'全体'的和谐,譬如在主调和谐中叠合各小和谐,形成'三相叠现'的和谐。(二)从近代欧洲人来看来,人和宇宙的关系则是二分法所产生的敌对系统,有时是二元对立,有时是多元对立。(三)从中国人看来,人与宇宙的关系则是彼此相因、同情交感的和谐中道。"④这种比较,是非常符合中西学术的特点的。中国传统文化之中,不仅真善美融贯,而且礼乐政刑融贯,天地人也是融贯的。这种融贯性反映了生命哲学与美学的基本特点,《周易·泰·象传》的所谓"天地交而万物通",《老子·四十二章》的"道生一,一生二,二生三,三生万物"等,都蕴含着这一致思取向。《周易·易传》之"一阴一阳之谓道",将阴阳之道看

---

①方东美:《新儒家哲学十八讲》,中华书局 2012 年版,第 77 页。
②方东美:《新儒家哲学十八讲》,中华书局 2012 年版,第 77 页。
③方东美:《生生之德:哲学论文集》,中华书局 2013 年版,第 219 页。
④方东美:《生生之美》,李溪编,北京大学出版社 2009 年版,第 169 页。

作世界万物,乃至是艺术创作的基本规律,真正道出了中国美学与艺术的要旨。中国传统艺术通过黑白、阴阳、进退等的对比互显,创造出无尽的深意,意蕴无穷,魅力无限。由此,中国传统艺术表现出蕴含言外之意、味外之旨、意趣横生的"意境"。方东美指出:"中国艺术是象征性的,很难传述。所谓象征性,一方面不同于描述性,二方面接近于理想性,这可以拿一例子来说明,当艺术家们走过一处艺术场所时,极可能赏心悦目而怡然忘我,但其表达方式却永远是言在于此而意在于彼,以别的方式来表达,在中国艺术的意境中,正如其他所有的理想艺术,一方面有哲学性的惊奇,二方面也有诗一般的灵感。"①他又以"理想"阐释中国艺术的这种精神,他说:"画家的秘密是什么? 他不是写实,而是理想:拿画家的理想来改造整个画幅。于是乎从一个超越的观点看起来,他可以以大为小,以小为大。他可以在一个凌空的、空灵的观点上面俯视宇宙一切。这样一来,散漫的印象在画家的心灵里面变作一个统一。他整个艺术家的精神就把整个好画幅镇住了。"②这里的"理想",既是艺术家之意,也是艺术品渗透出来的画外之意,可以意会,而难以言传。这就是中国生命艺术的"生生"之美。"生生"之美体现在中国传统艺术的各个层面。如,中国画的透视法,以前一般称之为"散点透视",但根据方东美对"生生"之学的阐释,我们以为称之为"整体透视"更为适宜。方东美从中西比较的视角揭示中国艺术的"生生"之美之"意境",指出:"希腊人之空间,主藏物体之界限也,近代西洋人之空间,'坐标'储聚之系统也,犹有迹象可求,中国人之空间,意绪之化境也,心

①方东美:《生生之美》,李溪编,北京大学出版社 2009 年版,第 297 页。
②方东美:《生生之美》,李溪编,北京大学出版社 2009 年版,第 318 页。

情之灵府也,如空中音、相中色,水中月、镜中相,形有尽而意无穷,故论中国人之空间,须于诗意词心中求之,终极其妙。"①在方东美看来,希腊人的艺术是物质的,近代欧洲人之艺术是数学的,而中国人之艺术是诗意的,即所谓"意绪之化境""心情之灵府"。意境蕴藏着生生美学的奥秘,画面之外寄托着无穷的意蕴。这是空间之外的诗情画意。这就是中国传统生生美学特殊的艺术空间观,是中国传统艺术之意境之无尽的深意。关于中国艺术之时间观,更是奇妙无比。方东美指出:"中国人之时间观念,莫或违乎《易》","时间之真性寓诸变,时间之条理会于通,时间之效能存乎久"②。他用《周易》之"变""通""久"的观念揭示了生生之美的时间性奥秘。"变"是生命的绵延;"通"是生命之阴阳相交形成的赓续发展,不断出新;"久"则是生命变化的效果,是一种变异产生的效果,是一种"绵延赓续"。因此,中国艺术作为生命的绵延的艺术,是一种于天地节气四时相关的历律的艺术,寄托着"天人合一"的哲学与艺术理念。

　　作为时间的生命的艺术,中国艺术最根本的特点是线的艺术,是一种在时间的推移中逐步展开的艺术。对于中国艺术的线性特点,宗白华有卓越性的论述,他明确地将中国艺术概括为"从线条中透露出形象姿态"③,认为西方艺术是一种团块的造型,而中国艺术则"特别注意线条,是一个线条的组织。中国雕刻也像画,不重视立体性,而注意在流动的线条。……中国戏曲的程式

---

①方东美:《生生之德:哲学论文集》,中华书局 2013 年版,第 104、105 页。
②方东美:《生生之德:哲学论文集》,中华书局 2013 年版,第 106 页。
③宗白华:《中国美学史中重要问题的初步探索》,载《宗白华全集》第 3 卷,安徽教育出版社 1994 年版,第 462 页。

化,就是打破团块,把一整套行动,化为无数线条,再重新组织起来,成为一个最有表现力的美的形象"①。为此,宗白华专门论述了中国画的重要艺术原则——"气韵生动"。他说:"气韵,就是宇宙中鼓动万物的'气'的节奏与和谐";而"生动"则是"热烈飞动、虎虎有生气的。……是对汉代以来的艺术实践的一个理论概括和总结"②。所谓的"气韵生动",即"'生命的节奏'或'有节奏的生命'"③。"生命的节奏",即生命的绵延所产生的起伏激荡,是线性艺术的基本特征,也是生命在时间之流中的呈现。宗白华认为,中国艺术的这种线性艺术的基本特征同样也体现在中国传统戏曲艺术中,表现为通过虚拟表演化虚为实、化空间为时间的特点。他说:"中国舞台上一般地不设置逼真的布景(仅用少量的道具桌椅等)。老艺人说得好:'戏曲的背景是在演员的身上。'演员结合剧情发展,灵活地运用表演程式和手法,使得'真境逼而神境生'。演员集中精神用程式手法、舞蹈行动,'逼真地'表现出人物的内心情感和行动。"④他举例说:"《秋江》剧里船翁一支桨和陈妙常的摇曳的舞姿可以令观众'神游'江上。"⑤中国传统戏曲通

---

① 宗白华:《中国美学史中重要问题的初步探索》,载《宗白华全集》第3卷,安徽教育出版社1994年版,第462、463页。
② 宗白华:《中国美学史中重要问题的初步探索》,载《宗白华全集》第3卷,安徽教育出版社1994年版,第465页。
③ 宗白华:《论中西画法的渊源与基础》,载《宗白华全集》第2卷,安徽教育出版社1994年版,第109页。
④ 宗白华:《中国艺术表现里的虚和实》,载《宗白华全集》第3卷,安徽教育出版社1994年版,第388页。
⑤ 宗白华:《中国艺术表现里的虚和实》,载《宗白华全集》第3卷,安徽教育出版社1994年版,第389页。

常只是通过几个程式化的手法、动作,象征性地表示跋涉千山万水,穿越重楼高阁,以时间化的行动表现了无限的空间。宗白华认为,中国戏曲的化空间于时间的艺术手法是与中国传统的宇宙观密切相关的。因为,中国人对于宇宙持天地人"三才"之说,天与地这广袤的空间并非与人对立,而是在人的活动的时间之流中呈现出来。《周易·文言》指出:"夫大人者,与天地合其德,与日月合其明,与四时合其序,与鬼神合其吉凶。"人与自然的"合德""合明""合序""合吉凶"等不是抽象的,而是与中国人对四时之秩序、节气之序列的认识,以及春种夏长秋收冬藏等农事活动紧密相联的。正是在这种日出而作日落而息的繁忙的农事活动中,中国人的天地人的空间意识才得以呈现。宗白华指出:"中国画所表现的境界特征,可以说是根基于中国民族的基本哲学,即《易经》的宇宙观:阴阳二气化生万物,万物皆禀天地之气以生,一切物体可以说是一种'气积'(庄子:天,积气也)。这生生不已的阴阳二气织成一种有节奏的生命。"①由此可见,宗白华对于中国传统艺术的审美特征的把握是建立在对中国传统"生生"哲学的理论与认识之上的。在大约写于 1928—1930 年间的《形上学——中西哲学之比较》一文中,他指出:"中国哲学既非'几何空间'之哲学,亦非'纯粹时间'(柏格森)之哲学,乃'四时自成岁'之历律哲学也。"②这段话,明确点出了中国传统艺术的哲学基础不是西方的几何哲学与纯粹时间哲学,而是四时成岁、天地人、春夏秋冬

---

① 宗白华:《论中西画法的渊源与基础》,载《宗白华全集》第 2 卷,安徽教育出版社 1994 年版,第 109 页。

② 宗白华:《形上学——中西哲学之比较》,载《宗白华全集》第 1 卷,安徽教育出版社 1994 年版,第 611 页。

全景式的"历律哲学",是一种与万物生长密切相关的"生生"哲学。

　　刘纲纪继承并在新的历史条件下发展了宗白华的生命论美学。1984年,他出版了《中国美学史》第一卷,对《周易》的美学思想有专章论述。1992年,他出版专著《〈周易〉美学》,发展了宗白华对于周易美学思想的研究。刘纲纪充分肯定了《周易》在中国美学史上的奠基性地位,认为《周易》"是从远古巫术活动发展而来的,而且去古未远,所以仍然保持着巫术特有的准艺术的思维方式,并且由于筮辞的遗留而保存和记录下来了"①。在刘纲纪看来,以《周易》为代表的中国文化传统的审美观念和意识,主要并不表现在对"美"这个词的含义的设定和表述中。他说,《周易》"在没有'美'这个字出现的许多地方,同样是与美相关的,而且常常更为重要"②。这一看法,突出了中国美学区别于西方美学的特色,而且在很大程度上使中国美学研究摆脱了囿于"以西释中"的思路常常花费很大功夫寻找并解释中国传统文献中"美"字的困境。刘纲纪明确地以"生命"解释美,将《周易》的美学归结为"生命美学",并通过对中西美学的比较,为《周易》的生命美学甚至是中国传统美学的独特性奠定了基础。首先,他将《周易》的生命美学与法国柏格森的生命美学作了比较,认为两者都是将美归结为生命,但柏格森是力主人类中心论的,将人类放置在所有物体的首位,而《周易》则是持"天人合一"的生态整体论。其次,将《周易》之"中和"论美学与西方古希腊之"和谐"论美学进行了比较,指出《周易》所倡导的"中和"论是在宏阔背景下的天人之和,

――――――――
① 刘纲纪:《〈周易〉美学》,武汉大学出版社2006年版,第5页。
② 刘纲纪:《〈周易〉美学》,武汉大学出版社2006年版,第16页。

最后指向生命之内美,而古希腊之"和谐"论则是指具体事物的和谐比例对称等。再次,他将《周易》之"交感"论与古希腊之"模仿"说进行比较,认为前者是指天地与阴阳之交,诞育万物,还是在生命论的范围之内,而"模仿"说是主观对于客观的模仿。最后,刘纲纪强调,刚健、笃实、辉光与日新是整个《周易》美学的要旨,并指出:"我们完全可以说属于儒家系统的《周易》的美学是体现了中华民族伟大精神的美学。"①

三、生生美学之内涵

生生美学的核心观念是"生生"。"生"在我国传统文化中占据主导性地位。在甲骨文中,"生"字像草生于地上,已含有生命繁育的意味。中国儒释道各家都强调"生"。儒家有所谓"爱生",道家有所谓"养生",释家有所谓"护生"。蒙培元在2002年指出:"'生'的问题是中国哲学的核心问题,体现了中国哲学的根本精神。无论道家,还是儒家,都没有例外。我们完全可以说,中国哲学就是生的哲学。从孔子、老子开始,直到宋明时期的哲学家,以至明清时期的主要哲学家,都是在'生'的观念中或者是围绕'生'的问题建立其哲学体系并展开其哲学论说的。"②"生生"概念最早见于《周易·易传》的"生生之谓易"(《系辞上》)。它是《易传》在论述"易"之阴阳之道的背景下提出的,《周易·系辞上》指出:"一阴一阳之谓道,继之者善也,成之者性也。仁者见之谓之仁,知者见之谓之知,百姓日用而不知,故君子之道鲜矣。显诸仁,藏

---

①刘纲纪:《周易美学》,武汉大学出版社2006年版,第299页。
②蒙培元:《为什么说中国哲学是深层生态学》,《新视野》2002年第6期。

诸用,鼓万物而不与圣人同忧,盛德大业至矣哉！富有之谓大业,
日新之谓盛德,生生之谓易,成象之谓乾,效法之谓坤,极数知来
之谓占,通变之谓事,阴阳不测之谓神。"这里充分阐述了阴阳之
道创生天地万物的伟大作用。朱熹认为,这段文字"言道之体用,
不外乎阴阳,而其所以然者,则未尝倚于阴阳也"①。这说明,在
《周易》看来,阴阳之道无所不在,体现于宇宙万物之发展变化中。
仁者、智者、百姓日用,无不渗透着阴阳之道。正因此,成就了盛
德之大业。总括起来,阴阳的易变之道是一种"生生"之道。"生
生之谓易"是对阴阳之道的进一步阐释,阴阳之道与"生生之谓
易"是紧密相关、互为因果的。一阴一阳,交互作用,才形成了"生
生"之易变之道。由此,"生生"成为中国传统文化具有本体意义
的核心范畴。孔子《论语》用"生"字有 16 处之多,如,"未知生焉
知死"(《论语·雍也》),"死生有命,富贵在天"(《论语·颜渊》),
"天生德于予,桓魋其如予何"(《论语·述而》),以及"杀生以成
仁"(《论语·卫灵公》),等等。总而言之,"生"在儒家理论体系中
具有本体性的价值意义。

　　"生生之谓易"包含着极为丰富的内容。首先,"生生"乃流
变、变易之意,此乃易学之第一义也。朱熹认为:"'易'之为义,乃
指流行变易之体而言。此体生生,元无间断,但其间一动一静相
为始终耳。"②因此,"'变易''生生',遂成为《周易》'易'字的第一
义,也遂成为《周易》的第一义"③。易学的第一义可以说就是"生

---

① (宋)朱熹:《周易本义》,廖名春点校,中华书局 2009 年版,第 228、229 页。
② (宋)朱熹:《答吴德夫》,载《朱熹集》4,郭齐、尹波点校,四川教育出版社
　　1996 年版,第 2153 页。
③ 王新春:《神妙的周易智慧》,中国书店 2001 年版,第 197、198 页。

生"，"生生"就是以阴阳之道为其标志的以新革旧，新陈代谢，生生不已。这种"生生"观念，是中国传统文化观念的本体。

其二是"万物化生"。《周易·系辞下》云："天地氤氲，万物化醇；男女构精，万物化生。"这里，运用了阴阳之道最本初的意义，即任何生命的诞育均需依靠阴阳之构精。《周易·系辞下》说："乾坤，其易之门邪？乾，阳物也；坤，阴物也。阴阳合德，而刚柔有体。"乾坤象阴阳，"阴阳合德"，即阴阳相生。有人认为，《周易》阳爻之一画，乃男性生殖器之象征，阴爻之两画即为女阴之象征。因此，《周易》的"一阴一阳之谓道"，其最基本的内涵即为万物的诞育，阴阳化生万物。在这里，也可以看出《周易》的引道入儒迹象。老子云："道生一，一生二，二生三，三生万物。万物负阴而抱阳，冲气以为和。"（《老子·四十二章》）《周易》运用了道家的道生万物、"冲气以为和"之说，提出"天地氤氲，万物化醇"，以说明阴阳之气充蕴天地，万物得以化生。这种观念，使得中国传统哲学具有特殊的有机性、生命性内涵。

其三是元亨利贞之"四德"。它扩大了"生生"的内涵，将之从一般的生命诞育引向更深的道德层次。《周易》乾卦卦辞为"元亨利贞"，《周易·文言》指出："元者，善之长也；亨者，嘉之会也；利者，义之和也；贞者，事之干也。君子体仁足以长人，嘉会足以全礼，利物足以和义，贞固足以干事。君子行此四德者，故曰'乾，元亨利贞'。"这是对乾所象征的天道赋予宇宙大地与人类的生命之恩惠的赞美。《周易·乾·象传》指出："大哉乾元，万物资始，乃统天。云行雨施，品物流行。大明终始，六位时成。时乘六龙，以御天。乾道变化，各正性命，保合太和，乃利贞。首出庶物，万国咸宁。"乾"首出庶物"，是万物生命之开始，它既使"品物流行"，又赋予天地间以次序；既使天地万物各得其性命之正，又促使国泰民安。朱熹解"元亨利贞"四德，指出："元者，物之始生；亨者，物之畅茂；利，则向于实也；贞，则实之成也。实之既成，则其根蒂脱落，可复种而生矣。此四德之所以循环而无端也。然而四者之间，生气流行，初无间断，此元之所以包四德而统天也。"①"元亨利贞"包含着道德、美好、和谐与成功。这样的四德，也是人需要效法之德，所谓"君子行此四德"，这说明《周易》赋予了人以辅助天地化育万物的伦理责任。这就为"生生"赋予了仁爱精神，即古典人文主义内涵。

其四就是"日新"之德。《周易·大畜·象传》曰："大畜，刚健笃实辉光，日新其德。"这是要求人类不断积蓄德行，使之刚健、笃实、辉光，并使之与日俱新。《周易·文言》指出："夫大人者，与天地合其德，与日月合其明，与四时合其序，与鬼神合其吉凶。"天地之德，即"生生"，所以，《周易·系辞下》说"天地之大德曰生"。"大人""与天地合其德"，即《周易·文言》所说的"君子体仁足以长人，嘉会足以合礼，利物足以和义，贞固足以干事"。因此，大畜卦所蓄之德，所"日新"之德，即"生生"之德。这说明，《周易》的"生生"，包含着不断创新、不断进入新的境界的内涵。"生生"将"生"字重言，借以揭示宇宙生生不息的奥妙，阐明宇宙的创生是一个不停息的过程。这是一种宇宙大化的生生不息的规律，说明生生之美内涵极为丰富深邃，它同西方近代生命科学迥异。

其五是"中和"精神。在"生生"观念上，《礼记·中庸》与《周易·易传》一脉相承。《中庸》赋予了"生生"之德以"中和"精神，指出："喜怒哀乐之未发，谓之中；发而皆中节，谓之和。中也者，天地之大本也；和也者，天下之达道也。致中和，天地位焉，万物

---

① (宋)朱熹：《周易本义》，廖名春点校，中华书局2009年版，第33页。

育焉。"这里，将万物的诞育生长与天地各在其位、不偏不倚、执其两端而用其中紧密相联，即是《周易·乾·象传》的"保合太和，乃利贞"。"生生"之学追求"中和"境界，从而使得以"生生"为代表的中国传统哲学、美学与以古希腊为代表的物质的形式"和谐论"哲学、美学较为明显地区别开来。

其六是"仁爱"精神。《周易》以阴阳合和创生化育天地万物为易之道，并称"继之者善也，成之者性也"。"继之者""成之者"都是指人。《周易》赋予人以参天地、赞化育的伦理责任，并以践行这一责任为"善"，为人性之必然。因此，中国生生美学以人与自然的和谐、共生为最高的"善"，称之为"仁"。北宋程颐论易，以阳为"天地生物之心"，朱熹认为："天地以生生为德，自'元亨利贞'乃生物之心也。"[1]又以"天地生物之心"为"仁"，指出："仁者，天地生物之心，而人物所得以为心，则是天地人物莫不同有是心，而心德未尝不贯通也。"[2]显然，朱熹以"仁"为"生生"之根本，天地、人类与万物均有"生生"的仁爱之心，从而使"生生"具有了儒学本体论的内涵。程颐曾云："仁者以天地万物为一体。"[3]明代王阳明据此指出："仁是造化生生不息之理，虽弥漫周遍，无处不是，然其流行发生，亦只有个渐，所以生生不息。"王阳明认为，"造化生生不息"的"发端处"，就是本于亲子之爱的"仁"。"父子兄弟之爱，便是人心生意发端处。……自此而仁民，而爱物。"他因此批判墨子的"兼爱"："墨氏兼爱无差等，将自家父子兄弟与途人一般看，便自没了发端处。不抽芽，便知得他无根，便不是生生不

①（宋）黎靖德编：《朱子语类》，中华书局 1986 年版，第 1791 页。
②（宋）黎靖德编：《朱子语类》，中华书局 1986 年版，第 2424 页。
③（宋）程颢、程颐：《二程集》上，王孝鱼点校，中华书局 1981 年版，第 15 页。

息,安得谓之仁?"①王阳明以"仁"为"生生"之根本,他的"人心生意"之"仁",已经不是朱熹的天理之心,而是人之心性之心,"生生"成为人性之根本。

总之,流变变易、万物生、四德、日新、中和、仁爱等,就是儒家"生生"哲学与美学的基本内涵,几乎涵盖了中国传统文化的一切方面,是一种东方古典形态的生命哲学与美学,和西方近代的生命哲学与美学之科学性以及人类中心性差异极为明显。我们可以说,"生生"之学成为文化艺术的基本出发点,或者说是一种最基本最原初的概念。

四、生生美学与生态存在论
美学之关系

随着生生美学的提出,就出现了这样的问题:它与我们所提倡的生态存在论美学有什么关系? 我们认为,生生美学既是中国传统形态的生态存在论美学,也是我们对于中国古代文化传统到底有没有生态美学这一问题的回答。长期以来,由于中国传统文化中没有类似西方形态的理性主义表述,因此,在讨论生态美学的民族传统文化资源时,我们一般只将其称为"中国古代美学智慧"或"生态审美智慧"。但中华5000年延续至今的历史难道就没有自己的美学与生态美学吗? 我们认为,生生美学作为中国传统的生命美学,与我们所提倡的生态美学以及西方的环境美学是有很多相通之处的。方东美认为,中国哲学由"生生"之学统摄,

---

① [美]陈荣捷:《王阳明传习录详注集评》,华东师范大学出版社2009年版,第67—68页。

"生生"之学首先表现为"生之理",认为"生命包容万类,绵络大道,变通化裁,原生要终,敦仁存爱,继善存性,无方无体,亦刚亦柔,趣时显用,亦动亦静";认为"生"含有育种成性、开物成务、创进不息、变化通几、绵延长存五义,故《易》重言之曰生生。① 这里的"生生",可以理解为动宾结构,解释为"生命的创生",前一个"生"为动词,后一个"生"为名词,指生命。既然是生命的创生,那么,"生生"就不是一个实体,而是一个过程;生生美学就不是一种实体性的认识论美学,而是过程性的价值论或存在论美学。海德格尔以"此在与世界"存在论之结构代替传统认识论理性哲学之"主体与客体"结构,"此在"即是人的生命活动,是人的生命过程中对于存在者背后之存在的逐步把握。由遮蔽到澄明,也是一种过程,而美就是真理逐步展开的过程。因此,"生生"之模式与"此在与世界"在理论上具有某种相似性,"生生之美"是价值论与存在论的。

生生美学彰显了中国传统美学的人与自然的关联性特点,区别于西方古代美学人与自然的分离性特点。方东美曾指出:"我曾论到西方的这种分离性的思想形式,以为假如西方人执着这种形式,那么便会把东方,尤其是中国的思想形式看成为没有智性的,因为形成中国人的观念形式和西方人完全不同。"在他看来,"中国人评定文化价值时,常是一个融贯主义者,而绝不是一个分离主义者"②。方东美将西方思维模式归结为"分离性",将中国思维模式归结为"融贯"性的。现在看来,西方生态美学与环境美学的产生发展,采取的正是这种"融贯"(融入)性的思维模式。海

---

① 方东美:《生生之德:哲学论文集》,中华书局2013年版,第122页。
② 方东美:《生生之德:哲学论文集》,中华书局2013年版,第218、219页。

德格尔提出著名的"在之中"说,即体现为人与自然融为一体的存
在论思维模式。他后期提出的著名的"天地神人四方游戏"说,更
是如此。显然,这已经是一种"融入式"的思维模式。已有文献证
明,这是海氏受到老子"域中有四大,人为其一"(《老子·二十五
章》)影响的结果。英美的环境美学突破了传统艺术美学分离式
审美的成果,明确提出了著名的"参与美学"(Aesthetics Engage-
ment)。在分离与融入的问题上,西方的生态美学与环境美学已
经吸收了中国智慧,中国生生美学之"天地合而万物生,阴阳接而
变化起"(《荀子·礼论》)等相关思想也在当代找到了自己的异乡
阐释,从而确立其在生态美学中的特有地位。

　　生生美学彰显了中国传统哲学与美学特有的人文品质,包含
着伦理道德的重要内涵。"生生"之德包含着元亨利贞"四德"。
德者,得也。"生生"之道给人一种生命存在与发展的特殊的获得
感、幸福感。这就是"善"。这种观念和追求,也与西方生态美学
的"诗意地栖居"以及卡尔松等在环境模式分析中对于自然欣赏
的五项要求之"伦理参加的而非伦理缺场的"具有某种共同性。

　　总之,生生美学不是认识论美学,而是价值论、生存论美学。
这一点与当代生态环境美学是相同的。

　　生生美学产生于中华大地,毕竟与当代西方生态环境理论有
着某些重要差异。它是在"天人合一"的文化背景之下产生的,是
一种万物一体的整体论美学,强调人的"与天地合其德"的伦理责
任。西方生态环境美学更侧重于强调个人的活动,海德格尔对
"此在"的阐释,卡尔松强调个人凭借科学知识欣赏的"恰当与不
恰当"等,均是如此。此外,生生美学产生于前现代背景下,其中
的非科学色彩仍然明显,确有其相对落后之处。这是探讨生生美
学时应特别注意的。

2002年，蒙培元教授即已指出："通过认真反思，我们发现中国哲学是深层次生态哲学，这样说决不过分。"这是针对中国传统哲学是前现代产物、并不包含现代的生态哲学等质疑的有说服力的回答。他认为，尽管生态理论是近代产物，但人与自然的关系却古已有之，因为人与自然关系本身就是生态问题，不能人为地隔断古今与中西。他说："中国哲学是在人与自然的和谐统一中发展出人文精神。中国哲学也讲人的主体性，但不是提倡'自我意识''自我权利'那样的主体性，而是提倡'内外合一''物我合一''天人合一'的德性主体，其根本精神是与自然界及其万物之间建立内在的价值关系，即不是以控制、奴役自然为能事，而是以亲近、爱护自然为职责。"①

总之，我们所说的当代中国生态存在论美学，包含了对西方生态环境美学与传统生生美学的继承、改造与吸收、借鉴。生生美学是中国当代生态存在论美学的最基本的资源，也是其出发地。

---

① 蒙培元：《为什么说中国哲学是深层生态学》，《新视野》2002年第6期。

关于"生生美学"的几个问题^①

什么是美学？我们上学的时候把这个美学弄得很拗口，马克思在《1844 年经济学哲学手稿》中讲过"人的本质力量的对象化"问题，但只是一种泛指，并非专门谈美。实际上，黑格尔讲"美是人的本质力量对象化"，人通过劳动，把人的本质力量对象化在这个物体上，反过头来人再进行欣赏，这就是美。后来发展到我国最著名的美学概念——"美是人化的自然"，这是具有明显时代性与历史性的一个理论概念。那么美学到底是什么？我个人的回答：审美就是人与世界的一种关系，没有实体性的美。所谓美是客观的、美是主观的，都是不存在的，审美是人与对象的一种特殊的关系，这种关系实际上是一种经验，一种体验，是肯定性的情感体验。这里边有两个关键词：一个是情感体验，是情感性的体验。第二个是肯定性的，不是否定性的。我们再通俗一点讲，审美实际上是一种生活方式，是一种艺术的生活方式。从这个角度来讲，全人类都有美学，所有的国家、所有的民族都有美学，因为它们都有艺术的生活方式。

为什么叫"生生美学"？它的提出对应的就是中国到底有没有美学的问题。我刚才说了美学是人的本质力量的对象化，这是

①原载《济南大学学报》2019 年第 6 期。

我们上学的时候学的。鲍姆加登认为美学是"感性认识的完善"，英文词是"aesthetic"。黑格尔认为美学是"理念的感性显现"。按照这样的标准，中国没有美学，因为中国古代没有这样明确的表述。一个很重要的英国美学史家鲍桑葵说，对中国和日本这种相对落后的民族来说，它没有西方那样的美学。德里达是解构主义的代表，著名理论家。当时他对中国是很友好的，但是 20 世纪 80 年代到中国社科院做演讲的时候，他认为中国没有哲学，也没有美学。我体会他的意思是中国没有西方那样的哲学，没有西方那样的美学。但是我们中国肯定有自己的艺术的生存方式，有人和对象的审美的关系，也就是说中国有自己的美学。那么我们怎么概括？这是和西方有差异的，我们曾经把它概括成"和谐论美学"，也曾经概括成"中和论美学"。今天我们做了一个概括叫"生生美学"，所以把这个给大家做一个介绍，然后大家有什么问题我们再讨论。

一共讲五个问题，第一个问题是"生生美学"的提出，第二个问题是"生生美学"的酝酿过程，第三个问题是"生生"之内涵，第四个问题是"生生美学"之产生，第五个问题是"生生美学"的文化特点。

第一个问题是提出"生生美学"的动因，这个动因就是试图在欧陆现象学生态美学与英美分析哲学环境美学之外提出一种中国自己的生态美学，"包含中国古代生态审美智慧、资源与话语的具有中国气派与中国作风的生态美学体系"。这里边有两个概念，一个欧陆现象学，还有一个是英美分析哲学。西方哲学和美学分两个流派，一个大陆派，大陆就是欧洲大陆，是理性派，理性派的代表就是欧洲现象学。而分析哲学与美学则主要从英国发源，然后发展到美国，这个是科学主义的哲学。国际上的美学就是这两个主要流派。欧陆现象学的美学倾向于人文主义，英美的分析哲学的美学倾向于科学主义。人文和科学的对话，相互之间可以是一种补充。

我们中国学者试图在人文主义的欧陆现象学和科学主义的英美分析哲学的美学之外，创造一种中国自己的美学，这个美学我们把它叫做"生生美学"。这种探索和努力在过去具有很大的难度。因为，"aesthetic"这个词是鲍姆加登在1735年提出的，当时鲍姆加登只有二十岁，他将美学界定为感性学。"生态"这个概念是海克尔提出的，他曾经得到毛主席的高度赞赏。他提出"生态"的概念，认为生态是人和植物群种之间的关系。他们两人都是德国人，都属于西方话语。西方有些学者一直质疑中国古代没有自己的哲学、美学与生态理论。我们中国有些学者也没有自信，只敢讲中国传统文化中的生态审美智慧。中国古代到底有没有美学？有没有美学理论？有没有生态美学？这的确是个问题。追溯到我们的前辈，从王国维开始到朱光潜甚至到鲁迅等，也没有敢讲中国自己有一个什么理论形态的美学，所以我们只敢讲审美智慧，不敢讲美学。中国只有智慧，没有美学。如果讲中国美学，我们也是用西方的东西来解释中国，这就叫"以西释中"。但是自1978年以来，情况有了变化，我们在邓小平同志的领导下，开始改革开放，中华民族走向伟大复兴。一个民族要真正走向复兴，如果我们的文化、我们的理论没有复兴，我们中华民族是不可能复兴的。撒切尔夫人有一句话很刺激我们，她说中国这个国家只输出电视机，不输出思想。的确，我们回顾一下，1840年以后，近代以来或者20世纪以来，国际的各个学科、人文学科各个领域，中国人自己提的理论概念的确很少。当然这里不包括中国特色马克思主义，例如毛泽东思想、邓小平理论等。

　　王国维先生《人间词话》提出了"境界说",借用了德国人叔本华的理念论,提出有我之境与无我之境等,应该很有创意。但王国维的"境界说"被学者广为诟病和批评,因为它吸收了一些西方的东西和中国传统文化嫁接在一起。我个人认为这是一种很好的探索。我们过去没有自信,但是我们的民族要复兴,所以我们的文化一定要复兴,这就给我们的美学,包括我们的生态美学和"生生美学"的提出提供了可能性。特别是党的十八大以来,习近平总书记明确提出了四个自信,第一个自信就是文化自信,如果文化不自信,我们民族如何才能自信? 再就是提出"坚守中华文化立场",一个中国人、一个美国人和一个英国人,说话的立场是不一样的。这两个概念,一个文化自信,中华民族有五千年的文明史,我们肯定有我们的美学。第二个我们要坚守我们的中华文化立场,这样就给了我们探索的勇气和探索的空间。

　　现在回顾 1994 年以来我国生态美学的发展历程。李欣复等学者在先期发表的生态美学的论文中就已经引用了"道法自然"与"返璞归真"等传统生态思想,但他也是说智慧,而不是说美学。2001 年在西安举办了第一届中国生态美学大会,程相占教授率先提出中国"生生美学"论题,表现出理论的勇气。我本人在研究生态美学的过程中,长期以来一直关注中国传统道家、儒家、佛家等的生态审美智慧,但当时因缺乏必要的文化自信而未能明确提出"生生美学"这样的论题。2017 年,在习近平 2016 年"七·一讲话"中有关"文化自信"论述的感召下,才正式提出"生生美学"论题。"生生"中的第一个"生"是动词,第二个"生"是名词,是一个动名结构。我在 2017 年 5 月,在参加上海昆山杜克大学召开的生态伦理会议上作了有关中国传统"生生美学"的发言,希望西方的同行能够"同情地理解和逐步地接受"这一理论,我用了这么一个调子。"同情地理解"是陈寅恪先生审读冯友兰的《中国哲学史》用的一句话,"同情地理解",首先就要求我们取同情的态度来理解,而不是挑刺。这是第一次提出来。2017年8月,在青海师范大学召开的"鲁青论坛"上,相继发表了有关"生生美学"的看法。2018年1月,我将近两年的相关思考整理成文,在《光明日报》正式发表。这是我本人提出"生生美学"的历程。

第二个是关于"生生美学"的酝酿过程。我们可以追溯一下,1921年,梁漱溟在《东西文化及其哲学》中将孔子学术之要旨概括为"生",指出:"这一个'生'字是最重要的观念,知道这个就知道所有孔家的话。"牟宗三在《中国哲学的特质》一书中认为:"中国哲学以生命为中心,儒道两家是中国所固有的,后来加上佛教,亦还是如此。"这就是儒家之爱生——仁者爱人,道家之养生,佛家之护生。方东美认为,《周易》是中国哲学思想源头,《易经》和《易传》结合使《周易》成为了一本哲学之书、文化之书和美学之书。他认为"生生"之德转化为"生生"之美,《周易》中有"生生之谓德也"。最高的道德是什么?是"生生"。"天地之大德曰生",天地给予人类的最大的恩赐是什么?是"生"。将"生生之德"转化为"生生之美",将"生"字重言,使其具有了"生命的创生"之意,中国的美学是生命创生的美学,是创造生命的美学,这样就使"生生"具有了本体论的内涵。而生命直抵艺术之深处,所有感动人的艺术,都是具有蓬勃生命的艺术,具有美的内涵和美的含义。具有生命的艺术才是美的艺术。宗白华在1944年《中国艺术意境之诞生》一文中提出:"中国哲学是就'生命本身'体悟'道'的节奏,意境即是生命的节奏和有节奏的生命。"

生命是什么?生命就是时间,生命就是节奏。"生命的节奏和有节奏的生命"把意境和生命紧密联系在一起了。刘纲纪在

《周易美学》一书中将《周易》的美学归结为生命美学。我认为他最重要的一本书就是《周易美学》，作为宗白华先生的学生，他将他老师的生命哲学和生命美学继承下来了；另一方面，他将中国美学和西方美学划清了界限。近代以后西方有生命美学、生命哲学，但西方生命哲学是科学的，中国的生命美学是人文的，并提出中国美学常常在没有美字的地方有美。鲍姆加登的"感性学"，经过日本人翻译后变为了"美学"，后经过王国维先生的认可传到中国。"美学"这里面有"美"字——"beautiful"，但原本它并没有漂亮的意思，起码主要不是漂亮。所以，刘纲纪先生说"中国美学常常在没有美字的地方有美"。

第三个问题是"生生"的内涵。蒙培元认为："中国哲学就是'生'的哲学。从孔子老子开始，直到宋明时期的哲学，以至明清时期的主要哲学家，都是在'生'的观念中或者围绕'生'的问题建立哲学体系并展开其哲学论说的。"所有重要的理论家都围绕着"生"来开展他们的哲学体系。总而言之，"生生"在中国传统文化，特别在儒家学术中具有本体性的价值意义。

"生生"之起源在《易传》，宋明理学最重要的开创者和代表人物朱熹说："变易、生生遂成为易学第一义。"易学的第一义是"生生"，中国哲学的第一义也是"生生"。另外，《周易·易传》云：万物化生。此乃"生生"之基本内涵。《周易·易传》云：乾生万物并包含"元亨利贞"四德，扩大了"生生"的内涵，将之由生命诞育延伸到道德的层次。所谓"元者善之长，亨者嘉之会，利者义之和，贞者事之干"，这四德包含在"生"之中。《周易·易传·大畜》篇提出："刚健笃实，辉光日新"，提出"日新其德"，阐明了"生生"乃不断创新，是一个生生不息、新新不已的过程。《周易·易传》："大哉乾元，万物资始""保合太和，乃利贞"，所倡乃"中和"精神。

《老子》云:"一生二,二生三,三生万物。""一"就是"生"。"天人合一"中的"一"也是"生"。天人相和,万物繁茂,生命才能诞生。《易》又云:"至哉坤元,万物滋生","黄中通理,正位居体,美在其中"。所谓"正位居体"即阴阳各在其位,由此风调雨顺万物繁茂,这就是美的景象。由此,生生包含了美。王阳明在《传习录》上卷中指出:仁是造化生生不息之理,揭示了"生生"的仁爱精神。

以上回答了"生生"之内涵,也回答了"生生"何以为美,"生生"比西方传统的美包含更为丰富的内容,而且是一种交融性的概念,区别于西方区分性的概念。中国人认为蓬勃的生命就是美,并从广义和狭义的角度阐明了"生生美学"的内涵。中国古代哲学是交融性的概念,中国哲学中真善美是交融的,真善美是真里面包含着善和美,美里面包括真和善;西方的概念是区分性的概念,西方把真善美区分得很清楚。真就是知识和科学,善就是道德,美是一种情感的判断。真与善需要通过美作为中介将之联系。

第四个问题是"生生美学"的产生。首先,"生生美学"产生于中西文化的比较中。在人类文化发展和中西文化关系上,有基于不同生活方式的"类型说",还有基于生产力水平之"线性说"。"线性说"认为文化是生产力水平。生产力水平高的,文化发展在前。生产力水平低的,文化发展在后。将生产力作为标准,是线性的发展。而主张"类型说"的学者不同意"线性说"观点,认为文化是生活方式,不是生产力。正是因为有不同的生活方式,所以中国文化和其他民族的文化是类型的差别。东西文化是两峰对峙,双水分流。"类型说"是"生生美学"产生的理论基础。二是原生性与后生性。"生生美学"的产生借助于文化人类学的族群原生性理论,中国传统文化建立在农业经济背景之下,是一种原生性的自然生态文化艺术形态,中国传统文化中的生生美学具有族群原生性特点。西方古代文化总体上是一种凭借航海与计算的科技文化。三是气本论与实体论。"生生美学"的哲学根据是中国传统哲学之"气本论",有别于西方传统哲学之"实体论"。从哲学角度讲,中国文化认为万物的起源是"气"。"气"不是一个客观的、具体的物体,而是一个过程。在西方,无论是精神的实体,还是物质的实体,都是实体性的概念。但中国古代的这个"气"本身就带有浓郁的生态意味,它是万物化生的根源,也是万物化生的过程。四是前现代性与后现代性。"生生美学"来源于前现代,经过诸多前辈学者的阐释与改造,注入新的时代内容并使之体系化,成为中国新的生态文明时代(后现代)的哲学与美学话语,也在一定程度上被西方后现代生态文化所接受。

第五个问题是"生生美学"的文化特点。"生生美学"具有中国气派和中国风格,那么,它的文化特点到底是什么? 第一个文化特点是"天人合一"的文化传统。"天人合一"是中国古代具有本源性的文化传统与文化立场,此成为生生美学生成的主要文化背景,决定其明德敬天、以德配天的文化传统。"天人合一"是一个有争论的概念,既有讲"天人合一"的,也有讲"天人相分"的。儒家重"人",道家重"天"。当代著名哲学家刘笑敢先生曾经专门撰写文章探讨"天人合一"的概念。但是,我们这里讲"天人合一",并不是将其作为一种哲学理论,而是作为一种文化传统,从总体而言,中国文化是主张"天人合一"的。第二个文化特点是"阴阳相生"的生命美学。"一阴一阳之谓道"之阴阳相互生成宇宙万物的根本规律,也是艺术与审美的根本规律。中国艺术通过笔墨、虚实、留白等形成阴阳对比,诞育生命,也诞育无穷的艺术意蕴,这是儒道交融"气论哲学"的艺术体现。"一阴一阳之谓道

也。"西方近代以来也有相应的表述，那就是著名的康德的审美的
"二律背反"理论，"感性"和"理性"的二律背反，"感性"和"理性"
同时都有价值，但又相背，这就形成一种审美。"这种美具有无比
强大的张力与魅力。"黑格尔认为这是康德讲的有关审美的"第一
句合理的话"。康德在18世纪后期提出这个概念，而我们中国
"一阴一阳之谓道"是在公元前《易传》中提出的。第三个文化特
点是"太极图式"的艺术思维模式。"太极图式"是东方形态的古
典现象学，所谓"无极乃太极，太极动而生阳，一动一静，互为本
根"，是一种东方式的富有无穷生命力量的圆形美学，我列举了汉
画像虎牛相斗图，就蕴含着无穷的力量。中国的"太极图式"是西
方很多理念，包括辩证法都难以完全解释清楚的一种模式。我用
《汉像画传》中"虎牛相斗"的一幅图来解释——"牛"与"虎"两个
动物的背部都呈圆形，因此，有人说"太极图式"是一个圆形模式，
"虎"和"牛"要斗而未斗，弓背相向，积蓄了无限的力量。所以，中
国的传统艺术模式是"太极图式"。第四个文化特点是总体透视
的艺术特征。毕加索以前的西方古典艺术，比如俄罗斯的油画
等，它们都是焦点透视，用一个人的视点看物体。中国是总体透
视，就是用一个总的意境、总的理想、总的精神、总的神采把整个
画统摄住。方东美说道，中国画得着一个"总的透视"。这就是
说，中国画不同于西方传统画的焦点透视，而是一种以理想与生
命精神加以统摄的"总的透视"，是多角度的以体现理想与生命精
神为目的的透视。这就是中国艺术的"神采为上，意在笔先"。
《清明上河图》就是以"繁荣祥和"统摄整个画面，形成"景随人迁，
人随景移，步步可观"。第五个文化特点是"意在言外"的意境审
美模式。这里面提出一个问题，就是中国的美学和艺术有没有自
己的逻辑性和艺术理性？学术界，包括西方理论界有些人认为中

国古代美学与艺术理论没有理性逻辑,但我们认为,"生生美学"虽没有西方传统的工具理性逻辑,却具有"意在言外"的意境式审美逻辑,是一种对于看不见的意蕴的追寻,是更高更深的艺术逻辑。牟宗三等对于这种逻辑方式的特点有专门的论述,认为这是一种"更高的对道的追寻"。另外,宗白华等前辈理论家认为,中国美学区别于西方之处是西方美学理论主要在美学论著之中,包括从古希腊的《对话集》开始,一直到黑格尔的《美学》,以及杜威的《艺术的经验》等。而中国美学理论则主要存在于艺术与艺术理论之中。因此,对于"生生美学"的研究,需要进一步深入具体传统艺术及其理论之中,包括音乐、书法、绘画、园林、建筑、汉画像、戏曲、民间艺术等。我们若想了解中国的美学、中国的"生生美学",就要到艺术中去追寻。而这些传统艺术现在仍然是活的,所以我们也可以断言,中国的"生生美学"也是活的,是活在当下的,需要我们去概括和研究,把这些话语进行创造性的转化,转换成现在中西方都能听得懂的语言,这个过程是很艰难的。

"生生美学":对黑格尔
"美学之问"的回应①

在建构具有中国特色的美学体系与生态美学体系过程中,我们首先要面对的就是黑格尔的"美学之问",即"中国到底有没有自己的美学"与"有没有自己的艺术",当然也包括有没有自己的生态美学。而"生生美学"就是对于黑格尔"美学之问"的一种有力回应。

黑格尔在其著名的《美学》一书中认为,包括中国在内的东方艺术是一种象征型艺术,是"艺术前的艺术",是"艺术的准备阶段"。他在《历史哲学·中国篇》中更加明确地表示"在美的艺术方面,理想艺术在中国是不可能昌盛的"。"精神的朝霞升起于东方,但是精神只存在于西方。"新黑格尔主义者鲍桑葵则认为,近代中国和日本的东方艺术"还没有达到上升为思辨理论的地步"。这一看法几乎成为西方学术界的定见。2001年德里达访问上海时也曾说"中国没有哲学,只有思想"。

总之,在很多西方哲学家看来,中国没有真正的哲学,也没有真正的艺术,中国艺术没有上升到理性的思辨的高度。这就是所谓的黑格尔"美学之问",是摆在我国美学建设乃至生态美学建设

①原载《中国社会科学报》2019年11月22日。

面前必须要回应的问题。

　　20世纪初期迄今的百余年来,从王国维开始,前辈学者怀抱着强烈的民族文化复兴愿望,一直为在中西比较交流中创建中国的新美学不懈努力。方东美在1976年指出,"我们优美的青年人具此高贵的民族秉性",并提出"让现代青年们自信有立国的力量,民族有不拔的根基"。这就是这些前辈学者创立"生生美学"的出发点。其实,中华民族所有的艺术家都在不懈地追求中国的美学与艺术元素。电影人李安就曾说:"中国的历史里不缺少戏剧,不缺少美感,故事更是非常的丰富,我们应该要发展一套能影响世界的电影语汇,给世界电影市场注入新的活力。"所以,中国传统文化中到底有没有自己的美学,这是所有艺术工作者首先需要思考并回答的问题。

　　首先,我们认为,"生生美学"就是中国古代的美学形态。"生生"来自《周易》"易传"之"生生之谓易也","天地之大德曰生",但其渊源却更加久远。甲骨文之"生"字,许慎解为"进也,象草木生土上"。《尚书》《论语》《诗经》《道德经》等经典均有对"生"与"生生"的论述。由此可见,"生"与生命、生存密切相关,属于中国古代文化的核心范畴。儒家有"爱生",道家有"养生",墨家有"利生",佛家有"护生";《周易》"泰卦"描述"天人相合"的"泰象"。所谓"天地交而万物生也",即风调雨顺,万物繁茂,五谷丰登之象。这些都是从不同侧面对"生"所进行的阐发。这就是中国古代人心中的"美",完全与生态美学相符。只是这种"生生美学"指向一种价值之美与交融之美,而非西方古代的实体认识之美与区分之美;中西美学之间乃类型之别,而非有无之分,"类型说"与"线型说"是中西文化比较不同价值立场的表现。

　　其次是"生生美学"之异于西方的特殊审美原则。"生生美学"是一种东方特有的生命美学。方东美曾明确指出，"一切艺术都是从体贴生命之伟大处得来，我认为这是所有中国美学的基本原则"。所谓"生"包含育种、开物、创进、变通与绵延等义，"故'易'重言之曰生生"，即"生命的创生"。"生命的创生"是一个过程，也是一种价值，而审美作为对它的"体贴"当然也是一个生命的过程，是一种价值的实现。这种对于生命伟大处的体贴就是中国的生态美学。

再次是要回答"中国古代美学有没有理性"这一问题。黑格尔认为中国古代美学与艺术缺乏理性，事实是中国古代没有西方的工具理性，也没有几何类的理性，却有着极为丰富的道德理性。作为"生生美学"源头的《周易》就使"生生"包含丰富的道德理性，如"天地之大德曰生""元亨利贞四德""与天地合其德"等。《乐记》也提出著名的"乐通伦理"，其后，"生生美学"又进一步包含了"仁学"等重要内容，成为儒家道德理性的重要内容。

此外，黑格尔还认为，中国古代"不承认本来只存在于主体内心的道德性"。这也是一种误解。中国古代所谓"德"虽属国家提倡的范畴，却也是个人修养的"功夫"。中国古代强调"修身、养性、正心、治国、平天下"，将"修身养性"提到很高的位置，是君子成长的必要过程。因此并不能说这种道德性缺乏"主体内心"。

其四是要回答中国古代美学的逻辑性问题。黑格尔与鲍桑葵认为中国古代艺术没有上升到理性、逻辑性高度，但实际上中国古代艺术与审美并不局限于"写实"的理性逻辑，而是侧重特有的"意境"逻辑，"言在于此，意在于彼"，包含丰富的审美理想。诸如庄子所言"得意而忘言"、《易传》所言"书不尽言，言不尽意"、司空图所言"象外之象，景外之景"等皆是关于这种审美理想的表述。这也就是说，早在公元前，中国美学就已经有意识地由看得见的追寻背后看不见的，由在场的追寻不在场的。所谓"一阴一阳之谓道"，从阴阳相生追寻其背后更深的"道"，这就是中国生态美学独特的意境逻辑。

其五是要回答中国古代美学特殊的形态问题。《庄子·知北游》中言道："天地有大美而不言，四时有明法而不议，万物有成理而不说，圣人原天地之美而达万物之理。"这里阐明了中国传统"生生之美"渗透于天地生命的变化与创造之中，是深植于"道"之"本根"，因此具有本体性。"生生美学"认为，凡是有生命创造之处都有美的存在，天地乃生命之源，"天地有大美而不言"。因此，中国古代常常在没有"美"的地方发现美，所谓生生之为美也，生命的创生即是美。同时，"生生美学"也是一种交融性美学，真善美是交融的，礼乐刑政也是交融的，很难加以剥离，也很难言说。生生美学的生命本体性与交融性是其与西方古代美学之实体性与区分性的重要区别。

其六是中国古代美学史的特性问题。黑格尔认为古代中国没有美学的历史，但其实中国"生生美学"的历史与西方美学史有着明显差别。西方美学史主要呈现在美学家的论著之中，而中国"生生美学"则主要呈现于各种艺术形态及其理论之中。中国五千年艺术呈现出辉煌而闪耀的美的历史。我们可以粗略地看看这样一部辉煌的历史：先秦之乐及其"礼乐教化"；两汉之书法及其"生命节奏"；魏晋之画及其"气韵生动"；唐代之诗及其"意境之说"；宋代之词及其"婉约缠绵"；金元戏曲及其"歌舞人生"；明清园林之"因借体宜"与小说之"传奇志怪"；等等。这既是实际的"生生美学"的呈现，也是一种具有历史深度的理论发展历程。中国的"生生美学"始终以其独特的光彩而闪耀于世界。

从黑格尔 19 世纪前期提出关于中国的"美学之问"到 21 世

纪的今天，时代发生了巨大变化。如果在工业革命时期，作为前现代的中国"生生美学"不能被西方接受；那么在后现代的历史条件下，在反思与超越的氛围中，中国的"生生美学"与西方后现代美学却有了更多的共同语言。我们更多的是看到欧陆现象学与中国古代道家"心斋""坐忘"之相通；看到海德格尔对于老子思想的吸收；看到英美环境美学对于传统艺术美学区分性的反思，提出人与自然环境的"融入性""参与美学"等概念，以及对于生命之美与"自然全美"的强调，等等。总之，东西方在后现代的相遇，为回答黑格尔的"美学之问"提供了重要契机。

在新时代，尽管"生生美学"所凭借的传统艺术仍具有昂扬的生命力，但其理论形态基本上还停留在前现代模式，本身也缺乏一定的系统性。因此，我们必须对其进行创造性改造，例如为其补充某些科技理性的元素，使之更具理论的自洽性与时代性。使"生生美学"在新的历史条件下得到创新性发展。总之，我们仍然需要继续艰苦努力不断创新，唯有如此，才能讲好中国"生生美学"的故事。

"生生"之大爱^①

——谈生态美学之要义

从 2020 年 1 月下旬至今,疫情蔓延以来的近三个月,我几乎每天都在激动之中,常常是一边看新闻联播一边心潮澎湃,无比激动。为白衣天使无私奉献的大爱无比激动,为人类因无知狂妄打破与自然的平衡从而导致的生态灾难的严重性而震撼,也为疫情中去世的同胞而悲痛。在这样的激动中,我也联系当下的实际思考生态美学问题,思考最多的是:生态美学的要义乃"生生"之大爱也。这种大爱在这次全国抗击疫情的战斗中得到充分的体现,全面展示了从国家层面到医务人员到每一个普通中国民众关爱生命的生生精神,这为我国生态美学特别是中国形态的"生生"美学发展提供了新鲜的具有生命活力的不尽资源。此次疫情让我们充分体会到生命是最崇高的,健康是最宝贵的,中国传统生生美学具有无限的生命活力!

首先是白衣天使"维护生命,救死扶伤"的献身精神。《周易》有言:"生生之谓易""天地之大德曰生"。"生生"乃易之基本要义,"生"也是天地给予宇宙万物与人类最大的恩德。"生生"乃是中国古代哲学与美学的必有之义。它从来在中国传统文化中都

---

① 原载《人民政协报》2020 年 4 月 11 日第 7 版。

是最重要的元素。儒家所谓"孝"之"始"即为"身体发肤受之父母，不敢毁损"。道家提出"养生"的根本，为"全生""养亲"与"尽年"。"生生"为儒道之真谛，传统文化之精髓。"生生"也成为白衣天使最崇高的使命。古人言道"医者仁心苏万物，悬壶济世救众生"。近代则将"救死扶伤，不辞艰辛，执着追求"写在医务工作者的誓词之上。此次疫情期间，数万白衣天使，特别是"90后"的一代青年医者，逆向而行，奔赴第一线，奔赴武汉，无私救治，集中体现了这种"维护生命，救死扶伤，医者仁心"的奉献精神。他们为了打赢这场人民战争，为了万千受病毒之害的患者，不畏艰险，走向抗疫第一线，成为当代"最可爱的人"。这种无私的大爱就是一种感天动地的"生生"之美，这些白衣天使以自己的行动阐释了当代具有崇高性的大美，他们是爱的天使，也是美的天使！

其次是我们通过此次疫情吸取教训，应该坚定地确立一种"敬畏自然，自觉维护生命共同体"的生态伦理道德精神，确立一种对于自然万物的大爱。中国生生美学从来都是以生态伦理学为其前提的，儒家之"己所不欲，勿施于人"与"民胞物与"在后代被称为生态伦理学的"金规则"。生生美学是包含生态伦理道德原则的美学。生态伦理学的最重要表达就是自觉维护"生命共同体"的稳定，所谓"当一个事物有助于保护生物共同体的和谐、稳定和美丽的时候，它就是正确的。当它走向反面时，就是错误的"。这一生态伦理学原则告诉我们，我们不仅要热爱人类，而且要热爱自然，保护自然，维护生命共同体的和谐稳定与美丽。这其实是一种生态文明时代的合道德的行为，否则就是不道德的行为。因为，生命共同体原则说明，人的价值是与自然生态紧密相连的，只有在共同体之中人才有自己的价值。因此，维护生命共同体就是维护人的价值。只有敬畏自然，热爱自然，顺应自然，尊重生命共同体，人类才得以美好生存！而人类对于自然万物，包括对野生动物最必要的态度也是尊重其在生命共同体中的地位，保护生态环链的稳定，不去打扰它们，更遑论食用。古哲庄子言道"天地与我并生，而万物与我为一"。"生命共同体"原则是中国传统文化的必有之意，也是新时代的生态伦理道德原则，同时是生生美学的原则。

　　再次是确立一种顺应自然的"简约"生活精神。所谓"简约"生活，即是一种"够了就行"的生活原则与生活精神，也就是一种维护基本生活需要的生活原则与精神。这次两个多月的"宅家"，没有了豪华的"出行"，没有了轻歌曼舞的"娱乐"，没有了山珍海味的"聚餐"，只有网购与物业提供的最基本的菜蔬与物品，大家不都是好好地生活下来了吗？我们不是真正体会了生活的要义其实就是"够了就行"吗？而且，这种"够了就行"还是对于人类的一种终极关怀，是减少消费与化解排放之"生态足迹"的自觉行为，减少自己的消耗就是减少了地球的负担，也是增加了地球供养人类的空间。这是一种涉及人类后代与未来的终极关怀，是一种对于人类伟大的爱！老子将"俭"作为其"三宝"之一，墨子更是将"节用"作为其批判统治阶级腐化生活的利器。当代哲人大卫·雷·格里芬有言："我们必须轻轻地走过这个世界，仅仅使用我们必须使用的东西，为我们的邻居与后代保持生态的平衡，这些意识将成为常识。"

　　通过这次疫情，我们还空前地体会到我国中医药在救治生命方面的不平常的效果，加深了我们对于中国传统文化的热爱！中医乃中国传统文化之瑰宝，充分体现了中国传统文化的"生生"精神，是中华文化献给人类的大爱！它依据宇宙四时节令之变化，针对身体生命之节律，以取自自然精华之药品，整体施治，辨证施治,伴随了五千年中国人民的生息,博大精深。这次抗击疫情中中医药特显光芒,效果显著,令我们振奋,看到中国传统文化特别是生生精神的当代价值。中医药的生生精神不仅是医药精神、哲学精神,也是中华生生美学精神,需要我们很好地学习继承发扬!

跨文化研究视野中的
中国"生生"美学[①]

　　长期以来,由于"欧洲中心论"的影响,对中国古代是否有哲学与美学的问题,一直存有异议。学界对中国古代哲学、美学的研究,"以西释中"成为最基本的研究范式。20世纪后半期,中国美学界开始研究生态美学,因此又产生了是否存在着一个有中国特色的生态美学的疑问。本文试图通过跨文化研究的方法,研究并阐释中国特色的生态美学——"生生"美学。在我们看来,美学是一种生存方式与艺术方式,"生生"美学与中国传统文化与艺术紧密相关,而中国传统文化与艺术又是活在当下的,所以,"生生"美学是一种活着的美学形态,而不仅仅是古典的形态。正因此,其价值意义自不待言。

一

　　跨文化研究是20世纪80年代中国比较文化研究领域提出的研究方法,是在中华民族伟大复兴的语境下力求突破欧洲中心主义,使中国学术走向世界的一种学术诉求。中国当代比较文化

---

①原载《东岳论丛》2020年第2期。

重要学术领军人物乐黛云曾指出："文学研究面临着民族文化复兴和多元文化共存的种种复杂的新矛盾和新问题，必须迎接挑战，提出新的理论和解决问题的办法。在这一形势下，以跨文化、跨学科的文学研究为核心的比较文学必须走在文学研究的前沿。"①跨文化研究是中国学者在比较文学研究领域的新创造，打破了传统比较文学研究仅仅局限于文学内部之影响与平行研究的局限，走向多种文化之间比较研究的新途径，给处于相对边缘地位的非欧美文化以展示自己的机会与发展机遇。这种跨文化研究的方法实际上倡导一种世界文化发展的"类型说"，以此代替此前流行的关于人类文化发展的"线型说"。世界文化的发展到底是一种多元共存的并进，还是欧美优先的线型发展，这是近代以来学术界长期争论的问题。胡适等学者提倡"线型说"。胡适说道："东西文化之区别，就在于所用的器具不同。近二百年来西方之进步远胜于东方，其原因就是西方能发明新的工具，增加工作的能力，以战胜自然。至于东方虽然在古代发明了一些东西，然而没有继续努力，以故仍在落后的手工业时代，而西方老早就利用机械与电气了。"②显然，胡适是以工具的发明和生产力作为文化发展的坐标，从而导向"线型说"：西方先进于东方，优于东方。在这种西方化一边倒的形势下，有些学者奋起提出与之相异的"线型说"。梁漱溟于 1921 年在其《东西文化及其哲学》中指出："这个问题的现状，并非东方化与西方化对垒的战争，完全是

---

① 乐黛云：《比较文学与比较文化十讲》，复旦大学出版社 2004 年版，第 38 页。
② 胡适：《东西文化之比较》，胡适、余英时等著：《胡适与中西文化》，台湾水牛出版社 1984 年版，第 89 页。

西方化对于东方化的绝对胜利,绝对的压服!这个问题此刻要问:东方化究竟能否存在?"[1]对于什么是文化的问题,梁漱溟给出了与胡适完全不同的阐释,他摆脱了纯粹以经济发展水平对文化进行优劣划分的思路,而是提出以生活的方式作为文化划分的坐标,即所谓"线型说"。他说:"你且看文化是什么东西呢?不过是那一民族生活的样法罢了。生活又是什么呢?生活就是没尽的意欲。"[2]他将世界上"生活的样法"分为向前面的要求、调和持中与向后的要求三种,分别对应于欧美、中国与印度,认为其间各有优长与短处,并无先后之分。钱穆则以自然环境对于生活方式的影响将人类文化分为三种类型,他说:"人类文化,由源头处看,大别不外三型。一、游牧文化,二、农耕文化,三、商业文化。……三种自然环境,决定了三种生活方式;三种生活方式,形成了三种文化型。此三型文化,又可分为两类。游牧、商业文化为一类,农耕文化为又一类。"[3]他认为,三种文化类型之间是平等的,无有优劣之分,所谓"一个民族一个国家之文化历史,各自有其个性与特点。燕瘦环肥,鹤长鸭短,然鸭不自续其脚以效鹤,环不自削其肉以效燕"。[4]显然,以生活方式作为文化划分的坐标,是比较科学合理,符合实际,并有利于文化的多元共存与发展互济。因为,生活方式是一种更加稳定的文化坐标,例如,东方人吃饭使用的筷子与西方人吃饭使用的刀叉,主要来自民族传统的生活方式,

---

①梁漱溟:《东西文化及其哲学》修订版,商务印书馆1999年版,第12、13页。

②梁漱溟:《东西文化及其哲学》修订版,商务印书馆1999年版,第32页。

③钱穆:《中国文化史导论·中国历史精神》,台湾联经出版公司1998年版,"弁言"第4页。

④钱穆:《国史漫话》,载《中国史学发微》,生活·读书·新知三联书店2009年版,第15页。

并将影响生活的长久。同样,多种生活方式的共存,也就是多种文化的共存,世界不是因此而更加丰富多彩、美丽缤纷吗?中西民族来自于不同的自然地理环境与社会状态,形成了不同的"生活的样法",即不同的文化。中西文化是两种不同的类型。中国作为农业社会,是一种人与自然友好的文化模式;古希腊人以商业与航海为生,是一种战胜自然的科学的文化模式。两种文化,两种类型,具有共生互补性。

　　生态美学是 20 世纪兴起的一种美学形态,在西方包括欧陆现象学生态美学与英美分析哲学之环境美学。1900 年,德国哲学家胡塞尔提出著名的现象学,对于工具理性之下的人与自然的对立进行了解构,预示着新的生态美学的即将诞生。1927 年,海德格尔出版《存在与时间》一书,依据现象学提出了"此在与世界"的"人在世界之中"的生态整体观;1950 年,海氏在著名的《物》一文中提出了"天地神人四方游戏"说,所谓"天、地、神、人之纯一性的居有着的映身游戏"①,促使欧陆现象学生态美学走向成熟。海氏的现象学生态美学是东西交流对话的成果,它明显地借鉴了《老子》的"域中有四大,人为其一"的重要思想,是老子之道论在异乡的解释,但这种解释的明显的西方色彩也毋庸置疑。环境美学诞生于英美,是英美分析哲学与美学的产物。本来,分析美学主张人与自然的分离,力倡艺术美学而否定自然美学。这种观点在 1966 年受到英国美学家赫伯恩的质疑,他发表著名的《当代美学及其对自然的遗忘》一文,抨击了分析美学对于自然美的轻视与遗忘,否定了审美之中人与自然的分离,力主审美之中人与自

---

① [德]马丁·海德格尔:《物》,载《海德格尔选集》,孙周兴选编,生活·读书·新知三联书店 1996 年版,第 1180 页。

然的融合。1979 年,加拿大著名美学家艾伦·卡尔松发表著名的
《欣赏与自然环境》一文,提出著名的"自然是一种环境,是自然
的"①的论断,在自然欣赏之对象模式、景观模式与环境模式中选
择了环境模式,倡导一种"融入式"的审美欣赏,并将科学认知作
为审美之恰当与不恰当的唯一标准,从而仍然坚持了分析哲学的
科学主义立场。以上两种与生态观有关的美学形态都是西方文
化的产物。自 20 世纪 90 年代起,特别到 21 世纪初期,中国学者
逐步开始了自己的生态美学研究,并关注中国本土的丰富生态美
学资源,力图建设具有中国特色的生态美学,从而在生态美学领
域开始了与西方的对话,进入跨文化研究阶段,使得中国生态美
学研究进入一种全新的境界。

二

　　中西之间在生态美学领域能够形成跨文化对话,既是由于两
者在生态文化领域具有共同性,同时也是由于两者在文化理念上
具有相异性。共同性使得两者在生态文化领域具有共同感兴趣
的话题,相异性则使得两者具有跨文化对话的空间。共同性之
一,是生态问题是中西学者共同关心的论题。西方自 1972 年斯
德哥尔摩国际环境会议以来,已经将生态环境问题提到重要议事
日程。中国也从 20 世纪 90 年代开始日益重视生态问题。因为,
随着改革开放以来中国经济的高速发展,西方发达国家 200 多年
来逐步形成的环境问题在中国短短的二三十年内都爆发性地出

----

① [加]艾伦·卡尔松:《欣赏与自然环境》,载《从自然到人文——艾伦·卡
　　尔松环境美学文选》,薛富兴译,广西师范大学出版社 2012 年版,第 53 页。

现了,环境问题由此成为中国社会与学术界关注的重点。共同性之二,是中西生态美学都具有某种反思性与融合性的文化氛围,即是对于传统工业革命的人类中心论的反思与超越,以及人类对于自然的亲近与融合。西方现代生态哲学、生态美学与环境美学的提出就是这种反思性与融合性的表现,而中国则在 21 世纪初即提出环境友好型社会的建设,目前更加明确地提出"美丽中国"建设的奋斗目标。

相异性提供了生态美学领域跨文化对话的广阔空间。首先是近十多年来中西方存在"生态"与"环境"之辩。西方特别是英美力倡环境美学,并且对于"生态"一词多有异议。美国著名环境批评家劳伦斯·布伊尔在《环境批评的未来》一书中明确表示:"我特意避免在书名中使用'生态批评',尽管文学—环境研究是通过这个概括性术语才广为人知的;尽管我自己在本书的许多语境中也多次使用该词;尽管我期望本书获得注意和评论时,该词被用作基本的查询词。在此我想简要说明理由:首先,'生态批评'在某些人的心目中仍是一个卡通形象——知识肤浅的自然崇拜者俱乐部。……第二,也是更为重要的,我相信,'环境'这个前缀胜过'生态',因为它更能概括研究对象的混杂性——一切'环境'实际上都融合了'自然的'与'建构的'元素;……第三,'环境批评'在一定程度上更准确地体现了文学与环境研究中的跨学科组合——其研究对人文科学和自然科学都有所涉猎;近年来,它与文化研究的合作多于与科学学科的合作。"①中国学者则从三个方面论证了"生态"一词优于"环境"之处。一是在字义上,"环

---

① [美]劳伦斯·布伊尔:《环境批评的未来——环境危机与文学想象》,刘蓓译,北京大学出版社 2010 年版,"序言"第 9 页。

境"(Environment)具有"包围、围绕、围绕物"之意,是外在于人的二元对立的。而"生态学"(Ecological)则具有"生态的、家庭的、经济的"之意,是对于主客二分的解构。二是从内涵上说,"环境"一词具有人类中心论的内涵,而"生态"则意味着一种生态整体论。三是从中国传统文化来说,"生态"一词更契合中国古代"天人合一"的文化模式,而环境美学则与中国传统文化不相接轨。在环境美学的科学语境中,中国传统天人合一的文化是被认为是"不恰当"的,从而被排除在外。①

　　其二,从生态文化的发生来说,在中国传统文化中,生态文化是一种原生性文化。而在西方文化中,生态文化是一种反思的后生性文化。文化人类学告诉我们,一定的文化形态是特定的地理环境与生活模式"调适"的结果。中国广阔的黄河流域与长江流域的地理环境与传统农业社会生产与生活模式,孕育了"天人合一"的亲和自然的文化,因而,生态文化是中国古代的"族群原初性文化",即由地域与文化根基产生的"原生性文化"。所谓"族群的原生性文化是指族群最初创造的文化事项经过了漫长历史演进仍然保持其本质特征和基本状态的文化现象。它具备原创时的本真意义,保留着诞生时的基本状态,在历史长河中具有相对的稳定性。因自成体系而独立,又被世界所接纳"②。因此,中国古代审美与艺术就是基于中国原生性文化上产生的一种自然生态的艺术。中国传统艺术的工具,如文房四宝、古琴、竹笛等,其

①参见曾繁仁《论生态美学与环境美学的关系》,《探索与争鸣》2008年第9期;《论生态美学的东方色彩及其与西方环境美学的关系》,《河北学刊》2012年第1期;《生态与环境之辨》,《求是学刊》2015年第1期。
②傅安娜:《论族群的原生性文化》,《吉首大学学报》2012年第1期。

材料均来自自然界。西方古希腊发源于山岭滨海地区的商业与航海经济之中,是一种凭借测定航向与计算的科技文化。西方的生态文化是 20 世纪产生的反思的后生性文化,是由于工具理性之主体与客体、人与自然的对立而导致的经济社会危机促使人们反思人与自然的关系,从而产生的一种生态文化形态。西方生态文化的兴起,在很大程度上受到了包括中国在内的东方传统文化启发。例如,海德格尔受到《老子》"道法自然"与"知白守黑"等的启发,提出了著名的"四方游戏"说。梭罗出于对孔子之"仁爱"的向往,提出了"人与自然为友"说,他在名著《瓦尔登湖》中借用《论语》"子为政,焉用杀;子欲善,而民善矣"作为其"与自然为友"之说的依据①。

其三,从生态美学的话语来说,中西方也有着明显差异。审美是人的一种特定的生存方式与生活方式,人类的审美,既具有共通性也具有民族性差异。西方人称"美就是理念的感性显现"②,中国人则称"羊大为美","君子黄中通理,正位居体,美在其中,而畅于四支,美之致也"(《周易·坤·文言》)。因此,在生态美学领域,中西方各个民族之间都有自己特殊的话语。例如,欧陆现象学生态美学主要使用"阐释学"的方法与话语,英美分析哲学之环境美学则主要使用科学的"分析"的方法与话语,对于对象模式、景观模式与环境模式的恰当性(科学性)进行分析,最后导向对于环境模式的肯定。中国古代的"天人合一"的生态审美智慧则主要使用"生生"之学的古典形态的特殊话语,如,《周易·

---

① [美]亨利·梭罗:《瓦尔登湖》,徐迟译,吉林人民出版社 1997 年版,第 163 页。
② [德]黑格尔:《美学》第 1 卷,朱光潜译,商务印书馆 1979 年版,第 142 页。

易传》所说的"生生之谓易""天地之大德曰生"等。"生生"一词是动宾结构，前一个"生"是动词，后一个"生"是名词，"生生"即意谓着使天地间的万物获得旺盛的生命，也就是"生命的创生"。"生生"之学，体现了一种东方文化特有的"有机性"与创新性。我们以此概括中国传统的生态审美智慧，称之为"生生"美学。"生生"美学是一种整体的文化行为，既不同于英美环境美学"分析"之科学性，也有别于欧陆现象学美学"阐释"之解构性。由此，西方之"阐释""分析"与中国之"生生"就构成一种跨文化对话的关系。

三

　　"生生"美学的关键词"生生"，揭示了中国传统哲学与美学之东方生命论本质，涵盖中国传统文化艺术与生活方式之真谛，包含着极为深刻的哲理与智慧，标志着中华文化传统所达到的艺术与智慧水平，完全可以造福于当代，福及人类。当然，它也完全可以作为中国哲学与美学的核心范畴，用于新时代中国哲学与美学的建设。很多前辈学者对中国传统的"生生"哲学与美学方面做过探索，建树颇多，给我们以教育与启迪。牟宗三先生在《中国哲学的特质》一书中说道："中国哲学以'生命'为中心。儒道两家是中国所固有的。后来加上佛教，亦还是如此。儒、释、道三教是讲中国哲学所必须首先注意与了解的。两千多年来的发展，中国文化生命的最高层心灵，都是集中在这里表现。对于这方面没有兴趣，便不必讲中国哲学。对于以'生命'为中心的学问没有相应的心灵，当然也不会了解中国哲学。"[①]宗白华先生在其写于1930

[①]牟宗三：《中国哲学的特质》，上海古籍出版社2007年版，第6页。

年前后的《形而上——中西哲学之比较》一文中指出:"西洋科学的真理以数表之。中国生命哲学之真理惟以乐示之。"①这一论述,点明了西方哲学之科学与数理的特点与中国哲学之生命与乐之特点。宗先生的弟子刘刚纪先生在《〈周易〉美学》中提出:"我认为,《周易》的哲学乃是中国古代的生命哲学,这是《周易》哲学最大的特点和贡献所在。"②著名新儒家学者方东美先生在融贯中西的前提下,结合中国传统文化中本体论与价值论的统一,提出了中国传统哲学生命本体论的基本观点。他说,"中国先哲所观照的宇宙不是物质的机械系统,而是一个大生机。在这种宇宙里面,我们可以发现旁通统贯的生命,它的意义是精神的,它的价值是向善的,惟其是精神的,所以生命本身自有创造才能,不致为他力所迫胁而沉沦,惟其是向善的,所以生命前途自有远大希望,不致为魔障所锢弊而陷溺。我们的宇宙是广大悉备的生命领域,我们的环境是浑浩周遍的价值园地"③。他还将中国传统宇宙观概括为"万物有生论",认为"中国人的宇宙观不是机械物质活动的场合,而是普遍生命流行的境界。这种说法可叫做'万物有生论'"④。在他看来,中国艺术是一种生命之美,"中国艺术所关切的,主要是生命之美,及其气韵生动的充沛活力。它所注重的,并不像希腊的静态雕刻一样,只是孤立的个人生命,而是注重全体生命之流所弥漫的灿然仁心与畅然生机"⑤。前辈学者的研究,

①《宗白华文集》第1卷,安徽教育出版社2008年版,第589页。
②刘纲纪:《〈周易〉美学》新版,武汉大学出版社2006年版,第37页。
③方东美:《中国人生哲学》,中华书局2012年版,第43页。
④方东美:《中国人生哲学》,中华书局2012年版,第18页。
⑤方东美:《中国人生哲学》,中华书局2012年版,第202页。

为我们"生生"美学的研究提供了丰富的基础。

《周易》是中国传统"生生"之学，也是"生生"美学的根源。"生生之谓易"之说，是《周易·易传》在论述天地之"道"时提出的。《周易·系辞上》指出："一阴一阳之谓道，继之者善也，成之者性也。仁者见之谓之仁，智者见之谓之知，百姓日用而不知，故君子之道鲜矣。显诸仁，藏诸用，鼓万物而不与圣人同忧，盛德大业至矣哉！富有之谓大业，日新之谓盛德，生生之谓易，成象之谓乾，效法之谓坤，极数知来之谓占，通变之谓事，阴阳不测之谓神。"南宋朱熹指出：此章"言道之体用不外乎阴阳，而其所以然者，则未尝倚于阴阳也"。这说明，阴阳之道无所不在，体现于宇宙万物之发展变化之中。仁者之行，智者之为，百姓之日用，无不渗透着阴阳之道。正因此，成就了"盛德"之"大业"。但总括起来，阴阳的易变之道是一种"生生"之道，它的呈现犹如太阳之明照、大地万物的效法。"生生之谓易"，是对阴阳之道的进一步阐释。阴阳之气交互感应，创生了天地万物，促使着天地万物的生成、发育、演化，使天地万物充满了生命之跃动。"生生之谓易"的内涵极为丰富，概括来说，首先是"万物生"。《周易·系辞下》指出："天地氤氲，万物化醇；男女构精，万物化生。"这里，以人之生成的"男女构精"说明阴阳之气"化生"天地万物。这正是《周易》之阴阳之道的最原初的含义。所谓"乾坤，其易之门邪？乾，阳物也；坤，阴物也。阴阳合德，而刚柔有体"。《周易》的"生生"之学的基本观念，即是阴阳相生，万物诞育。有研究者认为，《周易》的阳爻是男性生殖器之象征，阴爻则为女阴之象征，尤能揭示《周易》的阴阳化生万物之观念。《易传》的"天地氤氲，万物化醇"，显然是受到了《老子》"万物负阴而抱阳，冲气以为和"之说的影响，"天地氤氲"之气即是和气、醇气。因此，"生生"观念是儒道思想

的共同致力之处。其次是"元亨利贞""四德"之说。"四德"说扩
大了"生生"的内涵,将之从一般的生命之诞育引向更高的道德层
次。《周易·文言》释乾卦卦辞"元亨利贞",曰:"君子行此四德,
故曰:乾元亨利贞。"这是就乾卦所象征的天的德性对于宇宙大地
与人类的恩惠而言的。乾卦《象传》说:"大哉乾元,万物资始,乃
统天","乾道变化,各正性命。保合太和,乃利贞。首出庶物,万
国咸宁"。《周易》认为,乾所象征的天道,既创生了万物,使万物
各得其性命之端正,又带来了人类社会的康泰安宁,从而使人类
社会与自然世界达到了整体和谐的境界。"乾道"之美德具体体
现在"元亨利贞"之上,所谓"元者善之长也,亨者嘉之会也,利者
义之和也,贞者事之干也"。《周易》的"生生"之学,贯穿其"天人
合一"的观念之中,因此,"乾道"的道德、美好、和谐与成功之"四
德",同时也是人所应具备之美德,所谓"君子体仁足以长人,嘉会
足以合礼,利物足以合义,贞固足以干事"。因此,"生生"之学赋
予了人以仁爱的精神,和"参天地,赞化育"(《礼记·中庸》)的伦
理责任。这是"生生"之学的古典人文主义内涵。其三,是"日新"
之德。《周易》大畜卦《象传》曰:"大畜,刚健笃实,辉光日新其
德。"这和《礼记·大学》所引的商汤之《盘铭》的"苟日新,日日新,
又日新"之说是一致的。它既揭示出天地阴阳之道创造万物,又
赋予万物以生生不息的生机之活力,同时又赋予了人类以"刚健
笃实"的精神和"参赞化育"的使命。《周易·系辞上》指出:"一阴
一阳之谓道,继之者善也,成之者性也。"这表示,人类继天地之道
以化育、成就万物之性之和,既是其善德之表现,又是人类本性之
所在。方东美将中国哲学上"天人和谐"关系分类六类,认为以儒
家为主所讲的"天人和谐"的关系"都建筑在天人合德、生生不息
之上,这个天人合德的关系可称为'参赞化育'之道,简单地说,它

肯定天道之创造力充塞宇宙,而人道之生命力翕合辟弘,妙契宇宙创进的历程,所以两者足以合德并进,圆融无间"。①"生生"之学是中国"生生"美学的哲学根基,其内涵极为丰富深邃,与西方近代生命哲学迥异其趣。

总之,"万物生""四德"与"日新",是中国"生生"哲学与美学的基本内涵,是一种东方古典形态的生命哲学与美学,与西方近代的生命哲学与美学差异极为明显。

四

"生生"美学产生于中国传统文化之中,具有明显区别于西方美学的中国风格与中国气派。我们初步将其概括为以下几个方面。

第一,"天人合一"的文化传统——"生生"美学之文化背景。

"天人合一"是中国古代具有根本性的文化传统,是中国人观察、思考问题的特有立场和视角,影响甚至决定了中国古代各种文化艺术形态的产生发展与基本面貌,构成了"生生"美学之文化背景。"天人合一"的观念来源于原始宗教的"神人合一",发展为老子的"道法自然"、《周易·文言》的"与天地合其德"。即使在汉代以后流行的"天人感应"观念中,也包含着人与自然和谐的意识。至北宋张载,明确提出"天人合一"。其《正蒙·乾称》篇说:"儒者则因明致诚,因诚致明,故天人合一,致学而可以成圣,得天而未始遗人。"②"天人合一"观念,实际体现了中国文化传统对人

---

① 方东美:《中国人生哲学》,中华书局 2012 年版,第 165 页。
② (宋)张载:《正蒙·乾称》,载《张载集》,章锡琛点校,中华书局 1978 年版,第 65 页。

与自然关系的理解，更体现了对人与自然和谐的审美关系的追求。这种天人和谐的观念，使中国美学、艺术走向一种独特的、东方式的宏观的中和之美，与古希腊以来的西方文化背景下的物质的微观的和谐之美迥异其趣。中和之美更多地指向善的道德之美，而和谐之美则更多地指向物质的形式之美；中和之美是一种关联性的美，而和谐之美则是一种分离性的美学。

第二，阴阳相生的古典生命美学——"生生美学"之基本内涵。

从"生生"美学角度看，"天人合一"之"一"就是"生"，即生命。甲骨文的"生"字，如草生地上，意味着万物之创生。在中国哲学看来，生命的创生、繁育，是阴阳二气交通感应的过程。《老子》称："道生一，一生二，二生三，三生万物，万物负阴而抱阳，冲气以为和。"《周易·系辞上》指出："一阴一阳之谓道，继之者善也，成之者性也。"《周易》咸卦《象传》说："天地感而万物化生"，"观其所感，而天地万物之情可见矣"。天地阴阳之气交感而创生万物。《周易》泰卦《象传》说："天地交而万物通也。"天地之气交通，万物之生命亨通、畅遂。阴阳之气之交感，由此成为生命的根源，也是生命新新不已的根本。中国美学、艺术以生命为根本，阴阳之道由此成为艺术创作的基本规律，是中国古代生命哲学的艺术体现，成为中国古代艺术包含无限的"言外之意""味外之旨"的根本动因。阴阳之道使得中国艺术贯注着新新不已的生命跃动，不断酝酿新的生命意蕴，寓意无穷，内涵无限。这种阴阳之道，在中国艺术中无所不在，如书法之黑白的阴阳对比，绘画之线条的曲折伸张，诗文之词语的抑扬顿挫，音乐与戏曲之曲调的起承转合，等等，无一不包含阴阳相生之意。特别是中国艺术中刻意留出或营造的空白，成为艺术生命的诞育之处。

第三,"太极图式"的文化模式——"生生"美学之思维模式。

"天人合一"文化传统中的阴阳之关系呈现一种极为复杂的"太极图式"。北宋周敦颐在《太极图说》中阐述了太极的基本特点。首先关于什么是"太极",周敦颐指出:"太极而无极",即指"太极"无边无际,无有穷尽;其次,回答了太极的活动形态,认为"太极动而生阳,动极而静。静而生阴,静极复动。一动一静,互为其根"①,是一种阴阳相依、交互施受、互为本根的状态。这是对于生命的产生与终止、循环往复,无始无终的形态的现象描述,是中国的哲学思维与艺术思维之所在,中国传统艺术均表现为一种圆融的包含着生命张力的形态。这是一种特有的交互混合的艺术思维模式。有学者将之视为圆形思维模式,这种圆形艺术思维,其实是一种极富张力的太极的艺术思维模式。如,书法中草书的蜿蜒曲折的笔势,敦煌壁画中嫦娥奔月、飞天多呈 S 形,汉画像中两只弓背相向蓄势待发的虎豹等。

第四,线型的艺术特征——"生生"美学之艺术特性。

中国传统的线性艺术的特征之来源可以追溯到中国文化的源头《周易》与甲骨文。《周易》以阴阳之道呈现宇宙万变,而阴阳乾坤之道实为一种动态的历时的生命创生的线性的过程;而甲骨文则凭借线条的走向状摹宇宙百态,演化为篆、隶、楷、草等字型,通过曲折、蜿蜒、疾迟、轻重等笔势,呈现为一种线的力量之美,成为中国线性艺术的源头,中国文化核心的核心。李泽厚认为,书法"运笔的轻重、疾涩、虚实、强弱、转折顿挫、节奏韵律,净化了的线条如同音乐旋律一般,它们竟成了中国各类造型艺术和表现艺

———————

① (宋)周敦颐:《太极图说》,载《周敦颐集》,陈克明点校,中华书局 1990 年版,第 3、4 页。

术的灵魂"①。宗白华更加明确地指出,中国传统艺术是一种线型的艺术,时间的艺术;而西方古代艺术总体上说是一种团块的艺术,空间的雕塑的艺术。他说:"埃及、希腊的建筑、雕刻是一种团块的造型。米开朗基罗说过:一个好的雕刻作品,就是从山上滚下来滚不坏的。他们的画也是团块。中国就很不同。中国古代艺术家要打破这团块,使它有虚有实,使它疏通。中国的画,……是一个线条的组织。中国雕刻也像画,不重视立体性,而注意在流动的线条。"②总之,线型艺术呈现的是一种生命的时间的音乐之美,一切都犹如乐音在时间中流淌,一切艺术内容都在时间与线型中呈现,化空间为时间。最能反映时间艺术特点的,就是中国书法,书法是一种时间之中笔的生命之舞。书法是中国艺术的基本发源之所在,而笔势则成为中国时间性的生命艺术的典型代表。

从中国"生生"美学的文化传统,我们可以回应关于中国传统美学与艺术缺乏理性精神与逻辑性的质疑。这种质疑在西方学界颇为流行,黑格尔将中国传统美学归为前美学时期的"象征型"阶段,认为中国美学的理性精神没有得到充分发展,需要借助具体的物象加以象征。英国著名美学史家鲍桑葵认为,中国古代"这种审美意识还没有达到上升为思辨理论的地步"③。我们认为,这些看法是对中国传统美学,尤其是"生生"美学的误读。诚然,由于长期处于农耕社会、农耕文化,中国传统哲学与美学不可

---

① 李泽厚:《美的历程》,文物出版社1989年版,第44页。
② 宗白华:《中国美学史中重要问题的初步探索》,载《宗白华全集》第3卷,安徽教育出版社2008年版,第462页。
③ [英]鲍桑葵:《美学史》,张今译,商务印书馆1985年版,"前言"第2页。

能具有工业社会时期的工具理性与科学精神,也没有产生西方式的逻各斯中心主义。但中华民族是一个早熟的民族,早在先秦时期,理性精神就达到很高的水平。这是一种道德的与人文的理性,是一种对于高尚的道德精神与崇高的境界的追求。在农耕文化背景下,中国文化很早就自觉地追求人与自然的和谐统一。《周易·文言》指出:"夫大人者,与天地合其德,与日月合其明,与四时合其序,与鬼神合其吉凶。"基于这种"天人合一"观念的"德性""境界"(意境)与"风骨"等成为中国传统美学的核心概念与基本要素。中国传统文化虽没有西方主客二分的认识论的逻辑性,但却有"阴阳化生""太极思维"等特有的东方式古典形态的存在论思维与逻辑的模式。它迥异于西方的主客二分思维模式,超越了现存之物,着力于探寻现存之物背后的"象外之象""味外之旨"与"言外之意"。这是一种"知其白,守其黑"(《老子·第二十八章》),由遮蔽到澄明的"道"的探寻的致思模式,也是一种勃勃生机与新的生命的创生。道家主张"大象无形"(《老子·第四十一章》),提倡以"心斋""坐忘"(《庄子·大宗师》)、"象罔"(《庄子·天地》)等古典现象学体悟天地自然之"道"。这难道不是一种东方式的特有的逻辑力量吗?半个世纪前,著名新儒学家牟宗三针对中国是否有哲学的问题,指出:"说中国没有'希腊传统'的哲学,没有某种内容形态的哲学,是可以的。说中国没有哲学,便是荒唐了。"①在他看来,西方哲学以"知识"为中心,中国哲学以"生命"为中心,"西方哲学固是起自对于知识与自然之解释与反省,但解释与反省的活动岂必限于一定形态与题材耶?哲学岂必为某一形态与题材所独占耶?能活动于知识与自然,岂必不可活动

---

① 牟宗三:《中国哲学的特质》,上海古籍出版社 2007 年版,第 3 页。

于'生命'耶？以客观思辨理解的方式去活动固是一形态，然岂不可在当下自我超拔的实践方式，现在存在主义所说的'存在的'方式下去活动？……以当下自我超拔的实践方式，'存在的'方式，活动于'生命'，是真切于人生的"①。牟宗三指出了西方之思辨与中国之存在两种不同的思维与逻辑模式，认为中国的存在的思维是一种真切的人生的生命的哲学与美学。《文心雕龙·隐秀》篇揭示了中国传统文论"隐于内而秀于外"的由遮蔽到澄明的致思特点。所谓"是以文之英蕤，有秀有隐。隐也者，文外之重旨也；秀也者，篇中之独拔者也。隐以复意为工，秀以卓绝为巧"，"情在词外曰隐，状溢目前曰秀"。这种"隐秀"难道不是一种独特的逻辑力量吗？因此，说中国传统美学与文论是一种"象喻"式初级思维，是不完全符合实际的。当然，这并不意味着中国哲学与美学的发展不需要进一步吸收科学的、思辨的精神，但这种汲取应该是一种立足本源的汲取，而非曾经非常流行的动摇根本的"以西释中"。

五

在探讨"生生"美学之艺术呈现之前，我们需要明确美学与审美的区别。美学是一种理论形态，而审美则是一种生存方式，即审美的生存方式。美学就是这种审美的生存方式的理论呈现。既然文化是一种生活的类型，那么作为审美生存方式的美学也应该具有不同的类型。古希腊是一个以航海与商业见长的社会，科学发达，因而在哲学上发展出逻各斯中心主义与理性主义。在柏拉图的《理想国》中，哲学王占据绝对统治地位。他的《大希庇阿

---

① 牟宗三：《中国哲学的特质》，上海古籍出版社 2007 年版，第 5—6 页。

斯篇》就是第一篇关于美学的哲学之思。因此,古希腊之后的欧洲美学均以哲学思考的形式呈现。而中国古代作为农业社会,"与天地合其德"的人文主义精神是基本的文化理念。在周代,周公"制礼作乐",礼乐教化成为当时的生活形式,也成为一种政治制度。古代的"乐"是乐舞、乐曲、乐诗与乐歌等的综合,各类艺术都融会于"礼制"等政治活动之中。因此,孔子说:"不学诗,无以言"(《论语·季氏》),要求"诵《诗》三百"要达之于政,能够"专对"(《论语·子路》)。中国古代的教育,讲求"礼乐书数射御"等"六艺"并育,后世士人的修养也有"诗书琴画"兼通的要求。总之,在中国古代,艺术活动与政治、伦理、宗教等活动,甚至日常生活等都是紧密融合为一体的。从美学观念的呈现来看,中国历来"文笔"难分,哲学追求与艺术创造相关,哲学、美学的意识主要通过对艺术的论述,甚至通过文艺创作表现出来。宗白华就曾指出:"研究中国美学史的人应当打破过去的有些成见,而从中国极为丰富的艺术成就和艺人的艺术思想里,去考察中国美学思想的特点。"①由此,我们在研究中国"生生"美学之时,应将对艺术理论与艺术呈现的考察放到更加重要的位置,从中总结概括出"生生"美学的相关范畴。此外,我们还需要注意的是,"生生"美学作为中国传统的生活美学,同样也渗透于普通百姓日常的节庆活动、民间文化艺术之中,体现出中华民族对于生的期盼、祝福与感恩。

　　第一,诗歌之"意境"。"意境"是中国传统艺术中一个最基本的美学范畴,也是"生生"美学的重要范畴,反映了"意"与"境""天"与"人"的有机统一、相反相成,生成"象外之象""韵外之致"

---

① 宗白华:《漫话中国》,载《宗白华全集》第 3 卷,安徽教育出版社 2008 年版,第 393 页。

的生命力量。唐代王昌龄最早提出"意境"范畴，他在《诗格》中提出"诗有三境"之说，认为诗有"物境""情境""意境"。所谓"意境"，即"张之于意而思之于心，则得其真矣"。"意境"即"意"与"心"交相融会，呈现审美之"真"。王昌龄还认为，"诗有三思"，即"生思""感思"与"取思"，其中的"取思"，即"搜求于象，心入于境，神会于物，因心而得"（《诗格》）。"取思"是"意境"创造的途径，心与象、神与物由"取思"而相融相合，生成一种新的"意境"。在晚唐司空图看来，"意境"是一种"可望而不可置于眉睫之前"的"象外之象，景外之景"（《与极浦书》），这正是中国"生生"美学的特殊性所在。王国维在《人间词话》中以北宋宋祁的《玉楼春》词句为例阐释"意境"，说："'红杏枝头春意闹'，著一'闹'字，而境界全出。"宋祁《玉楼春》上片写道："东城渐觉风光好，縠皱波纹迎客棹。绿杨烟外晓寒轻，红杏枝头春意闹。"该词先记述早春时节驾船湖中划波游春之事，后即借景抒情，以绿杨在晓寒中轻摇与红杏在枝头开放相对，抒发对于春景的热爱与歌颂。一个"闹"字，既写出了红杏与绿杨相对的艳丽色彩，而且使红杏之鲜艳夺目与晓来轻寒对比，达到了"此时无声胜有声"的艺术效果。此词既充分抒发了诗人对于早春特有之春景的欣赏，对于大自然勃勃生机的歌颂。一个"闹"字，写出了生命的色彩与声音，写出了自然的生命力量。

第二，书法之"筋血骨肉"。"筋血骨肉"是中国书法艺术特有的美学范畴，也是东方传统文化的身体美学。这是通过书法抽象的点线笔画与雄健笔力形成一种艺术想象中的"筋血骨肉"。魏晋书法家卫夫人在《笔阵图》中指出："善笔力者多骨，不善笔力者多肉；多骨微肉者谓之筋书，多肉微骨者谓之墨猪；多力丰筋者圣，无力无筋者病。"这里的"骨"指笔力强劲，"肉"指笔弱而迹粗，

"筋书"指笔力瘦劲,"墨猪"则指笔力软弱,字形臃肿。宋代苏轼论书,指出:"书必有神、气、骨、肉、血,五者缺一,不为成书也。"(《论书》)所谓"血",即唐代张怀瓘论草书所谓的"血脉","字之体势,一笔而成,偶有不连,而血脉不断,及其连者,气候通其隔行"。(《书断》)"血"是各种书体的普遍要求,如宋姜夔论书,指出:"所贵乎穠纤间出,血脉相连,筋骨老健,风神洒落,姿态备具,真有真之态度,行有行之态度,草有草之态度。"(《续书谱》)"筋血骨肉"彰显了中国传统艺术特有的顶天立地、骨力强劲的生命之美。刘勰在《文心雕龙》中提出与此相关的"风骨"范畴,所谓"辞之待骨,如体之树骸",将"风骨"看作是文章的脊梁与支撑,意义非同寻常。

　　第三,绘画之"气韵生动"。"气韵生动"是中国绘画的基本美学范畴,也是中国"生生"美学最重要的美学范畴之一。南朝谢赫在《古画品录》中提出绘画的"六法"之说,第一即为"气韵生动",被视为绘画的最高境界。明代唐志契《绘画微言》对"气韵生动"有精到阐发:"气韵生动与烟润不同,世人妄指烟润为生动,殊为可笑。盖气者有笔气,有墨气,有色气;而又有气势,有气度,有气机,此间即谓之韵,而生动处则又非韵之可代矣。生者生生不穷,深远难尽;动者动而不板,活泼迎人。"可见,"气韵生动"主要表现为绘画的"气势""气度"与"气机"。有"气势"即生"韵","韵"是生生不已、生机活跃、深远难尽之美。因此,"气韵生动"是一种由象征生命之力的气势形成的生命的节奏韵律,具有无穷的韵味情志和活泼感人的生命力量。宗白华曾简约地概括道,气韵生动就是"生命的节奏",是"有节奏的生命"①。齐白石以"为万虫写照,为

---

① 宗白华:《论中西画法的渊源》,载《宗白华全集》第 2 卷,安徽教育出版社 2008 年版,第 109 页。

百鸟传神"的精神创作《虾图》，使一个个鲜活灵动、充满生命力量的虾跃然纸上。画上并没有画水，但一个个虾却俨然悠然于江海之中。

第四，戏曲之"虚拟表演"。"虚拟表演"是中国传统戏曲的重要艺术特点，不同于西方戏剧的实景实演，是一种虚实相生、演观一体的东方戏曲模式。宗白华指出，中国戏曲"演员集中精神用程式手法、舞蹈动作，'逼真地'表达出人物的内心情感和行动，就会使人忘掉对于剧中环境布景的要求，不需要环境布景阻碍表演的集中和灵活，'实景清而空景现'，留出空虚来让人物充分地表现剧情，剧中人和观众精神交流，深入艺术创作的最深意趣，这就是'真境逼而神境生'"①。在中国传统戏曲之中，布景、景致与空间都是虚拟的，戏曲的"环境"完全是通过演员的程式化表演表现出来的。这就是"实景清而空景现"。例如，剧中的万水千山只需跑龙套者在舞台上来回走几次，千军万马只由一个将官和几个小兵来象征地表演，上楼下楼只是演员端着灯模拟地走几步，如此等等。这种虚拟表演只靠演员在舞台上表演是完成不了的，它还要依靠观众的审美介入和与演员的精神交流。有学者将之称作是"反观式审美"，即观众调动自己的艺术想象，与演员共同完成艺术的创造。例如，川剧《秋江》的"赶潘"的情节，舞台上只有陈妙常与老艄翁两人，全凭老艄翁一支桨及其左右划桨动作，起起伏伏一上一下的表演，便表现出满江秋水波涛起伏的情景，甚至给人以晕船之感。这一切就必须依靠观众的反观式审美来完成。这就是所谓的"真境逼而神境生"。

---

① 宗白华：《中国艺术表现的虚和实》，载《宗白华全集》第 3 卷，安徽教育出版社 2008 年版，第 388 页。

第五,园林之"因借"。"因借"是中国园林艺术极为重要的因应自然,实现自然审美的美学与艺术原则,具有极为重要的价值意义。明代计成在《园冶》中提出"巧于因借,精在体宜"的观点,指出:"因者,随基势之高下,体形之端正,碍木删桠,泉流石注,互相借资,宜亭斯亭,宜榭斯榭,不妨偏径,顿置婉转,斯谓'精而合宜'者也。"所谓"因",指造园时要充分因顺、借助自然环境原有的"高下""端正"等形态,进行适宜的创造。关于"借",计成指出:"借者,园虽别内外,得景则无拘远近。晴峦耸秀,绀宇凌空,极目所至,俗则屏之,嘉则收之,不分町畽,尽为烟景。斯所谓'巧而得体'者也。"所谓"借",就是突破园林所构成的空间上的内外界限,使园内园外"无拘远近"都可"得景"。"借"以"得景"即风景的欣赏为原则。借景既是景致的丰富,更使中国园林不以静态观赏为主,而是在动态中多视角融入式观赏,是一种以动观静。这与当代西方环境美学提倡的融入式审美相切合。

第六,古琴之"琴德"。"琴德"是中国琴艺的重要美学范畴,是传统文化对于文人顺天敬地,效仿圣贤的高尚要求。魏竹林名士嵇康在《琴赋》中说:"愔愔琴德,不可测兮;体清心远,邈难极兮;良质美手,遇今世兮;纷纷翕响,冠众艺兮;识者音希,孰能珍兮;能尽雅琴,唯至人兮。"所谓"琴德",乃是和谐内敛,顺应自然的安和、静寂之德,要求抚琴者体清心远,良质美手,艺冠群艺,敬畏雅琴,以至人为榜样的境界。《礼记·乐记》说:"大乐与天地同和。"这其实是中国文化对音乐艺术的最高要求,也是对文人士大夫的艺术修养的普适性要求。因此,这也是一种"生生"美学的境界。嵇康清高孤傲,不肯向权势低头,最终为司马昭所杀。他临刑前,弹奏著名的《广陵散》,激昂高扬,听者无不为之动容。《广陵散》为我国十大古琴曲之一,据说来源于古代《聂政刺韩傀曲》。

聂政因为感念韩大夫严仲子的知遇之恩,孤身仗剑刺杀韩相侠累。后来,因为担心连累与自己相貌相近的姐姐,慨然毁面挖眼,剖腹而死。嵇康死前弹奏此曲,以琴明志彰德。

　　第七,年画之"吉祥安康"。中国传统美学渗透于老百姓的日常生活,反映在普通的节庆与民间艺术之中。年画既是一种节庆艺术,又是老百姓的日常生活艺术。年画发端于汉代,发展于唐代,成熟于清代,其主要内容为驱凶避邪与祈福迎祥两大主题,体现了中国传统文化对于"元亨利贞"之美好生存的追求。首先是驱凶辟邪之门神。汉应劭《风俗通义》引《黄帝书》曰:"上古之时,有荼与郁垒昆弟二人,性能执鬼,度朔山上立桃树下,简阅百鬼,无道理,妄为人祸害,荼与郁垒缚以苇索,执以食虎。于是县官常于腊除夕,饰桃人,垂苇茭,画虎于门,皆追效于前事,冀以卫凶也。"[1]后代,门神逐渐从神荼、郁垒演变而为人格神钟馗、秦叔宝、张飞、尉迟恭等,以这些被人们敬畏的神与半神守卫在门,保佑着老百姓的平安吉祥。年画的另一个主题是祈福迎祥,祝福吉祥安康,包括五子夺魁、鲤鱼跳龙门、福禄寿三星、年年有鱼、倒写的福字与百子图等。此外,还有反映丰收生产的,诸如牧牛图、五谷丰登、大庆丰年等。这些都饱含着对生存的歌颂与期盼,是"生生"美学在日常生活与节庆中的体现。

　　以上,我们根据中国"生生"美学的基本精神,结合其在艺术上的表现,对中国传统美学若干范畴的内涵进行了重新阐释,意在揭示中国传统美学的"生生"美学底蕴,以期在当代生态美学建设上得到传承和发挥。这些阐释当然还是一种尝试。这些范畴不仅是对中国传统艺术经验和艺术特征的概括,而且深深地植根

----

[1] (汉)应劭:《风俗通义校注》,王利器校注,中华书局1981年版,第367页。

于"天人合一"的中国文化传统之中,融注着中国"生生"美学的精神,如何使之成为生态美学共同的理论范畴,并得到国际学者共情的理解和适度的接受,还有很多工作需要做。中国传统的"生生"美学完全能够作为生态美学之东方呈现而成为国际生态美学之重要组成部分。

第 四 编

生态文明建设

旅游与生态美学^①

旅游是人类自古以来就有的一种文化行为,所谓"读万卷书,行万里路",是古代文人的理想生活方式。但自 20 世纪中期"生态美学"这一新的美学理论形态诞生以后,旅游活动和视野应增添崭新的内容。这就是,抛弃旅游中传统的"人类中心主义"观念,建立旅游中人与自然"相互主体性"的生态审美关系。人类从 17 世纪以来进行大规模工业化的 300 年中,由于"工具理性"和"主体性"的极度膨胀,导致"人类中心主义"泛滥,过分迷信人的能力,夸大人在自然中的地位,信奉所谓"人是万物的主宰""人为自然立法"等错误观念,从而导致人与自然对立,生态危机不断,已使人类面临艾滋病、"非典"等一系列生存危机的严重挑战。因此,从 20 世纪中期以来,人类开始反思现代工业化过程中"人类中心主义"的种种弊端,提出人与自然"平等共生"的崭新生态观念,并由德国哲人海德格尔提出著名的"天地神人四方游戏说"崭新的生态审美观。这是一次社会文化与哲学的革命,必将影响包括旅游在内的人类各种文化生活行为和方式。

具体到旅游,从生态审美观的角度说就是人类通过旅游获得一种回归自然、亲近自然的本真的生态审美方式。这就要求在自

---

①原载《人文旅游》第 1 辑,潘立勇主编,浙江大学出版社 2005 年版。

然景点方面，倡导一种对自然原生态的保护，而不是从商业目的出发的对自然的大规模破坏和改造，也不是大量的令人倒胃口的假古董的建设。而对于旅游者来说，应该倡导对自然的尊重、同情和热爱，而不是践踏破坏自然风貌，暴殄珍稀物种。著名英国历史学家汤因比将大自然比作人类的母亲。因此，旅游应该怀抱一种回到母亲怀抱的特有的敬意和亲情。人类来自自然，最后又回到自然，亲近自然是人类本性的表现。让我们使旅游成为一种极为高雅庄重的回归人性之旅，获得审美生存之旅。

关于城市生态文化建设的思考[①]

一、文化生态与自然生态以及文化生态危机产生的原因

在当代,文化生态问题与自然生态问题是紧密相连的。大家知道,从 20 世纪中期开始,人类对于工业文明的反思进入更深的层次,提出工业文明自身难以逾越的二律背反的问题。那就是人的生存状态美化与非美化的二律背反。在这种二律背反中既包含人与自然的紧张关系,也包含人的精神领域危机的加剧,这种二律背反是对于人的整个生存状态的当下描述。由此就出现了人类文明形态转型的紧迫需要,这就是由工业文明到当代生态文明的经济社会转型。其标志就是联合国于 1972 年发布著名的《人类环境宣言》,正式将环境问题作为全人类的重大问题提到议事日程。我国也于 20 世纪 70 年代提出可持续发展问题,最近更加明确提出建设"环境友好型社会"问题。这是一种巨大的社会文化转型,意义深远,表明生态观念已从自然领域深

①原载《城市文化评论》第 1 卷,高小康主编,上海三联书店 2006 年 5 月版。

化到哲学领域,目前进一步深化到整个社会文明领域,成为人类社会带有普世性的共同价值。因此,在当代全人类共同建设生态文明的新的形势下文化生态问题必然成为当代生态文明建设的重要内涵,成为当代生态文明建设的题中应有之义。而且,也可以说生态危机问题归根结底是一个文化问题。当前,由工业文明到生态文明的转型实际上是全人类文化态度的转变,由对自然与他者的敌视到共生共荣。如果文化生态建设不能到位,那么自然生态问题也不可能解决。从整个社会发展的角度来说,当代生态危机的产生是在文化态度错误的前提下造成整个社会的失衡。具体说来就是当代的生态危机与整个工业文明所坚持的单纯工具理性的思维模式及单纯追求经济的发展模式密切相关。这当然也必然导致文化的失衡。由此可见,当代文化生态问题产生的原因与自然生态问题产生的原因从根本上说是相同的。

二、生态主义强调尊重自然,同时也尊重文化群体的差异性和多样性

生态主义强调尊重自然,从文化生态的角度来看是否还应当强调尊重文化群体的差异性和多样性呢?

我们知道,所谓当代的生态主义从其主导的形态看实际上是一种当代的"生态整个主义"。这是针对工业文明时代的"人类中心主义"来说的。所谓"人类中心主义"是工业文明的特殊产物,建立于人类在科技发展的情况下对于人类理性精神与科技能力的盲目迷信,因而尊奉"主体性"的哲学原则,将"知识就

是力量""人类为自然立法"等作为自己的信条,将无节制地开发
自然与获取利益作为自己的行为目标。在这种极度张扬"主体
性"的情况下,人类不仅无度地掠夺自然,而且也必然导致集团
与个人利益的极度膨胀从而压制不同的文化形态。这也就是
"欧洲中心主义"等单边性的文化中心主义产生的重要原因之
一。事实证明,这种"人类中心主义"以及"主体性"的哲学原则
是有其极为明显的局限性的。因此,从20世纪中期开始就必然
地被逐步扬弃。首先是德里达的"去中心"重要观点的提出,他
通过结构主义的方法达到解构的目的,以中心既在结构之内又
在结构之外论证了结构在事实上的不存在。接着是福柯提出
"人的终极"也就是"人类中心主义"的"终极"。1973年,挪威哲
学家阿伦·奈斯正式提出"深层生态学",试图将生态理论运用
于人类社会与精神的深层领域,提出著名的"生态共生"的重要
思想。这就是一种人与万物在生物环链之中"共生共荣"与相对
平等的思想,具有极为重要的时代意义,成为当代具有代表性的
哲学理念。它也就是取代"人类中心主义"的"生态整体主义",
诚如《绿色和平哲学》所说,它具有哥白尼发现"日心说"那样的
革命的性质。"生态整体主义"的"共生共荣"思想作为一种当
代的哲学理念,不仅适用于人与自然的"共生共荣",而且也适
用于不同文化形态之间的"共生共荣"。因此,对不同文化之
间差异性与多样性的尊重就理所当然的是当代"生态整体主
义"的应有之义。由此可见,当代"生态整体主义"的"共生共
荣"理念已经成为当代哲学与文化领域的关键词,具有普遍的
价值与意义。

三、当代都市文化是否可能与传统文化、乡土文化以及民间文化形成多层次互补与共生的生态关系

城市文化与传统文化、乡土文化与民间文化之间的共生关系本来是理所当然的，没有什么问题的，但事实上却存在很大的问题。现在有一种看法认为中国当代文化的发展主要应该借鉴西方文化，而中国传统文化基本上没有什么价值，是一种前现代的阻碍当代科技发展的文化，例如认为《易经》阻碍了中国科技发展等。因此，当代文化建设面临着一个十分重要的现代与传统的关系问题。从当代生态哲学的角度来看现代城市文化与传统文化当然是一种"共生共荣"的关系；不仅如此，更为重要的是传统文化是整个中国现代民族文化发展的生命之根。曾经有人认为共同的地域、语言、经济与生活构成了统一的民族，但实践证明这是将民族的内涵局限得太狭窄了。事实上民族就是一种文化的认同，凡是认同中华传统文化的人们就是中华民族的一员。因此，传统文化作为一种中国人特定的生存方式就是一个民族的文化身份之所在，是一个民族之根与精神的家园。如果我们连自己的传统文化都丢弃了，那么我们将找不到自己的精神依归。当然传统文化也不能原封不动地拿来，而必须经过现代的改造与转换，吸取其精华，剔除其糟粕。

四、文化发展中如何处理普遍的
人文价值的追求与不同文化
群体认同的关系

当然,两者之间也是一种共在共生的关系。但事实上在当代这却涉及极为复杂的全球化与本土化的关系问题,目前不仅有美国学者亨廷顿提出著名的"文明冲突论",试图以西方文明取代其他文明,而且在当前经济全球化的过程中也存在西方发达国家凭借其经济与科技、甚至是语言的优势推行其文化价值观,试图走文化全球化之路。但这是不可能行得通的。因为,文化是与一个民族国家的产生、生存、发展、传统与历史密切相关的,是难以甚至是不可能被任何其他文化所取代的,在文化问题上只能走多样化与共生共荣之路。西方以"和谐"为其特征的古希腊与希伯来文化同中国以"天人合一"为其特征的东方文化,都是特定历史的产物,诞育了几千年的中西文明,都是人类文明之花。在新的时代,这两种文明只有走交流对话、比较融合之路,才是当代文化建设的康庄大道。

五、当代城市文化发展是否
有可能从反生态转向
生态化的城市文明

城市化与生态化可以是矛盾的,也可以是统一的,关键是确立一种健康的态度,这种健康的态度就是生态存在论审美观的立场与态度,即在城市化的过程中将人的美好的生存、诗意地栖居放在最重要的位置之上。现代化带来了城市化,这是历史发展的必然。但人类一切活动的目的都不是活动本身而是人的美好生存。因此,城市化在给人们提供更多获取经济利益机会的同时更应给人们提供美好的生存环境,这恰是人类走向更加文明的标志。利奥波德在《野生动物管理》一书中指出,人类应该在稠密居住的同时具有不污染与不掠夺环境的能力,"而是否具备这种能力才是检验人是否文明的真正标准"。联合国在 1972 年发布的《人类环境宣言》中提出应该将人的生存权扩大到"在美好环境中过有尊严生活"之环境权。因此,城市化进程中由反生态到生态化的转变关键是改变人们的文化立场与文化态度,确立生态存在论审美观的立场与态度。

六、如何看待当今城市建设中对民俗 与民间文化的关注和开发

当前城市建设中对民间与民俗文化的重视也有一个立场与态度问题,应该做到经济效益与社会效益的统一而将社会效益放在最重要的位置。因为许多民间与民俗文化作为人类的非物质文化遗产是整个人类的瑰宝与财富,它的保护对于人类的文化传承具有极大的作用。但遗憾的是目前城市化过程中对于民间与民俗文化的开发主要从经济效益着眼,因此出现利用过多保护不够、真正的文化遗产保护不够,假的遗产制造过多的不正常现象。这种情况反映了我们在文化问题上还很不成熟,还需要一个漫长的过程。回想我们国家有那么多的文化遗产遭到破坏任其流失,而且现在仍然在继续遭到破坏和流失,每一个有民族良心的人心中都在流血,但愿这种情况愈来愈快地得到制止。我们坚信,中

华民族作为具有悠久历史的伟大民族一定会尽快在生态与文化问题上愈来愈成熟,我们的现代化一定并只能与文化的昌盛相伴,从而给广大人民带来更加富裕与美好的生活。

试论和谐论生态观^①

中国在 2007 年 10 月明确地将建设生态文明作为实现全面建设小康社会奋斗目标的新要求。胡锦涛同志《在党的第十七届一中全会上的讲话》中提出,要求在全社会牢牢树立起"人与自然和谐发展"的生态文明观念。这是一种新的和谐论生态观,反映了当代经济社会与文化发展的方向,包含着中国优秀传统文化的因素,是有中国特色社会主义理论的有机组成部分。

一

和谐论生态观包含着十分丰富的内涵,具有鲜明的时代性,是 20 世纪 70 年代后新的生态文明时代出现的反映人与自然关系的一种崭新的生态观念。一定的思想观念是一定经济社会的产物,一定的生态观念也必然产生于一定的经济社会基础之上。狩猎与农耕时代,因生产力低下,产生了自然膜拜论生态观,表现为"万物有灵论"的盛行,巫术与图腾成为当时人们生活中的重要内容;17 世纪开始的工业革命时代,科技的发展,先进机械与石化工业以及核电能源的大量利用,使得人类具有了愈来愈强的改造

①原载《社会科学战线》2012 年第 2 期。

自然甚至是改变地球环境的能力,这就是所谓"人类世"的出现,产生了"人类中心论生态观";而以 1972 年召开的联合国环境会议及其发表的宣言为标志,人类社会开始进入生态文明新时代。总结以往,开辟未来,从观念与经济社会发展等多个层面矫正工业革命与"人类中心主义"的弊端,产生了"生态中心论"与"和谐论生态观"等多种生态观念。中国力主"和谐论生态观","坚持生产发展、生活富裕、生态良好的文明发展道路,建设资源节约型、环境友好型社会,实现速度和结构质量效益相统一、经济发展和人口资源环境相协调,使人民在良好生态环境中生产生活,实现经济社会永续发展"。事实告诉我们,"和谐论生态观"只能是后工业的生态文明在新时代的产物,是人类反思、总结工业革命的成果。

现在的问题是,有相当一些人对于"人类中心论生态观"必然退出历史舞台不能理解,因而对于新的"和谐论生态观"不能心悦诚服地接受,导致实践中仍然按照人类中心论"一切从人出发而不顾及自然"的原则行事,其后果当然是严重的。任何一种思想观念都是历史的,在历史中形成发展并在历史中退场,不可能存在永恒不变的思想观念。在古代的中国和西方,人们都是敬神的,都崇尚"自然膜拜论生态观",只是从文艺复兴特别是工业革命开始"人类中心论生态观"才逐步代替"自然膜拜论生态观"占据统治地位。历史证明,以"人类中心论"为标志之一的工业革命给人类文明带来了巨变,促进了人类社会的进步,但也因其片面性而造成恶劣的自然环境污染的后果,使经济社会的发展难以为继,这就是 20 世纪 50 年代开始"人类中心论生态观"逐步退出与"和谐论生态观"逐步出场的原因。法国著名哲学家福柯于 1966 年在《词与物》一书中宣告工具理性主导的"人类中心主义"的哲学时代结束,并将迎来一个新的哲学时代。福柯指出:"在我们今天,并且尼采仍然从远处表明了转折点,已被断言的,并不是上帝的不在场或死亡,而是人的终结。"①

这里所谓"人的终结"就是"人类中心主义"的终结。他进一步阐述说:"我们易于认为:自从人发现自己并不处于创造的中心,并不处于空间的中间,甚至也许并非生命的顶端和最后阶段以来,人已从自身之中解放出来了;当然,人不再是世界王国的主人,人不再在存在的中心处进行统治……"②但我们可以明确地说,这是一个新的生态文明的时代以及与之相应的"和谐论生态观"兴盛发展的新时代。

它的产生其实是一场社会与哲学的革命。正如著名的"绿色和平哲学"所阐述的那样:"这个简单的字眼——'生态学',却代表了一个革命性观念,与哥白尼天体革命一样,具有重大的突破意义。哥白尼告诉我们,地球并非宇宙中心;生态学同样告诉我们,人类也并非这一星球的中心。生态学并告诉我们,整个地球也是我们人体的一部分,我们必须像尊重自己一样,加以尊重。"③因此,"和谐论生态观"是对传统哲学观与价值观基本范式的一种革命性的颠覆。

中国提出建设生态文明目标与"和谐论生态观"也是一种历史的选择。从1978年新时期以来,中国历经30多年的现代化历

---

①[法]米歇尔·福柯:《词与物》,莫伟民译,生活·读书·新知三联书店2001年版,第503页。
②[法]米歇尔·福柯:《词与物》,莫伟民译,生活·读书·新知三联书店2001年版,第454页。
③转引自冯沪祥《人、自然与文化》,人民文学出版社1996年版,第532页。

程,取得举世瞩目、前所未有的巨大进步,但也付出包括自然环境在内的巨大代价。中国在 30 年时间中走过了西方发达国家 200 年的工业化历程,但也在短时间内使得环境污染问题集中发生,传统的发展模式难以为继。正是在这样的情况下,中国明智而及时地改变发展模式与理念,适时提出生态文明建设目标与"和谐论生态观",这是符合国情的历史的必然,是符合国家与人民利益的重大举措。我们清醒地认识到,中国与发达国家的差距不仅表现在单纯的经济发展指标上,而且表现在生态文明建设的水平上,在产业结构、能源消耗、自然资源储量以及生态环境质量等方面都处于较低的发展水平。因此,生态文明建设目标的确立与"和谐论生态观"的提出都是历史的需要与必然。可能会有人提出:我们为什么不早就提出生态文明建设与"和谐论生态观"? 我们认为应从历史发展的角度来认识这一问题。生态文明建设与"和谐论生态观"是"后工业"的生态文明时代的产物,它的提出是需要必要的经济社会基础的,在工业化还没有任何基础的情况下是不可能也没有条件提出生态文明建设目标与"和谐论生态观"的。只有在中国经过 30 年的艰苦现代化历程的今天,才有条件与能力提出上述课题。因为,生态文明建设与"和谐论生态观"的实行是需要相当的经济与科技实力的。如果说在工业化前期,我们主要是向地球母亲索取的话,那么只有在我们有了一定经济与科技力量的今天才有能力反哺于地球母亲,建设更加美好的地球家园。

　　总之,从时代的历史的角度认识生态文明目标与"和谐论生态观"的提出与实行,是一种马克思主义历史唯物论的立场与视角,上述课题的提出是一种历史的进步,是对工业革命与"人类中心论生态观"的一种扬弃而不是抛弃,是对既往的继承发展,而不是另走新路。它不是退回到过去,而是在过去的基础上更好地前进,走向一个更加美好的新时代。

二

"和谐论生态观"具有巨大的综合性与包容性,是当下具有极大可行性的生态观念。人类进入 21 世纪,科技发展到前所未有的水平,"自然膜拜论生态观"难有市场,而"人类中心论"与"生态中心论"生态观仍有市场,两者一直处于激辩的胶着状态。但事实证明,这两种生态观都是难以实行的。目前,西方生态理论领域面临着极为尖锐激烈的论争,论争的双方坚持着"生态中心论"与"人类中心论"截然不同的文化哲学立场。从现实可行性来说,"和谐论生态观"最具生命力,因为这种生态观不仅适应时代的要求,而且包含着中国古代"中和论"传统哲学的生命活力,具有空前的包容性,成为解决当代经济社会领域在生态问题上尖锐冲突的良方。"中和论"是中国古代一种极为宏观的以"天人合一"为基本内涵的生态自然观,力主天人相和,道法自然;和而不同,和实生物;中和中庸,过犹不及等,上述古典形态的哲学理念经过当代改造,在目前"生态中心论"与"人类中心论"的冲突中有着特殊的协调作用。首先是"和谐论生态观"之"中和论"因其立足"天地位焉,万物育焉"的宏观视野之上及其"中和中庸"的特殊东方式思维方法,所以能够包容"生态中心论"的重视万物之价值的优长,又能包容"人类中心论"关注人类福祉、重视科技的特点。同时又能克服两者的缺陷,首先是克服"生态中心论"只见物不见人的缺陷,强调重视人类的应有利益与福祉;其次克服"人类中心论"只见人不见物以及唯科技主义的缺陷,强调在"天人之际"的宏阔背景下人与万物的关联性以及兼顾天人的"双赢"等。

特别在"生态中心论"与"人类中心论"相持不下的哲学观与价值观方面,和谐论生态观之中的"中和论"思想具有极为有效的调和功能。从哲学观来说,"人类中心论生态观"生成于工业革命之时,以主客二分的科技世界观为其哲学基础,必然导致将自然生态看做人类的对立面,两者无法调和;"生态中心论生态观"产生于对人类中心论的反思,但走向另外一个极端,过分看重自然生态,同样是将人与自然对立起来,两者无法调和。"和谐论生态观"之"中和论"思想强调"天人之和",在"天地人"三才相生相克的系统中构建天地万物之关系,是一种混沌的"太极式"哲学思维,足以调和主体与客体、人与自然。

再从价值观来看,"生态中心论"强调自然生态的"内在价值",强调应该将"天赋人权"扩张到自然万物,力主自然万物与人具有平等的价值与权利。而"人类中心论生态观"则强调价值是对人而言的,只有人作为唯一有理性的存在物,才生而有价值并能自主实现其价值,自然万物没有理性不可能有其价值。这就导致了对于自然的无限制的开发与掠夺,造成极为严重的生态环境危机。总之,两者争论得难解难分。例如,对于"生态中心论"力主人与万物价值的平等,有的理论家就认为这种理论必然导致反人类。著名的生态理论家、美国前副总统、诺贝尔和平奖获得者阿尔·戈尔就有这样的观点。他在《濒临失衡的地球》中说:"有个名叫'深层生态主义者'的团体现在名声日隆。它用一种灾病来比喻人与自然的关系。按照这一说法,人类的作用有如病原体,是一种使地球出疹发烧的细菌,威胁着地球基本的生命机能……他们犯了一个相反的错误,即几乎从物质主义来定义与地球的关系——仿佛我们只是些人形皮囊,命里注定要干本能的坏事,不具有智慧或自由意志来处理和改变自己的生存方式。"①戈尔的批评可能比较激烈,但如果"生态中心论"力主人与万物的绝对平等,那就可能导致人无法正常生存,实际上是行不通的。但"和谐论生态观",特别是其"中和论"思想则以折中的立场将两者协调起来。"中和论"力主"和而不同","万物并育而不相害",特别是其"中和中庸"的"过犹不及"思想使得在价值论上"生态中心论"与"人类中心论"两种理论都能采取节制的态度,走向价值与权利的相对平等,并使人作为唯一有理性的存在者承担更多的价值责任。这正是当代有眼光的生态理论家所选择的价值立场。所谓相对平等即为"生物环链之中的平等",人类将会同宇宙万物一样享有自己在生物环链之中应有的生存发展的权利,而不去破坏生物环链所应有的平衡。正如阿伦·奈斯所说,生态整体主义之生态平等则是"原则上的生物圈平等主义,亦即生物圈中的所有事物都拥有的生存和繁荣的平等权利"②。

当代,尽管"人类中心主义"与"生态中心主义"的论争非常尖锐,但历史发展的趋势却是走向两者的综合——"生态和谐观"。这种"生态和谐观"首先蕴含在一些持"生态中心主义"观念的理论家的理论体系之中。例如,大家非常熟悉的奥尔多·利奥波德就在其著名的生态哲学论著《沙乡年鉴》中提出"生态共同体"的重要观念。他认为,整个生态系统就是一个"生物金字塔"或"土地金字塔",是一个不同部分之间协作和竞争的"共同体",组成部分包括"土壤、水、植物和动物,或者把它们概括起来:土地"。他

---

① 转引自雷毅《深层生态学思想研究》,清华大学出版社 2001 年版,第 136、137 页。

② 转引自雷毅《深层生态学思想研究》,清华大学出版社 2001 年版,第 49 页。

说:"大地伦理是要把人类以征服者的面目出现的角色,变成这个共同体中的平等的一员和公民。它暗含着对每个成员的尊重,也包括对这个共同体本身的尊重。"①他的"生态共同体"的思想就是建立在"生物环链"基础之上的。蕾切尔·卡逊在《寂静的春天》中具体论述了这个生物环链。她说:"这个环链从浮游生物的像尘土一样微小的绿色细胞开始,通过很小的水蚤进入噬食浮游生物的鱼体,而鱼又被其他的鱼、鸟、貂、浣熊所吃掉,这是一个从生命到生命的无穷的物质循环过程。"②正是因为有生物环链,所以才有生态共同体的存在。而且只有通过生物环链,自然才能保持平衡。所以,当代生态理论家大卫·雷·格里芬指出,人类"必须轻轻地走过这个世界,仅仅使用我们必须使用的东西,为我们的邻居和后代保持生态平衡"③。从这种"生物环链"之中的相对"生态平等"出发,"生态中心"原则主张"普遍共生"与"生态自我"的原则,主张人类与自然休戚与共,将人类的"自我"扩大到自然万物,成为人与自然是主体间平等对话的关系,即"主体间性"关系。这种生态世界观不仅不是反人类的,反而是以人的更加美好的"生存"为其出发点的,实际上是一种更加宽泛的人道主义——普适性的仁爱精神。因此,这种"生态中心主义"原则中有关生物环链中"相对平等"的观点是有其理论与实践的合理性的。

由此可见,有机统一、生态整体、生物环链、大我、共生、生态

①[美]奥尔多·利奥波德:《沙乡年鉴》,侯文蕙译,吉林人民出版社 1997 年版,第 193 页。

②[美]蕾切尔·卡逊:《寂静的春天》,吕瑞兰、李长生译,科学出版社 1979 年版,第 48 页。

③[美]大卫·雷·格里芬:《后现代精神》,王成兵译,中央编译出版社 1998 年版,第 227 页。

和谐已经成为现代国际生态理论的重要关键词，是其理论发展的重要趋势。走向"生态中心"与"人类中心"的统一，走向"和谐论生态观"是当代世界生态理论的历史发展趋势。

三

"和谐论生态观"作为中国科学发展观的组成部分反映了当代形态的生态人文主义的发展方向，也包含着科学发展观之中"以人为本"的核心价值。

本来"和谐论生态观"是对人类中心主义的一种反拨，表面看来与人文主义好像没有什么关系，但因其是科学发展观的有机组成部分，所以实际上包含着更加深刻、更加现代的人文主义精神——"生态人文主义"精神。众所周知，"人文主义"是传统"人类中心主义"的主要内容，其主要表现就是对于"主体性"的倡导，而主体性恰恰成为导致只顾人的需要不顾自然环境的纯经济发展论的重要理论根源，是需要被消解的理论形态之一。但这并不意味着人文主义从此退场，事实证明，人文主义精神始终是所有时代的主旋律。但历史唯物论与唯物辩证法告诉我们，没有永恒不变的"人文主义"，只有不断随着时代前进的人文主义。"主体性"作为工业革命时代的人文主义精神，由于忽视了人与自然生态联系的本性以及自然生态在人的生存中的极为重要的作用，所以这种人文主义精神是不完善的，必将在历史的发展中充实新的内容。"和谐论生态观"所包含的中国古典"中和论"哲学思想本身就具有中国古典形态的生态人文主义精神。所谓"天人合一"即为人文与天文、地文的相生相克，就是对于天人相和、风调雨顺、万物丰茂、人畜兴旺的期盼。《周易》中的"生生之谓易""元亨利贞"四德即是这样的意思。同时,"中和论"还包含着中国古典形态的"仁爱精神",力倡"仁者爱人""己所不欲,勿施于人""民胞物与"等,这些思想恰恰与当代生态理论"由己及物"的"金规律"相吻合。当代以来,在对传统的"人类中心主义"的"主体性"人文主义进行必要的批评之后,国际生态理论界的有关学者提出了"生态人文主义"的重要思想。早在20世纪70年代,美国拉特格斯大学生物学教授戴维·埃伦菲尔德就认为,环境问题的根源可归结为"人道主义的僭妄"。他认为传统的人道主义是人类中心主义,只关注人的利益,而不关注与人的利益密切相关的自然的利益。①　因此,旧人文主义随着"人类中心主义"走向瓦解而必然地走向解体,时代呼唤一种新的人文主义的产生。

众所周知,启蒙主义以来,通常的人文主义是"人类中心主义"的,在此前提下,人与自然生态处于宿命的对立状态,不可能将生态观、人文观与审美观三者统一起来。而新的建立在人的生态本性基础之上的生态人文主义则能够将以上三者加以统一。

所谓"生态人文主义"实际上是对"人类中心主义"与"生态中心主义"的一种综合与调和,是人文主义在当代的发展与延伸。而"生态人文主义"得以成立的根据就是人的生态本性,也就是我们人类天生具有一种对自然生态亲和热爱并由此获得美好生存的愿望。这种"生态人文主义"正是新的生态观建设的哲学与理论依据。它实际上是生态文明时代的一种新的人文精神,是一种

---

① [美]罗德里克·弗雷泽·纳什:《大自然的权利》,杨通进译,青岛出版社1999年版,第97、98页。

包含了"生态维度"的更彻底、更全面、更具有时代性的人文主义精神,也可将其叫做生态人文主义精神。

在此前提下,新的"和谐论生态观"包括这样两个层面的内涵。从文化方面来说主要是人的相对价值与自然的相对价值的统一。这也是我们通过"生态人文主义"对"生态中心论"与"人类中心论"的一种调和。因为,"生态中心论"主张自然生态的绝对价值,必然导致对于人的需求与价值的彻底否定,从而走向对于人的否定。这是一条走不通的路。而"人类中心论"则将人的需求与价值加以无限制扩大,从而造成对于自然生态的严重破坏。历史已经证明,这必将危害到人类自身的利益,也是一条走不通的道路。正确的道路只有一条,那就是在"生态人文主义"的原则下承认两方价值的相对性并将其统一,这才是一条"共生"的可行之路。这种"共生"之路的重要内涵就是将良好的自然生态环境作为人的生产建设与美好生存的重要前提与基础。正是在这种"共生"原则指导下,中国在社会发展上贯彻社会经济发展与环境保护"双赢"的方针,走建设环境友好型社会之路;而在代际关系上贯彻代际平等原则,兼顾当代与后代利益,真正做到可持续发展。

四

"和谐论生态观"作为科学发展观的组成部分,是马克思主义社会主义理论在新时代的继承与发展。

首先是继承了马克思主义的共产主义理论。马克思在《1844年经济学哲学手稿》(以下简称《手稿》)中论述共产主义时说道:"这种共产主义,作为完成了的自然主义,等于人道主义,而作为完成了的人道主义,等于自然主义,它是人和自然之间、人和人之间矛盾的真正解决……"①恩格斯则在《自然辩证法》中预言一个有计划生产和分配的自觉的社会组织才能够把人从动物中提升出来,自如地处理人与自然的关系。②中国的"和谐论生态观"则在马克思主义经典理论家论述的基础上,以自己优越的社会制度使得马克思与恩格斯的理论成为现实,正式列入中国特色社会主义理论的体系之中,并付诸实践。

其次是在马克思主义生产观上有着重要的继承。马克思在《手稿》中论述对于"异化"劳动的克服时提出"按照美的规律建造"的马克思主义生产观。他说:"动物只是按照它所属的那个种的尺度和需要来建造,而人却懂得按照任何一个种的尺度来进行生产,并且懂得怎样把内在的尺度运用到对象上去;因此,人也按照美的规律来建造。"③在这里马克思提出了种的尺度与人的内在尺度统一地按照美的规律建造的未来社会生产论。和谐论生态观就是力图将自然生态规律与人的需要相统一,是真正按照美的规律来生产,不仅是生产出美的产品,更重要这是一种创造人的美好生存的生产。

第三是对马克思对资本主义生产弊端有力批判的继承。马克思在《手稿》与《资本论》中对于资本主义制度及其生产进行了有力的批判,那就是马克思尖锐地指出资本主义生产是对人与自然的双重掠夺,也造成人与自然的双重"异化"。"和谐论生态观"就是对于马克思这种批判的继承,并以实践解决这种极为严重的

①《马克思恩格斯全集》第42卷,人民出版社1979年版,第120页。
②《马克思恩格斯选集》第3卷,人民出版社1972年版,第458页。
③《马克思恩格斯全集》第42卷,人民出版社1979年版,第97页。

双重掠夺与双重"异化",具有极为重要的价值与意义。

　　第四,"和谐论生态观"是对马克思主义自然观的继承。马克思主义创始人在资本主义兴盛、"人类中心主义"发展之时,就清醒地看到其明显弊端并力倡人与自然联系性的重要观点。马克思曾经明确地指出,"人直接地是自然存在物"①,阐明了人来自自然并与自然一体的根本特点。同时马克思还对正在不断发展的资本主义生产对自然环境的污染进行了极为严厉的批判。他曾经针对正在蓬勃兴起的重化工业对于大地与河水的污染明确指出:"但是每当有了一项新的发明,每当工业前进一步,就有一块新的地盘从这个领域划出去……"②恩格斯曾经对于人与自然的关系深刻地指出:"我们连同我们的肉、血和头脑都是属于自然界,存在于自然界的……"③他还对于人类无休止地掠夺自然提出自己的警告:"但是我们不要过分陶醉于我们对于自然界的胜利。对于每一次这样的胜利,自然界都报复了我们。"④"和谐论生态观"继承了马克思主义创始人的精辟生态理论,立足于人与自然的联系,立足于对于严重生态环境污染的克服,在新的时代从理论与实践两个方面给予新的发展。

　　第五,"和谐论生态观"也是对于马克思主义共产主义理论的丰富与发展。马克思与恩格斯在《共产党宣言》中提出著名的两个决裂:"共产主义革命就是同传统的所有制关系实行最彻底的决裂;毫不奇怪,它在自己的发展进程中要同传统的观念实行最

---

① 《马克思恩格斯全集》第42卷,人民出版社1979年版,第167页。
② 《马克思恩格斯全集》第42卷,人民出版社1979年版,第369页。
③ 《马克思恩格斯选集》第3卷,人民出版社1972年版,第518页。
④ 《马克思恩格斯选集》第3卷,人民出版社1972年版,第517页。

彻底的决裂。"①"和谐论生态观"对马克思主义创始人这一有关
两个决裂的论述进行了丰富与发展,标志着在新的时代共产主义
事业必须与传统的自然观实行彻底的决裂,改变传统的掠夺自然
的行为,走向人与自然的和谐共生。

在价值论上,马克思曾经非常明智地以社会必要劳动时间来
衡量产品的价值,对空气与水等无需人力的自然资源做出"使用
价值"的结论,这在当时是有理由的。但在生态文明时代的今天,
在自然资源已经极为稀缺的情况下,"和谐论生态观"将包括空气
与水在内的自然资源放在了非常重要的位置,将其作为人类生产
与生存的必要基础与前提加以提出,是对马克思主义生产价值观
的发展。"和谐论生态观"还有一个新的特点,那就是它是中国化
的马克思主义生态理论。它不仅吸收了中国古代悠久丰富的包
括"中和论"在内的各种生态理论,而且针对中国当代现代化规模
空前的伟大实践,具有极为重要的中国特色与意义价值。

十分重要的是,马克思主义创始人当年由于时代与历史的原
因没有将其生态理论加以实施的条件,而今天我们已经有条件将
马克思主义的有关生态观落实于各项政策法规与建设目标之中,
使其成为实践行为,并有在实践中加以总结与发展的可能。我们
相信,"和谐论生态观"这一新时代的马克思主义生态理论一定会
在 13 亿中国人民的伟大实践中得到加强与发展,为中国与人类
做出更大贡献。

---

① 《马克思恩格斯选集》第 1 卷,人民出版社 1972 年版,第 272 页。

生态文明时代我们应有的
文化态度①

一、生态文明时代的到来

1972 年 6 月 5 日,世界第一次环境大会在瑞典斯德哥尔摩召开,发表了《人类环境宣言》,宣告环境问题成为人类共同的重要问题,标志着人类社会进入生态文明时代。2007 年 10 月,中国第十七次党代会正式提出"生态文明建设"目标,标志着中国进入生态文明新的发展阶段。生态文明时代的到来是社会历史发展的必然,人类社会形态均因资源的缺乏而发生更迭。原始人类是"狩猎时代",随着动物的缺乏开始代之以"农耕时代",而随着农业资源的紧缺,1782 年,瓦特蒸汽机的发明标志着人类进入工业革命时代,但随着化石能源的消耗加剧、地球的承载能力减弱,人类进入生态文明新时代。生态文明时代的到来面临着三个现实状况。

第一,"人类纪"的到来。这是由诺贝尔化学奖得主保罗·克鲁岑提出的。他认为,人和自然的相互作用加剧,人类成为影响自然环境演化的最重要力量,特别在过去的一个世纪,城市化速

①原载《徐州工程学院学报》2012 年第 4 期。

度加快了 10 倍,几代人将把几百万年形成的化石燃料消耗殆尽。

第二,"生态足迹"的空前紧迫。所谓生态足迹是指满足一个人的需要并吸收其产生的废料所需的土地面积。最近的一份《地球生命力报告》指出,人类劫掠自然资源的速度是资源置换速度的 1.5 倍;到 2030 年要想生产出足够的资源并吸收掉人类活动所产生的二氧化碳,需要两个地球才够用。

第三,中国是一个资源相对贫乏的国家,而且环境污染空前加剧。中国以占世界 7％的土地养活占世界 22％的人口,森林覆盖率却只有 20％,不到世界人均水平的 30％。人均淡水量是世界人均的 1/4,荒漠化土地相当于 14 个广东省并有扩大的趋势。中国污染相当严重,权威人士指出,发达国家几百年出现的问题,在我国最近 20 年里集中发生了,因此导致事故频发,问题严重,并且直接威胁人民的生存健康与经济的可持续发展。

二、生态文明时代我们 应有的文化态度

著名的罗马俱乐部负责人贝切伊认为,生态问题主要不是经济问题,也不是科技问题,而是文化问题、文化态度问题。所谓文化态度就是对于人与自然生态所涉及的各个方面的立场、态度与处理方式,包括经济、艺术与生活方式等各个方面。总之,随着生态文明时代的到来,人与自然的关系将发生根本性变化,人的文化态度必然相应地发生变化并进行调整。

第一,人对自然的部分"复魅"与工业革命时代人对自然的"祛魅"相对。所谓"魅"即精怪、鬼魅与妖狐等,带有浓厚的迷信色彩。在古代农业社会,由于科技不发达,人们对于自然现象不

了解,认为很多自然现象都有神灵凭附,因此有"魅"。工业革命时代随着人们科技水平的提高,认识自然的能力大大增强,自然开始退掉其神秘色彩,这就是所谓的"祛魅"。最早明确提出"祛魅"的是德国著名社会学家马克斯·韦伯,他于1904—1905年在《新教伦理与资本主义精神》一书中提出,具体表述为"把魔力从世界中排除出去"。而"复魅"则是美国当代哲学家大卫·雷·格里芬在《后现代精神》一书中提出的,即所谓"世界的返魅"。什么是世界的"复魅"呢?是否是重新回到农业社会的万物有灵时代?当然不是,而是要打破对于人的能力的过分迷信,打破人与自然的对立,部分恢复自然的神奇性、神圣性与潜在的审美性。自然"复魅"的典型代表是英国大气化学家詹姆斯·拉伍洛克于1972年提出著名的"盖亚定则",将地球比喻为希腊神话中的大地女神"盖亚"——大地不仅像母亲那样用乳汁哺育了人类与万物,而且自身也是有生命的,是能够进行光合作用等生命活动的有机体。所以人类应该敬畏自然,关爱地球的健康。

第二,人与自然的"共生",是对传统的"人类中心主义"的否定。所谓"人类中心主义",其意按照《韦伯斯特第三次新编国际词典》是指:"第一,人是宇宙的中心;第二,人是一切事物的尺度;第三,根据人类价值和经验解释或认知世界。"这是工业革命的产物,导致"人对自然的控制""人定胜天""人有多大胆,地有多大产"等错误理念产生,以及人对自然的无度开发与严重的环境污染。对"人类中心主义"较早提出严肃批评的是美国著名生态理论家雷切尔·卡逊,她于1962年出版了生态保护经典之作《寂静的春天》。该书虚构了美国中部一个村庄,因为农药DDT的污染而造成人死物亡,由繁华似锦的春天变成一片死寂的春天。在这本书中,她对"控制自然"的人类中心主义提出了严肃批判。她说:"控制自然这个词是一个妄自尊大的想象的产物,是当代生物学和哲学还处于低级阶段的产物。"并进一步发出警告说:"现在我们站在两条路的十字路口上。"一条是人类熟悉的控制自然之路,却会将人类引向灾难;另一条是与自然共生的、很少有人走过的道路,却"为我们提供了最后唯一的机会,让我们保住我们的地球"。为了批判所谓"控制自然"的人类中心主义、批判滥用农药的可恶行为,卡逊遭到前所未有的攻击并为此付出生命。

　　第三,经济建设与环境保护的"双赢",是对于片面发展的经济模式的否定。这里有两个问题,第一个问题是增长到底有没有极限,地球是否可以无止境地为人类的发展提供资源。1972年,由著名的罗马俱乐部负责组织发表了一本重要著作《增长的极限》回答了这个问题。罗马俱乐部是1968年成立的一个民间机构,其职能是从事有关全球性问题的宣传、咨询、预测与研究。其主要发起人为奥雷利奥·贝切伊,是意大利著名实业家、学者,他曾是菲亚特汽车公司高管、欧洲最大经济顾问公司"国际工程和经济顾问公司"总经理,在其事业如日中天之时,毅然退身从事对人类发展重大问题的研究,从1967年开始筹划并于1968年4月成立著名的罗马俱乐部。俱乐部委托麻省理工学院年轻科学家撰写了著名的《增长的极限》一书。该书先后三次修改后于1972年出版,第一次向人类发出在一个资源有限的地球上进行无限制的增长必然带来严重后果的警告,震惊世界!该书提出了著名的"生态足迹"理论,提出工业革命的缺失是"源"与"汇"的缺失,无限制发展必然导致严重后果。该书还向人类提出必须进行发展模式选择的问题:(1)无限制发展导致崩溃;(2)任其发展导致崩溃;(3)可持续发展走向美好未来三种选择。总之,该书提出了一个逐步被国际社会接受的论题"可持续发展",所谓可持续发展就是发展与环保的双赢。第二个问题是现代化是否只是经济现代化,这个回答也是否定的。事实证明,现代化不仅是经济现代化,而且还包括精神文明现代化,更为重要的是"生态现代化"。这是由血的教训换回来的结论,发达国家曾经为此付出沉重代价。环境污染造成严重后果,大家都知道的"伦敦雾"与"水俣病"事件就是明证。所谓"伦敦雾事件"是指 1952 年 12 月 4 日至 10 日,伦敦因冬季烧煤造成有毒雾蔓延,使得 4000 人死亡,此前也曾有过类似事件,这就是著名的"伦敦雾事件",英国为此出台了严格的环境法。所谓"水俣病"是指 1956 年日本熊本县水俣湾旁边的水俣镇,4 万人口中先后有 1 万人罹患一种中枢神经中毒的行动异常并导致死亡的"水俣病",原因是工业废水中汞污染鱼类,人食用鱼后造成此病。这只是工业化污染病例的一小部分,工业污染的严重事例还很多,正是这种严重后果才使发达国家将"生态现代化"作为现代化的必备条件。我国在 2007 年也将生态现代化作为我国发展的重要目标,所谓生态现代化就是发展与环保的双赢。

　　第四,确立适度消费的生活原则,否定无度消费的生活原则。首先要确立"适度消费"的生活原则,这不仅是由地球资源的紧缺造成的,而且还涉及一种新的土地伦理问题。所谓"土地伦理"是说人的伦理观念不仅要考虑个人与他人,而且要考虑土地与自然生态。对这一问题进行集中论述的是美国生态学家奥尔多·利奥波德,他是耶鲁大学林学专业的毕业生,曾任美国林业官,野生动物研究者、威斯康星大学教授,1948 年因救火而发病辞世。所著《沙乡年鉴》被称为"现代环境运动的一本新圣经"。在这本书中,利奥波德提出并论证了著名的土地伦理学,提出"土地共同体"的概念,认为土地不仅是土壤,还包括气候、水、植物、动物与人,人只是共同体中平等的一员,而且这种共同体其实是一种金字塔式的结构,最下层的、最基础的是土壤,上层的是植物,再上层就是动物,人处于金字塔之尖顶。人是最脆弱的,不能离开下面的任何一层。这个金字塔其实就是一种生命的链环,不能加以破坏。因此,他所概括的土地伦理学就是:一个事物,只有在它有助于保持生物共同体的和谐、稳定和美丽的时候,才是正确的;否则,它就是错误的。适度消费,保护共同体的稳定恰恰是土地伦理学的要求,也是保持生命链环的需要。

还有一位真正实践适度消费的生态理论家,那就是亨利·梭罗。他是美国著名的生态理论家,他的作品《瓦尔登湖》成为现代生态哲学、生态伦理学与生态文学的启示性作品。他的经历非常简单,就学于哈佛大学,毕业后在家乡中学执教两年,此后做过著名作家爱默生的助手。他为了体验最简单的生活,于 1845 年 3 月至 1847 年 5 月,凭借着借来的一把斧头走进家乡的瓦尔登湖,借助最简单的劳动独立生活了 26 个月。他在这 26 个月中伐木建屋,开荒种地,泛舟钓鱼。他在物欲膨胀、金钱拜物的潮流中,试图通过一种原始本真的生活来疗救人类。他亲身感受到,仅凭一把刀、一柄斧子、一把铲子与一辆手车和辛勤的双手,每年只需工作六个星期就足够支持一切生活开销,其余大部分时间可以用来读书和体验自然。他说:"大部分的奢侈品,大部分的所谓生活的舒适,非但没有必要,而且对人类进步大有妨碍。所以,关于奢侈与舒适,最明智的人生活得甚至比穷人更加简单朴素。"

第五,确立"绿色"的有机建设原则,否定"灰色"的、无机非生命建设原则。目前正值我国大规模的城市化过程,执行什么样的建设原则是至关重要的。

梁思成先生通过中国古建筑研究,对于中国传统建筑理念十分推崇,而其弟子吴良镛院士则在此基础上提出了"有机生存论建设"的思想。这是对于中国古代建筑思想的继承发扬,强调城市建设的有机生命性,背山靠水,坐南朝北,地干通风,有机循环,有利于人的栖息修养和身体健康。整个人类的聚居地应该是充满生气的,有利于生命健康的,这就是建筑的基本原则。应该否弃一色的水泥森林,到处是硬化不透气,无法上下循环,不利于生命健康。这其实是一种无机的非生命的"灰色"建筑理念,是需要加以排除的。

第六,确立天地境界论生态审美观,否定"自然的人化"的功利主义自然审美观。长期以来,我们在自然审美问题上都力主一种"自然的人化"的审美原则,这其实是错误的,只立足于人类利益与自然对立并加以控制的审美观,造成一种"审美的剥夺"。冯友兰先生力主一种天地境界论,他将人生境界归结为自然、功利、道德与天地四种境界。他说:"一个人可能了解到超乎社会整体之上还有一个更大的整体,即宇宙。他不仅是社会的一员,同时还是宇宙的一员。他是社会组织的公民,同时还是孟子所说的'天民'。有这种觉解,他就为宇宙的利益而做各种事。他了解他所做的事的意义,自觉他正在做他所做的事。这种觉解为他构成了最高的人生境界,就是我所说的天地境界。"这种"天地境界"是一种审美的终极关怀境界,是从空阔的宇宙整体与长远的人类未来出发的境界,是一种将关爱自然与关爱人类相结合的生态审美的境界。

第七,确立中华传统生态智慧的自信与自觉,走出欧洲中心主义。在新世纪,人类进入生态文明新时代,中华传统文化中的生态智慧将起到新的作用。如果说在工业革命时代,中华传统生态文化中的模糊与朦胧难以被西方工具理性接受的话,那么,这种与主客对立不相容的古代文化倒恰恰与后工业文明的生态文化相衔接。儒家的"天人合一""民胞物与",道家的"道法自然""万物齐一",佛家的"众生平等""佛心清净"等,均具有当代价值,在经过现代科学的洗礼后,都能成为建设新世纪生态文化的重要资源。

当代著名宗教哲学家大卫·雷·格里芬在《和平与后现代范式》一文中曾有描述:我们必须轻轻地走过这个世界,仅仅使用我们必须使用的东西,为我们的邻居与后代保持生态的平衡,这些意识将成为"常识"。

生态文明理论的
内涵与价值意义 ①

　　中国特色社会主义生态文明,是以全体人民的共享生态权为其旨归的,是立足本国来建设生态文明社会的,既杜绝某些资本主义大国殖民主义性质的环境污染转移,也反对国家内部环境污染由发达地区对于欠发达地区的转移。

　　党的十八大集中论述了中国特色社会主义生态文明理论与实践,成为党在新时期科学发展观的有机组成部分,具有极为重要的理论价值与实践意义,需要我们很好的学习领会与贯彻执行。党的十八大论述的生态文明理论是具有中国特色的生态文明理论形态,也是对于马克思主义生态理论的新发展。

对工业文明的反思与超越

　　党的十八大提出的生态文明理论完全是从中国的国情与实际出发的。众所周知,一种理论的提出都是有其现实基础的,生态文明是对工业文明的反思与超越,从国际上来说,发达资本主义国家由于工业革命较早,所以其生态文明理论的产生一般在20

---

①原载《大众日报》2012年12月30日。

世纪中后期。但我国作为后发展国家,由于历史的原因直到1978年改革开放之后才进行了真正的工业现代化。但其发展速度之快是空前的,目前已经进入工业革命中期,国民生产总值已经位居世界第二。在这种情况下内在的资源环境与发展的矛盾明显凸显出来,解决资源环境与发展的矛盾成为经济社会发展的急需。

如果说,所有的文明形态的转变都是由资源的紧缺导致的话,那么生态文明时代的到来则是由于特殊的"源"与"汇"的紧缺。所谓"源"指自然资源,主要是碳石能源,而"汇"则指土地化解人类生产与生活废物的能力。这两方面的紧缺导致文明形态的转型,呼唤新的生态文明时代的到来。可以说生态文明时代的到来是经济社会发展的必然结果。

党中央审时度势,及时提出生态文明时代的到来正是符合时代发展要求的及时之举。而且我国的生态文明理论还紧密结合中国的两个方面的实际。一个是我国是一个人口大国,以占世界9％的国土养活占世界22％的人口,而且其他资源也是相对紧缺。特别重要的是我国作为发展中国家,经济社会发展的任务很重,完成现代化大业,实现中华民族的伟大复兴是国家与民族的大计。所以,我国的生态文明理论需要结合中国的现实,形成自己特有的理论体系与实践形态。

特有的文明观、发展观与自然观

在内涵上,我国生态文明理论与实践具有自己的鲜明特色,有着自己特有的文明观、发展观与自然观。

从文明观来说,我们一方面强调生态文明是社会主义现代化的应有之义,同时我们也强调我国是有中国特色的社会主义生态文明。这种生态文明是以全体人民的共享生态权为其旨归的,是立足本国来建设生态文明社会的。我国既杜绝某些资本主义大国殖民主义性质的环境污染转移,强调立足本国解决环境问题;同时也反对国家内部环境污染由发达地区向欠发达地区转移,而是立足于发达地区以优质技术与资源支援欠发达地区,力倡一种社会主义的共同富裕。

从发展观来说,我国力倡一种经济、政治、社会、文化与生态文明"五位一体"的综合发展观。生态文明是融入一切领域的。生态文明理论的提出就意味着我国的经济建设进入了一个新的阶段与境界。所谓"发展是硬道理"已经不是过去所讲单纯的经济发展,而是指包括生态环境的"绿色发展",是一种发展与环保相一致,"金山银山"与"青山绿水"相统一的可持续发展。并且第一次明确提出"建设美丽中国"的主张,这里的"美丽"既是环境的美丽,家园的美丽,更是国人的健康美丽,具有极大的影响力,是一种全新的发展观。

从自然观来说,我国的生态文明理论,既不是传统的"人类中心主义",也不是某些西方理论家所力主的具有乌托邦性质"生态中心主义",而是统一调和两者的"生态整体主义",或者说是一种"生态人文主义"。我们既强调"尊重自然",同时强调"以人为本",既强调"顺应自然",同时也强调按照自然规律开发利用自然。在这里,我国的生态文明自然观充分地吸收了我国古代极为丰富的生态智慧,主要是"天人相和"的生态智慧。这是一种相异于西方主客二分与天人相分的混沌的思维模式,力主"天人合一""阴阳相生",是一种人与自然生态相融相和共生共荣的自然观,成为解决当代人与自然对立的生态危机的良方,也成为我国生态文明理论的古代资源。我国的古代生态智慧成为我们理解我国生态文明理论的重要参照。这种生态文明理论是中国特色的社会主义生态文明理论，完全可以在世界生态文化学科领域独树一帜并处于领先地位。

用制度来确保目标实现

党的十八大提出的中国特色社会主义生态文明理论具有重要的价值意义。它关系到亿万人民的福祉。

生态问题关系到亿万人民的生活质量，关系到亿万人民所应享受的生态权利。党的十八大不仅在其报告中写入生态文明建设的理论、目标与要求，而且将其写入党章，成为每一名共产党员所应尽的义务，具有极大的约束力，使之贯彻落实有了从理论到制度的保证。党的十八大所提出的有中国特色的社会主义生态文明理论还关系到中华民族的伟大复兴。因为，建设现代化的中国，使中国走向繁荣富强，是几代中国人梦寐以求的愿望。但现代化只有在包括生态现代化的前提下才能成为现实，在党的十八大制定的包括生态文明建设目标的指引下，我们伟大的祖国一定会走向繁荣富强，美丽如画，几代中国仁人志士一百多年为之奋斗的目标必将实现。

同时，中国特色社会主义生态文明理论也是对于马克思主义生态文明理论的继承发展。1844 年马克思在著名的《1844 年经济学哲学手稿》中预言在未来的共产主义才能实现人道主义与自然主义的统一，这一愿望即将在中国成为现实，是马克思主义自然观与人类解放理论在中国的新发展与新实践，意义非同寻常。

将生态文明教育融入学校^①

党的十八大全面深入地论述了作为科学发展观组成部分的生态文明建设,提出"建设生态文明,是关系人民福祉、关乎民族未来的长远大计",并要求"把生态文明建设放在突出地位,融入经济建设、政治建设、文化建设、社会建设各个方面和全过程,努力建设美丽中国,实现中华民族永续发展"。这是党中央对于我国所处建设发展时代的新概括,也是对于我国社会主义现代化规律的新总结。

党的十八大报告特别强调了生态文明建设的宣传教育,指出要"加强生态文明的宣传教育,增强全民节约意识、环保意识、生态意识,形成合理消费的社会风尚,营造爱护生态环境的良好风气"。学校承担着思想文化、科学研究和人才培养的重要使命,应该成为贯彻落实生态文明建设理论的主阵地。因此,首先要把学习贯彻生态文明建设理论摆在学校工作中的重要位置,作为学校建设发展的重要理念与指导原则,并结合实际,制订生态文明教育的规划与具体的落实计划。

其次,要融入教育。要以党的十八大有关生态文明建设的精神审查有关教材,对那些过时的与生态文明理论相背的教学内容

①原载《辽宁教育》2013年第4期。

进行必要的清理，特别是对于宣传人类中心、鼓吹漠视自然、滥伐自然的有关内容，进行适当剔除或必要辨析。目前，最重要的是结合党的十八大精神的学习贯彻，尽早开出有关生态文明教育的课程，大中小学都应进行这方面的系统教育。中小学阶段要结合有关课程进行热爱自然、保护自然的教育，大学则要将生态文明方面的科研作为重要论题纳入科研计划，为国家生态文明建设与生态文明科技发展做出新的贡献，在品德教育方面，应该从养成教育开始直到大学理论教育，都要将生态文明作为学生的基本品德要求，应将思想品德从通常的人与人的关系延伸到人与自然的关系，将关爱自然、保护自然、保护生态作为思想品德的重要内容。

再次，要强化管理。党的十八大关于生态文明建设理念具有极大的实践性特点，不仅要贯彻到学校的教学、科研与思想教育之中，而且要贯彻到具体的管理过程之中。要努力建设节约型校园、循环型校园；在学校力倡与养成节约每一滴水与每一粒粮食的良好风气，建立校园水循环利用与废物循环利用系统。

学校是以培养人才为重任的，因此，最根本的是要培养学生具有自觉的生态文明理念与保护自然生态的良好习惯，使他们成为建设美丽中国、实现中华民族伟大复兴的主力。

生态文明建设助力
"美丽中国"①

党的十八大报告首次提出"努力建设美丽中国,实现中华民族永续发展"。这是一个具有战略意义的伟大决策,也是一种无比美好的"中国梦"。"美丽中国"首先应该是人与自然的"共生"。真正做到人与自然万物的共同繁荣昌盛,自然生态成为人类的美好"家园",人民得以美好"栖居"。其次应该是经济社会发展与自然生态环境保护的"双赢"。不仅实现经济社会的高速发展,国家富强人民富裕,而且自然生态环境也得到极好保护,真正做到青山绿山与金山银山的统一。再次应该是人的生存权与环境权的有机"统一"。"美丽中国"的提出使我国第一次将在美好环境中生活作为人民生存之要义加以明确,从而将环境权纳入生存权之中,使得两者得以统一,意义非同寻常。

在我国,"努力建设美丽中国"的美好理想得以实现必将面临巨大的困难与挑战。唯有认真贯彻落实党的十八大精神,将一系列有关"生态文明建设"的理论、方针与举措落到实处,"建设美丽中国"的理想才能变成现实。

党的十八大集中阐述了有关生态文明建设的一系列理论立

---

① 原载《中国社会科学报》2013 年 5 月 3 日。

场与重大经济社会举措。

转变"自然观"

生态文明新时代对于人与自然的关系这一最基本的理论问题有了新的理论论述,相异于传统的工业文明时代,我们必须将自己的自然观转变到党的十八大报告的论述上来。党的十八大指出,"必须树立尊重自然、顺应自然、保护自然的生态文明理念"。这是一种全新的自然观,是对传统人类中心主义自然观的超越。"人类中心主义"是工业革命的产物,导致"人对自然的控制""人定胜天""人有多大胆,地有多大产"等错误理念以及人对自然的无度开发与严重的环境污染。党的十八大所指出的人类对自然的"尊重""顺应"和"保护"是与传统人类中心主义的"中心""尺度"和"根据"完全相反的,需要我们在自然观上做出根本性的调整,才能自觉地执行党的十八大有关生态文明建设的方针政策。

倡导"绿色经济"发展模式

党的十八大首次明确提出的"绿色发展""循环发展"与"低碳发展"的经济发展模式,归根结底是一种"绿色经济"发展模式。这种发展模式是追求经济的增长与污染物的零排放双重目标的经济发展模式,是一种"低投入、低消耗、低排放、可循环、高效益、可持续"的环境友好型发展道路。相异于传统的"高投入、高消耗、高排放、不循环、低效益",只顾发展不顾环境的"黑色经济"发展模式,这种发展模式的转变是根本性的,需要从既往的只注重经济增长一个指标的发展模式,转变到经济与环境兼顾而且是环保优先的模式,无论在理念上还是在实施上均需进行大的调整。

走优化而绿色的"城市化"道路

目前,我国已经进入城市化的高潮时期,城市化大约以每年一个百分点的增长率增长,这是"美丽中国"建设的重要机遇,但也可能产生极大负面作用,破坏"美丽中国"建设目标的实现。党的十八大提出了"优化国土空间开发格局"的重要方针,具体提出了"生产空间集约高效、生活空间宜居适度、生态空间山清水秀,给自然留下更多修复空间,给农业留下更多良田,给子孙后代留下天蓝、地绿、水净的美好家园"的要求。这其实就是一种优化而绿色的"城市化"道路。这里的"节约高效,宜居适度,山清水秀,天蓝地绿水净"等就是对于城市化的"优化"与"绿色"的具体要求,而目前的某些盲目的城市化行为是与这一要求背道而驰的,需要立即矫正。

建设资源节约型社会

我国是一个人口众多与资源紧缺的国家。我国以占世界9%的耕地面积养活占世界22%的人口,我国的森林面积只占国土面积的20%不到,远低于世界30%的平均水平,我国的人均淡水是世界人均的1/4,我国荒漠化面积相当于14个广东省并在继续扩大。因此,党的十八大继续要求建设"资源节约型社会",这应该成为全民的共识并化作行动。

树立适度消费的生活方式

"生态文明建设"不仅在生产方式上有明确要求,而且在生活方式上也有明确要求,那就是要求牢牢树立适度消费的生活方式。党的十八大始终强调我国处于社会主义建设的初级阶段,我国的经济社会发展和居民收入从人均的角度看还是处于低水平,因此始终要发扬艰苦奋斗的精神。这当然是由我们的国情所决定,同时适度消费也是生态文明新时代的一种道德要求。生态文明时代始终倡导"够了就行"的生活方式与生活原则,反对无度消耗地球资源,因为这必将导致对于地球生态链稳定性的破坏。据最近一份《地球生命力报告》显示,目前人类使用自然资源的速度是资源置换速度的 1.5 倍,如果到 2030 年我们还是按照这样的速度使用资源的话,将需要两个地球。所以,"适度消费,够了就行"应该成为新的生态文明时代的道德准则。

坚持社会主义生态文明建设原则

社会主义国家的生态文明建设有其相异于资本主义国家的原则。按照马克思在《资本论》中的论述,资本主义国家发展由资本无限扩张的本性决定,因此对于人与自然同时存在着两重"剥夺",随着生产的发展,对自然的破坏是无可避免的。作为以马克思主义为立国指导原则的社会主义国家,我国的生态文明建设是立足于国内的,我国绝不会走某些国家将污染移植别国的道路,同时我国也否弃对人与自然的双重剥夺,最终走上人与自然和谐发展的道路。马克思曾经在《1844 年经济学哲学手稿》中预言,在未来的共产主义社会,人道主义与自然主义将走向统一,中国特色社会主义制度应该具有这样的功能与作用,凭借自己的制度优势建设人与人和谐以及人与自然和谐的崭新社会。

你能感受到猫的痛苦吗？

　　我住在济南六里山下的一个家属大院,有东院与西院两个院子,共计约一千户左右,大约四五千人。这个院子的特点是车多,人多,猫多。车多是目前各种家属院的共同情况,因为中国家庭汽车拥有量发展很快,而家庭宿舍区又没有停车场,因此导致停车无序混乱拥挤。而且,有些汽车常常快速行驶,让路人感到很不安全。人多是我所在家属院的特点,这种大院据说目前已经不多。猫多是与人多相联系的,许多家庭都养有宠物,猫由于其温顺的特点为许多家庭养宠物的首选。猫的繁衍很快,因此,院子里的房内与路边都能看到各种猫,或嬉戏玩耍,或喵喵地叫着,但都非常温顺柔和,从来没有听说过有猫伤人的事情,因此,猫是人类的很好的朋友。当然,猫对于人类来说是一种弱小的动物,应该得到人类的关爱与保护。但在我们家属院却常常发生猫被汽车轧死的事件。前些天,我就在路上看到一只猫被轧死在路中间,鲜血淋漓,让人无法直视。显然,是这只猫在通过道路时被疾驰的汽车碾轧导致死亡。这本来是完全可以避免的事件,因为交通部门对于家属院内汽车的行驶速度明文规定每小时不得超过36公里,在人口稠密处标示有"10"的警示告诉人们,此地的行驶速度应该控制在每小时10公里。按照这样的速度驾驶人应该是能够看到路前的行人与动物的,是完全可以避让的。而且,猫通过马路时听到汽车响声会加快速度,但汽车还是轧到可怜而惊慌的猫,使它失去生命。

　　每看到这一幕,我总想:我们人类能够感受到猫的痛苦吗?按照传统人类中心论的解释,人是万物的尺度与主人,可以随意地驱使与处置其他动物与植物。在这样的观念指导下,猫的被轧死就不是什么大事,甚至是顺理成章的事情。因为,站在这样的立场会认为轧死一只猫不是大事。但站在生态整体主义的立场,我们会认识到:人与万物是一体的不可分的,没有万物就没有人类。更进一步,在新的生态文明时代,人们的道德观念也应有所更新,应该将同情与怜悯之心扩大到万物。正如利奥波德所提出的"大地伦理","当一个事物有助于保护生物共同体的和谐、稳定和美丽的时候,它就是正确的,当它走向反面时,就是错误的"。这里将是否维护生物共同体的和谐稳定美丽看成是道德的标准。你无故地轧死了猫,就是破坏了生物共同体的和谐稳定美丽,因此是不道德的。从更高的人类特有的"仁爱"精神来说,人的同情心应该扩大到万物,所谓"己所不欲,勿施于人"与"民胞物与"等。面对猫这样的小动物,每个心理健康的人都应该有一种恻隐之心。深生态学的创立者阿伦·奈斯提出著名的准则:"原则上每一种生命形式都拥有生存和发展的权利。"他还说:"深生态学的另一个基本准则是:随着人类的成熟,我们将能够与其他生命同甘共苦。当我们的兄弟、一条狗、一只猫感到难过时,我们也会感到难过;不仅如此,当有生命的存在物(包括大地)被毁灭时,我们也感到悲哀。在我们的文明中,我们已经具备了随我们支配的强大的毁灭性工具,然而我们的情感却是相当不成熟的,迄今为止,绝大多数人的情感都是十分狭隘的。"

　　由此可见,对于猫等小动物的同情,感受到它们的痛苦,是人类成熟的标志。没有这种感情，或者更甚者参与虐杀动物，那是一种不成熟的狭隘的表现，甚至是不道德的表现。让我们在生态文明新时代从"敬畏自然，顺应自然，保护自然"的立场出发，以生态整体主义的态度去关爱自然万物，培养一种与猫感同身受的美好感情。

生态文化建设需要
信仰维度①

　　目前,许多人在生活中追求一种越多越好、越富越好的目标,反对"够了就行"的原则。仿佛追求个人生活的无穷满足是人的本性,是天经地义的。于是我想到,生态文化建设除了现实的维度还需要信仰的维度。没有信仰的维度,人类如何能够去关怀除自身之外的他者呢?

　　这个"他者"包括动植物、地球、他人以及我们的后代。所谓信仰是一种彼岸的维度,一种精神的追求,一种超越现实的境界。不仅只有宗教才有信仰,任何人只要有自己的精神追求,有自己做人的原则与价值取向,他就具有了自己的信仰维度。凡是一个真正的人,都在某种程度上具有超越自我的精神,这种精神就是一种具有信仰维度"大我"的精神。这种"大我"是对只考虑一己之利的"小我"的超越,这就是包含某种彼岸因素的信仰维度。从"小我"到"大我"不仅是简单的概念之变,而是整个人生观的改变。因为,"小我"是一己的考虑,一切从单纯的个人出发,个人的消费当然是愈多、愈高级愈好,不考虑其他,而立足于"大我"则要

————————————

① 原载《人与生物圈》2015 年第 5 期。

考虑自己的消费对于"他者"的影响。

1845 年,美国资本主义方兴未艾之时,消费文化日渐兴起,人们普遍追求物质的享受、个人的愉悦,对于大自然的破坏日渐加剧,灯红酒绿的浮华生活到处都是。在这种情况下,生态文化的先驱者梭罗严厉批判了资本主义这种奢侈糜烂的生活,倡导"简单,简单,简单"的生活方式,并写下了生态文化历史上划时代名著《瓦尔登湖》,发出"大部分的奢侈品,大部分的所谓生活舒适,非但没有必要,而且对人类进步大有妨碍"的呼吁。于是,他的这种"够了就行"的原则成为生态文化的一个准则,是一种出于保护大自然的美丽与繁茂的"他者"视角。

今天,在我国的生态文化建设中非常需要确立这种信仰维度。目前我国的现状是两个同时存在:首先是生态文明的倡导与环境污染的严重同时存在,我国作为后发展国家,在快速发展的同时环境污染也相当严重,发达国家近 200 年发生的环境污染问题我国在近 30 年中发生了,空气、土壤与水均受到污染,已经危及国民经济发展和人民的健康。其次是生态文明建设与生态文化素质的不高同时存在。一方面我国目前生态文明建设迫在眉睫,另一方面我国目前无论是群体还是个人生态文化素质都相对较低。例如污水偷排、秸秆焚烧、垃圾乱扔;对于环境污染事件的纵容包庇等几乎司空见惯;个人更是缺乏生态文明素养,鲜有从终极关怀的角度考虑生态文明建设,更不要说做到在生态文明建设中起到公民应有的监督作用。每次大型聚会后的一地垃圾是聚会者生态文明素养的真实写照。

罗马俱乐部创始人贝切伊说过,"环境问题既不是经济问题,也不是科技问题,而是文化问题、态度问题"。确立正确健康的文化态度就是要确立生态文化素养中的信仰维度,提高每个人的境界。冯友兰说人生有四种境界：自然境界、功利境界、道德境界与天地境界。我们很难达到天地境界，从宇宙的高度俯瞰人类社会，保护自然万物，但起码要达到道德境界，不仅利己而且利他、利物。而利他、利物就需要信仰的维度啊。

生态文明新时代的语文教学①

　　单从经济增长与资源关系的角度，人类社会迄今经历了原始狩猎时代、农业革命时代、工业革命时代与当今可持续发展的生态文明时代。时代变更均与资源的紧缺有着密切的关系。农业革命时代的到来是由于野生动物的紧缺，工业革命时代的到来是由于耕地与水资源的紧缺。继而，由于化石资源是一种不可再生资源，它的紧缺使得现代文明难以为继，而它的滥用又造成严重的环境污染，在这种情况下，生态文明时代的到来已经是历史的必然。1972年在斯德哥尔摩召开的国际环境会议将环境问题正式列为全人类的紧迫任务，并第一次将发展与环保并列为人类的重要课题。2007年，我国正式提出生态文明建设目标，这标志着我国进入生态文明新的发展阶段。习近平主席更是明确地将绿色发展作为我国经济社会发展的基本战略，并提出尊重自然、顺应自然与保护自然的重要原则。生态文明时代的到来，需要我们的思想观念随之发生必要的调整，需要进一步将生态文明与绿色发展的精神贯彻到语文教学之中。

　　面对生态文明新时代，语文教学的思路需要进行适当的调整。其一，对于工业文明的态度。工业文明创造了人类的现代文

---

①原载《小学语文》2017年第4期。

明生活,具有重大的进步意义与贡献,但工业文明后期对自然的破坏造成严重环境污染,成为当代生态危机的根源。我们要让孩子了解人类社会由工业文明发展到生态文明的历史必然性,从而增强保护环境、热爱自然的自觉性。其二,对人类中心主义的态度。人类中心主义一度与人道主义一起成为人的解放的旗帜,但人类中心主义倡导的人与自然的对立,强调的无度的开发自然,是需要予以理性审视并抛弃的思想观念。其三,对于动植物的态度。长期以来,人类将动植物看作人类的附属,甚至是人类的对立物。但生态文明新时代将动植物看作人类的朋友,认为它们与人类有一种共生共在的须臾难离的关系。因此,我们的语文教学就要与生态文明新时代保持一致的步伐,慎选课文。其四,关于生活方式。消费仿佛成为了现代经济社会的方向盘,但是,生态文明新时代强调适度消费、简约生活,我们应在学生中倡导这种观念。

总之,生态文明新时代给我们全体公民都提出了新的课题。作为以培养新公民为目标的中小学语文教学,理应融入生态文明新时代,适当调整并修改不适合生态文明新时代的教育内容,从而具有更强的时代性。

美丽中国建设视野中的
中国生态旅游

——从生态美学的视角对当代旅游的审视①

一、问 题 意 识

1.最根本的问题

目前,在新时代,我国旅游业面临新时代的巨大转型。无论是思想观念、理论水平,还是高层设计与运转模式,都远远跟不上新时代的发展。特别是与习近平主席的有关新时代论述与生态文明理论的差距较大。当前的主要问题,是如何缩小这个差距,真正做到以习近平新时代生态文明理论为指导。

2.具体问题

第一,旅游接待地。生态环境恶化问题没有得到根本遏制。

第二,旅游者。环境保护意识差,加重了旅游接待地环境的人为破坏。

第三,旅游资源管理。管理体系不完善,景点严重超负荷。

第四,旅游资源。掠夺性开发问题严重存在,造成资源的严重破坏。

---

①本文系作者 2018 年 4 月为山东省旅游局所作的讲座。

二、指 导 原 则

中国生态旅游,应该以习近平主席新时代美丽中国建设思想与生态文明理论为指导。

1.习近平美丽中国建设理论

从 2012 年起,习近平主席就提出美丽中国建设问题。党的十九大明确将美丽中国建设作为建设中国特色社会主义强国的主要目标,提出为建设"富强民主文明和谐美丽的社会主义强国而奋斗",第一次将美丽写在中国特色社会主义伟大旗帜上。习主席还对美丽做了"天蓝地绿水净的美好家园"的重要阐释。美丽中国建设不仅是伟大的中国特色社会主义建设理论,而且包含丰富的美学内涵,是新时代生态美学的理论根据,也是我国生态旅游的指导思想。

2.习近平新时代生态文明理论

第一,提出我国进入生态文明新时代;

第二,提出生态哲学四原则:尊重自然、顺应自然、保护自然、保护优先;

第三,提出"人与自然共生"的重要原则,打破人类中心论;

第四,提出"人与自然是生命共同体"的生态伦理原则,明确承认自然具有维护生命共同体的内在价值;

第五,提出"形成节约资源和保护环境的空间格局"的空间理论,突破农耕时期自然主义空间观与工业文明时期见物不见人的空间观,走向以人与自然生命美好生存为旨归的新的空间观;

第六,提出"绿色发展,低碳循环发展"的经济理论;

第七,提出著名的"两山"理论。

三、关于生态旅游

1. 生态旅游的提出

20 世纪 80 年代，在对工业文明反思的背景下，西方提出生态旅游概念。1987 年，墨西哥专家拉斯卡瑞在《生态旅游之未来》一书中指出："生态旅游就是前往相对没有被干扰或污染的自然区域，专门为了学习、研究、欣赏这些地方的景色和野生动植物及存在的文化表现的旅游"。同时，美国旅游专家也提出生态旅游概念，包括自然性，生态性与环境伦理、生态认知等内涵。但仍然从消极的保护性的角度出发。

2. 广义的生态旅游定义

上面这个概念，主要特指没有被干扰与污染的自然区域，那就是指荒野，对我们中国几乎没有借鉴意义。我个人想结合中国的情况，从更加积极正面的角度将生态旅游定义为"严格贯彻党和国家生态文明理论的旅游"。因而，生态旅游具有广义性与普适性。从积极贯彻习近平新时代生态文明理论出发，我们可以给生态旅游界定为维护"人与自然生命共同体的旅游"。

3. 生态旅游提供的产品是"生态产品"

习近平主席指出，要给人民"提供更多的优质的生态产品，以满足人民日益增长的优美环境的需要"。这里包含：第一，优美的生态环境资源需要经过市场化过程才能成为"生态产品"；第二，优质的生态产品是维护人与自然共同体的产品，绿水青山就是金山银山；第三，提供优质生态产品是为了满足人民对于优美环境的需要，这是新时代人民的新的需要；第四，所谓绿色产品就是一种有利于人与自然生命发展的经济，绿色就是生命的象征。

四、生态旅游的基本原则

第一，尊重自然。保持对于自然的适当的"复魅"，即恢复人类对于自然的崇高性、美丽性与部分神秘性的认知。

第二，共生。即人与自然共生共在，须臾难离；这是1972年斯德哥尔摩国际环境会议的结论。

第三，双赢。即发展与环保双赢，也是上述会议结论之一。习主席更是明确指示"环保优先"。其原因是：第一，地球生态足迹紧迫；第二，中国是一个资源紧缺型国家。

第四，生态伦理原则。1949年出版的美国生态理论家利奥波德自然哲学著作《沙乡年鉴》中提出著名的土地伦理学结论："当一个事物有助于保护生物共同体的和谐、稳定和美丽的时候，它就是正确的，当它走向反面时就是错误的。"习主席的"建立人与自然生命共同体"的理论继承发展了这一生态论学理论。

第五，简约生活原则。所谓"够了就行"的生活原则。美国著名生态理论家梭罗于1845年以最简单的生活在瓦尔登湖待26个月，写了名著《瓦尔登湖》，认为"大部分奢侈品，大部分所谓生活的舒适，非但没有必要，而且对人类的进步大有妨碍"；生态理论家阿伦·奈斯则说"除了满足基本需要，人类无权减少生命形式的丰富性与多样性"。当然，格里芬还有一句著名的金句：人类应该轻轻地走过大地，只获取自己需要的东西，而将充分的资源留给我们的邻居和后代。

第六，有机的绿色的建设原则。著名建筑学家吴良镛院士提出"有机生存论城市美学"，即借助东方智慧的有机的、有生命力的、生存的城市美学，由此导致有机绿色建设原则，即突出有机生命力的天人相和的绿色建筑。

第七，绿色教育原则。这是生态旅游的必要原则，即是通过提供教育使得旅游者成为生态保护者，遵循"无污染旅游""带进与带出一致旅游"。

五、生态旅游之中的美学指导

美学是研究人与对象之间审美关系的一种学问，所谓审美关系即是一种肯定性的情感体验关系；生态美学是 20 世纪兴起的研究人与自然生态亲和性审美关系的一种学问。生态旅游是生态美学关注的重要对象，生态旅游的发展必将为生态美学注入新鲜论题与新鲜经验。

1. 美英环境美学经验

第一，由"风景如画"的景观模式欣赏到物我一体的环境模式欣赏。加拿大美学家卡尔松提出，由如画风景模式过渡到"环境模式"，遵循"自然环境是环境（不是对象也不是风景），它是自然的（非艺术品）"这样的原则，这是反人类中心论与艺术中心论的原则。这里，"自然是环境"是说"欣赏什么"即欣赏的是作为人的居所的"环境"，不是一般的自然对象，而"它是自然的"则说"怎么欣赏"，要求像自然那样欣赏，而不是像艺术品那样欣赏。这就要抛弃传统的注重于所谓"景点"的旅游传统，着眼于旅游地能否成为旅游者的生活地与居所。卡尔松还提出著名的环境欣赏模式五项要求：非人类中心；环境聚焦而非景致迷恋；严肃的而非肤浅和琐碎的；客观而非主观的；伦理参与而非理论缺场的。说明这种环境模式是一种符合生态伦理的模式。

第二，由主客分离式欣赏到主客融入式欣赏。主要是美国美学家伯林特提出"融入性环境审美",即整个身体融入其中,而不是分离,眼耳鼻舌身均有美好的体验。这是一种新的身体美学。

第三,由"千地一面"疏离式的风景到独具一格的亲和的"地方"。地方概念是欧美 20 世纪后期提出的生态美学与生态旅游概念,所谓"地方"就是"有意义的空间",其意义是一熟悉亲切舒适,二个性化,不可替代性。

2. 欧陆现象学生态美学经验

第一,"此在与世界"之哲学模式。海德格尔提出,以"此在与世界"模式代替主客分离模式,"此在"即活生生的人,通过人的活动世界得以展开,人与世界须臾难离,密不可分,水乳交融。

第二,"天地神人"之审美模式。海氏提出,天地神人四方游戏,人处于自由游戏状态,借鉴中国道家"域中有四大,人为其一"即"逍遥游"的理论加以发展而成。

第三,家园意识。海氏认为人类最佳的体验与归宿就是"返乡"即回到家乡,具有一种特有的"依寓之,逗留之"的特殊感受。

第四,诗意地栖居。海氏提出,与技术的栖居相对,是依寓大地与拯救大地,不是征服大地,走向世界命运的另一早晨的升起。尽量摆脱或者隐匿艺术的手段,恢复自然的本真面貌,让人有回到自然环保之感。

3. 中国传统"生生美学"经验

第一,"天人合一"之文化模式。司马迁有言:究天人之际,通古今之变,成一家之言。"天人之际"是中国的文化模式,是一种"顺天应地"的宏阔思维模式,不是西方的比例对称和谐的物质之美。如何运用好这样的文化模式。是我们的探索。

第二,"阴阳相生"之美学模式。《易传》所谓"一阴一阳之谓道,继之者性也,成之者善也"。阴阳相生是中国传统的审美模式,通过黑白、蜿蜒、曲折与节奏、虚实对比,彰显事物的生命力量给人以东方美的震撼。

第三,"太极图式"之思维模式。周敦颐太极图式有言"无极而太极,动而生阳,静而生阴,一动一静,互为本根",这是一种阴阳互抱的圆形的思维模式,具有内在的张力与无穷的魅力。

第四,"线型艺术"之艺术模式。中国传统艺术是一种线型的时间的艺术,所谓"多视点透视",四面八方看取,景随人迁,人随景移,步步可观,等等。

第五,"言外之意"之逻辑模式。中国传统文化的艺术思维逻辑是言外之意,象外之象,意味无穷,由现实之景追寻意外之神韵。

六、美丽中国建设对于生态旅游的美学价值

第一,美丽中国建设将美学提到新时代的高度,成为中国特色社会主义的主要标志,也成为生态旅游的重要的不可少的元素与目标。

第二,美丽中国建设使得美学由书斋走向广阔的社会空间,具有重要的实践意义与价值,也是生态旅游必须考虑其生态美学诉求。

第三,美丽中国建设使得美学具有生命共同体的重要内涵,成为生态旅游的重要指导原则。

第四,美丽中国建设为新时代城市建设,也为生态旅游提供了重要的指导原则,即习近平主席提出的"望得见山,看得见水,记得住乡愁"的重要论述,为生态美学提供了绿水青山与传统文化结合的重要思想。

结　语

　　坚持新时代习近平美丽中国建设与生态文明理论指导,更新观念,深化改革,建设独具山东特色的生态旅游事业。

在交流互鉴中创造中国
多彩的生态文化[①]

　　早在 1866 年,德国生物学家海克尔提出"生态学"一词之时,就已经包含反对人类中心论,倡导生态整体性与多样性的内涵。生态哲学家利奥波德在《沙乡年鉴》中,提出了著名的"土地伦理"的"共同体"概念。他的土地共同体包括人类,同时也包括土壤、植物和动物。他认为,"土地伦理是要把人类在共同体中以征服者的面目出现的角色,变成这个共同体中的平等的一员和公民。它暗含着对每个成员的尊重,也包括对这个共同体本身的尊重。"为此,他提出了著名的生态伦理原则:"当一个事物有助于保护生物共同体的和谐、稳定和美丽的时候,它是正确的;当它走向反面时,就是错误的。"在利奥波德看来,破坏了这个土地共同体就是不道德的。那么,我们到底有多少人能够在这个层面看待生态环境保护问题呢?

　　1973 年,著名的挪威哲学家阿伦·奈斯提出了"深层生态学"概念。他倡导一种大写的"自我实现"。这里的大写的"自我"包含了人类,也包含宇宙万物,他说:"这种'大我'包含了地球上连同它们个体自身的所有生命形式。若用五个词来表达这一最高

----

① 原载《人与生物圈》2018 年第 C1 期。

原则，我将用'最大化的（长远的、普遍的）自我实现'！另一种更通俗的表达就是'活着，让他人也活着'。如果因担心不可避免的误解不得不放弃这一术语，我会用'普遍共生'来代替。"法国哲学家福柯也在 1966 年正式宣布"人类中心论的终结"。福柯从历史主义的角度来认识"人类中心论"，认为人类中心是工业革命与工具理性的产物。随着后工业革命对于工业革命的取代以及工具理性的局限性的暴露，"人类中心论"理所当然地应该退出历史舞台，被新的理论取代。

综上所述说明，多样性是生态哲学的基本论点，反对人类中心论则是生态哲学的应有之义。学者们更加进一步将这种思想运用于人文科学领域，提出精神生态的理论建设。法国哲学家加塔利出版《三重生态学》，即是包含自然、社会与人类的生态哲学。他在该书的扉页上写道："只有一种存在于三重注册（自然环境、社会关系和人类主体性）之间的伦理与政治的联姻——我称之为生态智慧——才可能阐明这些问题（包括生态失衡在内的人类诸多生态、生存危机）。"他认为，三重生态哲学的三个层面，彼此是一种"二律背反"的关系，三者任何一个领域取得长足进展，都会同时促进另外两个层面的完善，最终在外在生存环境和内在生命本体的双向互动中通达生态智慧，完成人类的生态救赎。他提出著名的精神生态学，以特异性作为其核心概念，认为精神生态所实现特异性，就意味着以差异性和多样性克服均质性和趋同性，以特异性为核心重新定义人类不断变易的精神价值体系，亦即贯穿一种多元价值逻辑，以其对抗经济效益为中心的单一价值逻辑。由此说明，当代生态哲学已经发展到人文领域，认为自然生态、社会生态与精神生态互助互补，相互依靠，相互支持，而特异性与多样性则是其共同特点。社会生态与精神生态建设直接关系到自然生态建设。

　　在生态哲学建设过程中,有关中国传统文化中的生态思想,产生了较大争议。我国学术界长期有一种文化发展的"线型说",将文化看成单纯的生产力,认为西方早于高于中国,呈一元的线型发展态势,因此力主"以西释中",所以认为中国没有包括生态文化在内的人文学术,只有所谓的"智慧"。这是一种明显的缺乏文化自信的表现。我们坚持文化发展的"类型说",认为文化不仅仅是生产力,而主要是一种特有的生活样式,犹如西方人吃饭用刀叉,中国人吃饭用筷子。因此,文化没有优劣之分,只有类型的差异。中国古代"和而不同"的重要理念已经被国际学术界广泛接受,所谓"和而不同"即《国语》说的"和实生物,同则不继"。也就是说,只有物种的多样性才能相辅相生,如果只有一种物种则是无法继续生存发展,甚至人类的繁衍如果是单一的家族通婚也"同姓不蕃(繁)",说明多样性的极端重要。蒙培元认为,中国古代特别是儒家以"天人合一"为自己的文化模式,中国古代儒家文化就是一种古典形态的"深层生态学"。蒙培元先生之言是一种文化自信的表现。中国有着五千年的文明发展历史,尽管"生态学"一词在国际上是 1866 年提出,20 世纪初期才传入中国,但人与自然的生态关系以及对其的研究,在我国漫长的历史中早就存在,"天人合一"就是一种顺应自然、"与天地合其德"的古典生态观,怎么能够说中国古代没有生态学而只有生态智慧呢?

　　事实证明,中国古代不仅有生态学,而且生态学对于中国来说还是一种"原生性"的文化形态。而西方作为科技文化的发源地,生态文化对于它们来说是一种"后生反思性"的文化。为什么这样说呢?首先需要说明的是"原生性"概念是当代文化人类学的主张,"原生性即是在族群固着的核心问题上强调自身固有的

一些特质，因此裔脉（desent）、语言、亲缘，甚至信仰、传统等既定
（given）的东西就成了原生的内容"。中华民族诞育于黄河与长江
之滨，以农业立国，过着日出而作、日落而息的农耕生活。"天人
合一"是中华民族的文化模式，儒家力主天人感应，敬畏自然；道
家力主道法自然，顺应自然。"生生之谓易"成为中华民族的生态
哲学的出发点。"生生"成为中国古代哲学原典《周易》的核心内
涵，成为具有本体性内涵的哲学概念。《周易》有言："生生之谓
易""天地之大德曰生"。"生"在甲骨文中即已出现，是草生地上，
喻为万物之生长。"生生"以"生"字重言，表现万物的创生。"生
生"有流变、万物化生、元亨利贞"四德"、日新其德、中和、仁爱与
心性等极为丰富的内涵，是产生于五千年中华传统文化中的伟大
的生态文化，独步天下，彪炳于世。

西方以古希腊为其代表，由于多山靠海，以商业与航海业为
生，成为实证之科技文化的故乡，力主"天人相分""人是万物的尺
度"与"人为自然立法"等等，成为人类中心论的典型理论形态。
发展到20世纪前期，工业革命深化，工具理性泛滥，造成环境的
严重污染，出现伦敦雾与日本水俣病等重大生态灾难。在这种情
况下，通过对于现代工业革命之反思，才出现了西方20世纪60
年代以来的生态文化的兴起。当然，现代西方生态文化是建立在
科技革命反思的基础上，借鉴了很多科技革命的成果，具有某种
科学精神，而且在当代也早于我国，对于我国当代生态文化建设
具有重要借鉴价值。中西生态文化互鉴互补才能推动国际生态
文化的进一步发展。不过，西方生态文化产生于西方的经济文化
背景之上，并不完全适应中国的经济文化现实。例如，西方生态
文化的弱人类中心论、生态中心论、自然全美论与荒野哲学等，很
难与中国的人口众多、资源紧缺、生态足迹压力较大的现实相兼

容。我们必须在交流互鉴中，创造中国自己多彩的生态文化，中国自己多样的生态话语。

结合上述中外生态哲学之中有关生态多样性特别是文化多样性及其与生态文明建设关系的论述，反观中国的情况。首先我们觉得，党的十八大以来取得的非常重要的进展，就是形成了习近平生态文明思想。不仅紧密结合中国现实，而且吸收了中国传统文化中有关生态成果。特别是，它引领了近年来中国的生态文明实践，取得明显成效。

但我们还存在一些需要进一步改进的地方：

其一是生态文化的建设需要进一步提升。主要是与之有关的生态哲学、生态伦理学与生态美学建设需要加强和提升，在国际上的相关领域取得更多话语权。

其二是对于中国传统的生态文化资源需要进一步研究整理，在文化自信的前提下，出成果，出精品，将之推向世界。

其三是生态文化教育需要进一步加强，使得这种教育进校园，进学校课堂，进教材，直接影响广大干部群众与青少年，使得包括文化多样性的生态思想深入人心。

学习习主席有关生态文明建设的重要论述

一、时代的高度
——走向生态文明新时代

1.生态文明时代的到来是历史发展的必然。

2.生态文明时代的到来面临着三个现实状况：

人类世的到来——城市化速度增加十倍，基本耗尽化石能源。

生态足迹的空前紧迫——人类劫掠自然资源的速度是置换速度的 1.5 倍。

环境污染的严重——发达国家一二百年产生的环境问题在我国近 30 年中集中出现。习主席说："我们在生态环境方面欠账太多了，如果不从现在起就把这项工作紧紧抓住，将来会付出更大代价。"

3.生态文明时代的到来人类必须改变自己的文化与生存态度：由对立到友好；由单纯发展到发展与环保双赢；由任意消费到适度消费，即"够了就行"。

二、理论的原则

——尊重自然,顺应自然与保护自然

1.尊重自然:由人类中心(战天斗地,人定胜天)到对自然的敬畏与共生。

2.顺应自然:由不顾自然规律到顺应自然规律。

3.保护自然:由工业革命时代对于自然的大肆破坏到对于自然的自觉保护。

三、人民的立场

——环境就是民生,青山就是
美丽,蓝天就是幸福

1.党的全心全意为人民服务的宗旨贯彻习主席治国理政思想的始终,提出"治国有常,利民为本"。"要坚持以民为本,民有所想所需,我们就要帮助他们,为他们服务。""要像保护眼睛一样保护生态环境,像对待生命一样对待生态环境,把不损害生态环境作为发展的底线。"

2.习主席提出:"良好的生态环境是人和社会持续发展的基础","是最公平的公共产品,最实惠的民生福祉"。

3.针对大规模的城市化进程,提出:"让城市融入大自然,让居民望得见山,看得见水,记得住乡愁。"

四、新的发展理念

——发展与环保结合,环保优先

1.习主席结合我国曾经有过的只追求 GDP 指标的发展理念,提出"发展与环保结合,环保优先"的新发展理念。

2.针对曾经的黑色发展、污染发展与高碳发展,提出"绿色发展,循环发展与低碳发展"。

3.针对曾经的片面发展,提出"创新、协调、绿色、开放、共享"五大发展理念,绿色贯穿发展始终。

五、制度的保障

——建立最严厉的责任追究制度

1.习主席指出:"只有实行最严格的制度、最严密的法制,才能为生态文明提供可靠保障。"

2.完善经济社会考核体系,把资源消耗、环境损害、生态效益等体现生态文明建设状况的指标纳入社会发展评价体系,使之成为生态文明建设的重要导向和约束。

3.建立责任追究制度,对那些不顾生态环境盲目决策,造成严重后果的人追究责任。而且应该终身追究。

六、美好的理想

——努力建设美丽中国,实现中华民族永续发展

1.美丽中国理应包含美丽而绿色的山河与环境,是中国人民

繁衍栖息发展的美好家园。牢固树立美好家园与有利于生命诞育、子孙后代可持续生存发展的栖息地的观念。

2.美丽中国必然包含生态的现代化,是一种新的具有当代内涵的现代化目标。

3.美好的生态环境最重要的保障是优越的社会制度,这是马克思主义的生态观。因为资本主义不仅剥削剩余价值,而且剥削破坏自然环境,保护污染环境的资本家的利益并实行污染的输出,为的是无度地追求利润。只有社会主义制度从人民的利益出发才能最彻底解决环境污染问题。马克思指出,只有共产主义社会才能实行"人道主义与自然主义的统一";恩格斯指出,只有未来的有计划的生产与分配的社会才能解决社会矛盾与自然矛盾,这种新的制度具有保护人民与保护环境的优越性;我国的实践证明,我国的生态文明理论与天人合一传统能够协调人类中心与生物中心,走向新的生态和谐论,也才能真正建设美丽中国,美好家园。

4.美丽中国建设无论在中国历史上还是世界历史上都是伟大创举,是对于人类的伟大贡献。习主席多次讲到"两个一百年"以及中华民族的伟大复兴,美丽中国建设与生态文明的逐步实现就是中华民族伟大复兴的重要标志,我们的党一定能够实现这一伟大目标。

七、文艺美学中心在生态文明建设方面的工作

1.成立了我国第一个生态美学与生态文学研究中心,创办有关通讯与成立省级生态文明研究中心。

2.召开有关国际学术会议 5 次,国际与国内著名生态美学与环境美学理论家多次参加会议,成为国内与国际公认的生态美学研究中心。

3.参与山东省济南市小清河治理纪录片录制,为之提供基本思路与理论。正在参与绿色济南建设方案设计工作。

4.出版有关专著及在各种报刊发表文章,宣传生态文明建设的理论观念。